NX CAM 數位化加工三軸應用

總校閱　林耀贊

方駿憲、吳元超

編著

凱德科技股份有限公司 印行
CADEX Technology Co., Ltd.

序言

從汽車，航太到機械和能源，每個行業都依賴零件製造商和機械加工廠，這些通常是面臨競爭日益激烈的小型部門或小型企業，它們必須使用越來越多的新材料和新技術作為複雜的供應鏈的一部分，這些複雜的供應鏈在越來越短的開發時間內受到越來越嚴格的法規的約束。為了提高生產效率，零件製造商經常嘗試通過使用單獨的軟體系統，電子表格和紙本文件來使過程的某些步驟自動化。但除非謹慎進行，人為干預作業規範，否則通常會產生流程斷開，導致有價值的資訊和關鍵專有技術無法有效利用，這種方法不會使製造商更有效率或更具競爭力。

為了達到更高的生產效率水平，並與競爭保持同步，機械加工廠需要一種數位孿生（Digital Twin）的作業模式，這種數位化的製造過程可以使小型機械加工廠變得更快，更高效，它也可以擴展規模以幫助他們發展業務。在數位孿生的概念之下，面對的首要需求就是基於模型的定義（MBD），所謂的 MBD (Model-Based Definition)，是利用 CAD 軟體中的 3D 模型來定義各別元件與產品組件的做法。如此一來，模型就能包含幾何尺寸劃分及公差設定 (GD&T)、組件層級物料清單和設計意圖等詳細資訊。從而擴展到分析、製造、技術文件…等需要 3D 可視化的各個領域，也因此，機械加工廠必須克服的主要挑戰是在 CAD、CAM 和 CMM 環境中使用 MBD 的概念，整合 CAD-CAM-CMM 軟體應用程序套件使用單一模型，而不是來回轉換它們。通過利用單一軟體應用程序，用戶可以消除無數的幾何圖形轉換問題。因此，設計工程師、製造工程師和品質檢驗員可以在一個環境中工作，他們可以設計、導入和修復幾何圖形，開發和導出 NC 設備的刀具路徑以及 CMM 機器的檢查路徑。這顯著減少了數位過程中的摩擦量，從而為您改進設計和流程提供了一個閉環（Closed Loop）優化。這不僅提高了質量，而且減少了設置時間並提高了吞吐量。您可以更快地創建更精確的零件，並更快地進行下一個作業。接下來的工作甚至可以建立在您過去創建的模型上，並針對新設計進行優化，而不必為每個新專案從頭開始。重用公司的最佳實踐和專有技術是提高效率和質量的有力方法。

西門子數位工業軟體公司是全球第一的 CAM 軟體廠商，在加工領域擁有超過 50 年的專業經驗，它所開發並推向市場的 NX 是一套功能強大、經過實踐驗證的 CAD/CAE/CAM 軟體，其 CAM 模組提供出色、廣泛、深入的程式設計能力，應用範圍涵蓋：鑽孔、車削、車銑複合、線切割、2.5 軸銑削、3 軸銑削、5 軸銑削、機上量測、特徵自動化編程與機床模擬驗證…等。Solid Edge CAM Pro 是基於 NX CAM 模組所開發的獨立產品，使用介面與功能和 NX CAM 完全一致，目的在於提供客戶獨立於 CAD 之外的電腦輔助加工（CAM）平台之外，也可以與 Solid Edge（CAD）平台串聯，為客戶提供以 MBD 概念為基礎的 CAD/CAM 解決方案。另外，每種加工模組都內含了大量的基礎功能，例如：基本幾何創建、裝配、轉換器、刀具路徑驗證、後處理器…等，讓使用者能夠極大提高生產效率。Solid Edge CAM Pro 還提供了線上後處理庫（Post Hub），它是基於雲端的現代後處理解決方案，Solid Edge CAM Pro 的用戶可以使用

Post Hub 進行線上搜尋後處理，並從雲端直接下載與安裝免費的後處理器，以簡化了後處理訂製流程，可以為您的加工路徑生成即可投入生產的 CNC 程式。

　　除了使用數位化與 CAD/CAM 整合來使機械加工廠的製造準確而自動化之外，諸如機器人技術和增材製造等創新技術的應用，更多地依賴於數位化流程。機器人主要用於零件製造中以進行組裝和維護，近年來，一些製造商開始使用機器人進行修邊，拋光和去毛邊等加工作業。在機械加工中應用先進的機器人技術可提高自動化程度，確保質量的一致性，使大型零件可以在單個設置中進行加工，並縮短了工作時間。增材製造幫助製造商生產以前無法製造的複雜零件，通過衍生式設計，設計師可以創建重量更輕但仍具有相同性能的結構，增材製造就製造面來看，製造商可以大大減少所需的操作，設置和機器的數量，從而縮短了交付這些零件所需的時間。另外，由於材料利用率提高，材料幾乎沒有浪費，利用增材製造替代減法製造方法也是一個增加利潤的機會。

　　有效使用機器人和增材製造技術進行加工生產，其關鍵是利用可以支持此類編程任務的 CAM 應用程序。基於 Solid Edge CAM Pro 的加工模組進行擴展，西門子公司也提供機器人和增材製造編程的 CAM 應用模組。期待數位化機械加工廠將關鍵元素從設計到製造無縫地結合在一起。連接人員，資料和設備的數據驅動流程可確保您構建客戶所需的產品，增加利潤並提高效率。您不必成為工業巨頭即可受益於數字化製造工作流程。

　　本書由西門子數位工業軟體 台灣區代理商 – 凱德科技所撰寫，內容以 2020 年發表的 Solid Edge CAM Pro 版本為主，作者群希望能以淺顯易懂的方式，讓讀者了解 Solid Edge CAM Pro 整體架構，本書重點鎖定在基本技巧的應用，讓讀者能在詳細的指導程序中，從加工操作介面、鑽孔作業、2.5~3 軸銑削作業、加工範本設定、刀具庫設定、加工資料庫設定…等。由淺入深逐一前進，學會指令與概念，配合實例來學習，並加以圖解說明程序，讓讀者可以全程的學習並自行一項編程作業。我們也希望藉由這本書，推動並加速台灣機械加工廠的數位化進程，從而透過數位學生與工業 4.0 的智慧製造接軌。

　　在此，本人由衷的肯定此書對於讀者的莫大幫助，也謹代西門子數位工業軟體，對於凱德科技推動台灣製造業數位化所作的努力致上最高敬意。

西門子數位工業軟體　技術顧問

 2020/12/1

編輯序

凱德科技於 2016 年編著 NX CAM 第一本「三軸加工學習書籍」，再於 2018 年編著第二本，經過了四年在市場獲得讀者高度評價。因 SIEMENS NX CAM 軟體每年都會更新版本功能，因而凱德科技為了讓使用者獲取軟體最新功能，進而著手編輯本書籍，本書籍適用 NX1953 以上版本之功能，將新增功能或優化等功能，融入於本書籍範例。

本書編著由凱德科技 CAD/CAM 應用工程師方駿憲與吳元超二位顧問師，具有多年在 NX CAM 教學資歷與客戶技術輔導經驗，清楚了解加工使用者在學習與實際加工應用上所面臨的技術問題。本書內容重視基本知識與實用技術，通過實際範例來引導讀者，進而快速掌握 NX CAM 功能和使用方法，並通過實例講解與編程技巧，讓讀者充分理解數控編程的工法思路，達到事半功倍的效果。

本書適合企業數控編程人員與相關專業科系師生使用，配合詳細的圖示與範例說明，且針對各個參數定義具有詳細說明與範例練習，以便了解 NX CAM 各項功能。

附錄 1 ~ 附錄 4 內容屬於進階章節，幫助讀者學習自定義刀具庫、夾持器、加工資料庫等各項功能設置使用，並且能夠有效的應用於實際工作上，提供對於 NX CAM 有相關研究工程師或技術人員學習參考，也可適用於相關科系之學習教材。

凱德科技股份有限公司
工程部 資深經理 林耀贊

目錄 Contents

1

NX CAM 簡介

NX for
Manufacturing
Transform your
manufacturing with a
digital machine shop

章節介紹

Siemens Digital Industries Software 擁有 50 年以上 CAM 的開發經驗,具有深度且靈活彈性的功能,NC 程式工程師只要透過單一系統,即可處理各類型工作。先進的編程功能,可滿足高階工具機所需的全面功能,可為企業提高生產,進而達到降低成本目標,將發揮高效能先進機床上的投資價值。

NX CAM 先進的編程能力、後處理及模擬等各項重要功能，能為客戶帶來與眾不同的關鍵優勢。每個 NX 模組都提供一般 CAM 套件標準功能無法比擬的能力。例如，整合式工具機模擬是由 NX 後處理器的輸出所驅動，而非僅透過刀具路徑資料來進行。正因如此，NX 得以在其 CAM 系統內部實行更高階的編程驗證。

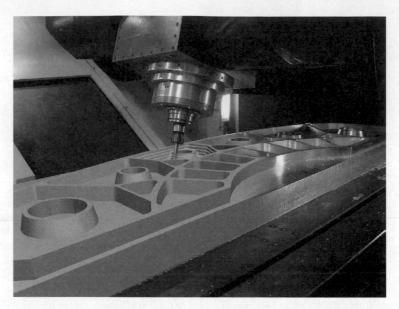

NX在製造業的應用

NX 在單一 CAM 系統中納入完整的 NC 編程功能，以及一組整合的製造軟體應用程式。這些應用程式都是已經實證的 NX 技術為基礎，能協助零件建模、工具設計及檢查編程等作業，適合您行業的最佳選擇。

NX CAM已經廣為不同領域的行業所採用，例如航太業、汽車業、醫療器材、模具以及機械與五金行業，充分發揮其經實證的強大製造能力。

製造業領導廠商

當正確的設計和製造軟體能夠與最新的控制器、工具機和其他生產線設備搭配運作時，您就可以導入理想的流程鏈，將業務效能發揮到極緻。

Siemens 是進階工具機控制器技術及驅動設備領域的公認領導廠商。結合軟體和製造設備專業知識兩方面之長，我們得以開發完美的零件製造解決方案，為您帶來無與倫比的強大優勢。

NX CAM 模組化完整的功能

　　NX CAM 提供完整全面的 NC 編程功能，幫助加工單位開啟多重 CAM 系統的需求以及降低衍生的昂貴費用，提供使用者更大的彈性。使產品投資以單一產品發揮最大價值。

- 2.5 軸銑削
- 3 軸銑削
- 5 軸銑削
- 車削
- 車銑複合
- 線切割
- 機械手臂加工
- 積層製造加工

CAD/CAM 整合的優勢

　　NX CAM 可與 Solid Edge 和 NX CAD 整合；在 Solid Edge 之中，透過內嵌的相互操作性優勢，也能輕鬆做到整合 CAD/CAM 解決方案，採用主要模型概念以方便同步進行設計與 NC 編程，這麼一來 NC 編程人員便可在設計人員完成零件設計之前就開始編程。即使設計模型有所變更，完整的關聯性也可以確保 NC 操作日後能隨之更新，無須重新編程，整合 CAD/CAM 功能讓您能夠輕鬆地管理設計變更。

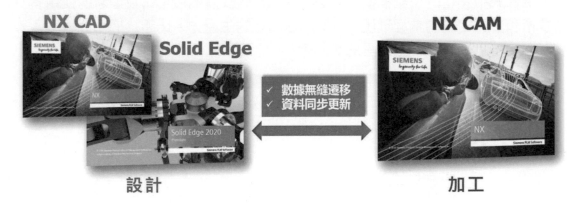

先進的編程功能

NX CAM 提供多元化的工法應用，從簡單的 NC 編程到高速與多軸機械加工應有盡有。您只需透過單一系統就可以完成許多工作，彈性的 NX CAM 讓您得以輕鬆地完成要求最嚴格的工作，包括後處理器程式庫、圖形後處理器建置與編輯應用程式、刀具路徑確認、CAD 檔案轉譯程式、線上輔助說明、工廠文件輸出、組立件加工及證明過的加工資料存取加工參數程式庫等等。

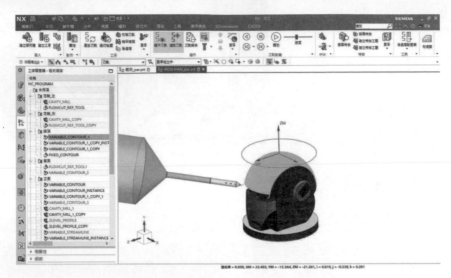

輕鬆上手

圖像式中文化的對話框使用介面，具有清楚註解的圖形，及最新的使用者互動技術和預先定義的編程環境，有助於提高您的生產力。比起透過功能表鍵入數字，在螢幕上選取並移動刀具的 3D 模型，是更快速、直覺的刀具操控方法。

實現生產效率的最大化

高速機械加工

　　NX CAM 自適應銑削粗加工成功實踐了高速粗削能力，能在管理刀具負載的情況下維持絕佳的切削移除速率，維持機器運作順暢。HSM（高速加工）提供平滑的切削路徑，沒有尖銳的轉角，優化的刀具路徑，因此能以高進給速率生產出最好的切削效率。

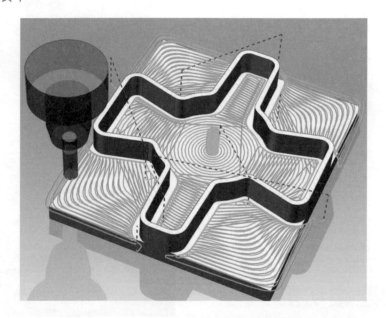

流線加工

　　Siemens Digital Industries Software 引入了流線銑加工技術，為加工路徑的編程提供了一種全新的方法。

　　Free Flow Machining（流線銑加工）提供複雜的輪廓表面加工，刀具路徑可以自然沿著整個零件的輪廓行進，如流體般的流動，平滑的流線刀具路徑可讓模具得到最好的表面品質與精度。

NX CAM 滿足高速加工的需求

▌統一的材料切削過程

以實體為基礎的銑削處理，系統自動計算殘料分析（IPW）確保以恆定比例進行材料切削。

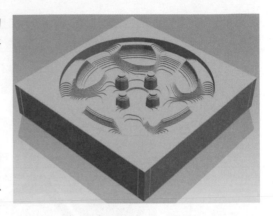

▌剩餘銑削

Z 層的剩餘銑削（Rest milling）和清角切削（Valley cutting）可將您最小的刀具只保留給需要的區域。

▌前後一致的精加工

系統提供了一系列方法，無論是對於陡峭表面還是平緩表面，都可以實現均勻的步距寬度。

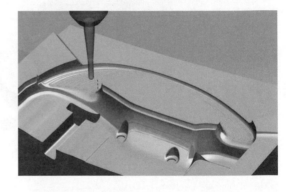

▌平滑的連續切削

即使是在不規則的形狀上，也可以實現鄰近部分之間的切線連接以及平滑的螺旋狀切割。

▌機械加工資料範本建立

提供的客製化機械加工資料庫能讓您管理經實證的資料，並將其套用至關聯的刀具路徑操作上，標準化編程工作並加快進行的速度。

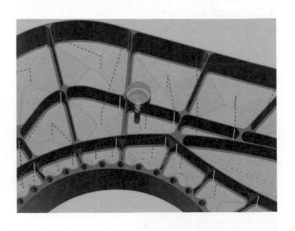

高速高精度的加工輸出

高速機床控制器可使用均勻分佈點、平滑內插、spline 曲線輸出等選項，微調刀具路徑。

管理刀震

Siemens Digital Industries Software 提供機械師校正設備的方法，避免影響進料速率及切削深度的震動。

碰撞偵測

系統會檢查零部件、加工中工件、刀具和夾具與機床結構之間實際或接近碰撞。

多軸加工的先進編程

5 軸加工

NX CAM 提供極具彈性的 5 軸編程功能，結合高度自動化的幾何形狀選取，圖像式的刀軸控制，使編程更簡單快速，而且碰撞檢查可減低錯誤風險。整合加工模擬，使得此項工作不必由另外的外部軟體執行。

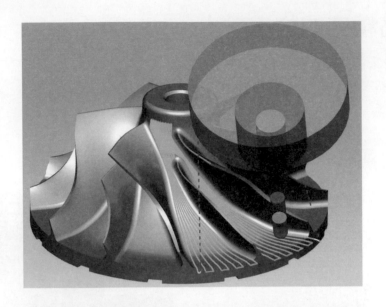

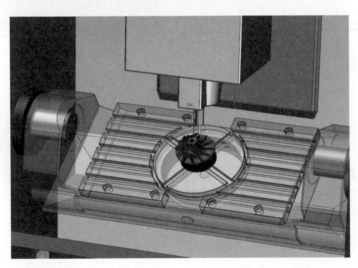

車銑複合加工

　　NX CAM 提供了所有必要的功能要素，可以對車銑複合機等多功能設備進行有效編程。所有元件可在一致的使用者環境下共同操作，車銑複合加工程式結果將立即顯示在「操作導覽器」上。

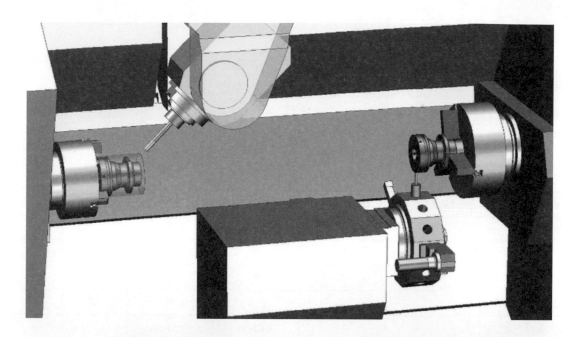

▌NX CAM 產品規劃

　　現在，您可以開始學習 NX CAM 的加工精髓，使設計、加工、製造整合於同一環境，規劃最佳化的加工流程，達成專業級的產品工藝。

　　若目前貴司計畫攜手與西門子邁向最完善的工業 4.0 計畫，歡迎各位評估以下加工需求。滿足各種工具機的形式，發揮工具機的最佳價值。

NX CAM 產品家族

	2.5 軸銑削加工	3 軸銑削加工	多軸銑削加工	車銑複合加工	車床加工	線切割
2 軸銑削	●	●	●	●		
3 軸銑削		●	●	●		
多軸銑削			●	●		
車削				●	●	
渦輪葉片銑削			Add-on	Add-on		
線切割						●

2 使用者介面

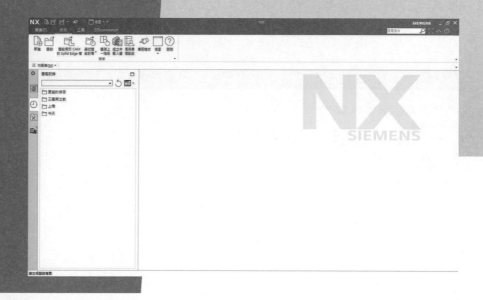

章節介紹

藉由此課程,您將會學到:

2-1 啟動 NX CAM

2-2 啟動加工介面

2-3 加工使用者介面

2-4 角色範本建立

2-5 游標鍵盤滑鼠概述

2-6 NX CAM 中的工具提示

2-7 幫助用戶學習的輔助工具

2-1 啟動 NX CAM

NX CAM 程式按鈕

❶ 要啟動您的NX CAM可由「開始」→「所有程式」→「Siemens NX_X」點擊執行。(版本編號隨每個版本推出而改變)

❷ 或是直接在您的桌面上找尋NX CAM程式按鈕 **NX** 點擊執行。

NX CAM 啟動畫面

開啟 NX CAM 之後您可見到如圖 2-1-1,總共 6 大項目。

▲圖 2-1-1

❶ 快速存取工具列　　　❹ 資源列

❷ 開啟文件工具列　　　❺ 指令搜尋器

❸ 功能表　　　　　　　❻ 視窗顯示工具列

2-2 啟動加工介面

▋學習如何開啟檔案，建立加工環境並儲存加工檔案

❶ 開啟要進行加工的檔案方式有三種，第一種方式為透過Solid Edge「工具」→「環境」點選「CAM Pro」按鈕。如圖2-2-1。

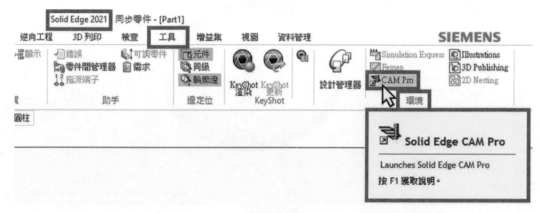

▲圖 2-2-1

❷ 第二種方式為已有建立的NX CAM檔案格式，直接透過NX CAM「首頁」→「標準」點選「開啟」按鈕來開啟NX的檔案格式。

第三種方式一樣利用NX CAM，「開啟用於CAM的Solid Edge檔案」來開啟Solid Edge檔案格式。如圖2-2-2。

備註 三種方式都是對於CAD/CAM整合規劃所應用的開啟方式。

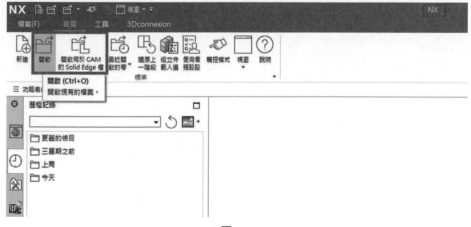

▲圖 2-2-2

❸ 開啟第2章的「範例」檔案後，若尚未寫過工法且儲存加工檔案，環境會先進入「基本環境」，還尚未進入「加工環境」，故無法新建加工工序以及刀具等「CAM」指令。如圖2-2-3。

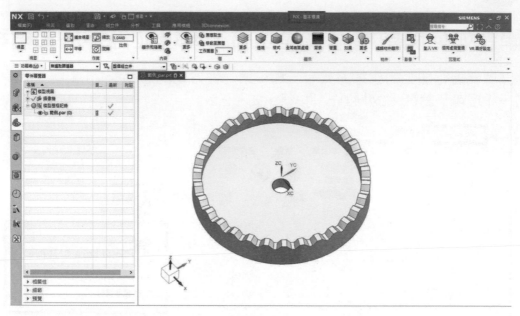

▲圖 2-2-3

❹ 若要建立加工環境，直接點擊「應用模組」按鈕，在「加工」的欄位點擊「加工」圖示，即可進入加工環境前的組態檔選擇頁面。如圖2-2-4。

▲圖 2-2-4

❺ 進入加工環境前，會顯示兩個視窗，上面視窗為「加工組態檔」，此欄位**無須修改**。下面視窗可以選擇所需要的「加工模組」，包含平面加工、三軸加工、鑽孔加工…等模組，各加工模組在加工環境亦可切換。如圖2-2-5。

▲圖 2-2-5

加工模組相對應之中文

mill_planar：平面加工   centerline：中心鑽孔加工

mill_contour：三軸加工   wire_edm：線切割加工

mill_multi-axis：多軸加工   probing：探測工法

mill_multi_blade：渦輪葉片加工   solid tool：實體工具

mill_rotary：四軸圓柱加工   work_instruction：工作指導

hole_making：鑽孔加工   robot：機械手臂加工

turning：車削加工   multi_axis_deposition：多軸積層製造加工

❻ 選擇mill_planar後按確定,即會進入加工環境,上面標題欄會顯示「加工」,並在左側資源列會顯示「工序導覽器」。如圖2-2-6。

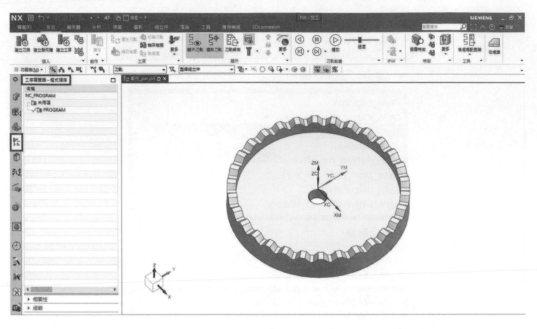

▲圖 2-2-6

❼ 欲儲存加工檔案,可於「快取工具列」或是「檔案」頁籤內點選儲存按鈕,若是利用Solid Edge開啟檔案進行拋轉,則此加工檔案預設會與**Solid Edge檔案放為同一資料夾**,而想修改儲存路徑則可利用**另存新檔**。如果用NX直接開啟檔案則可自行選擇儲存位置,無需另存新檔。如圖2-2-7。

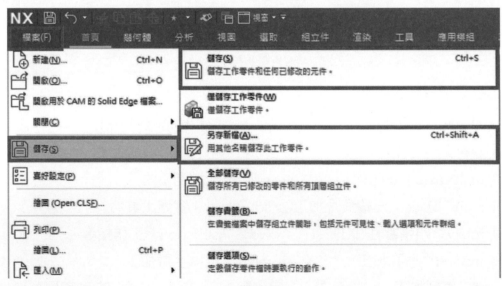

▲圖 2-2-7

2-3 加工使用者介面

● NX CAM加工應用程式視窗由以下幾個區域組成。如圖2-3-1。

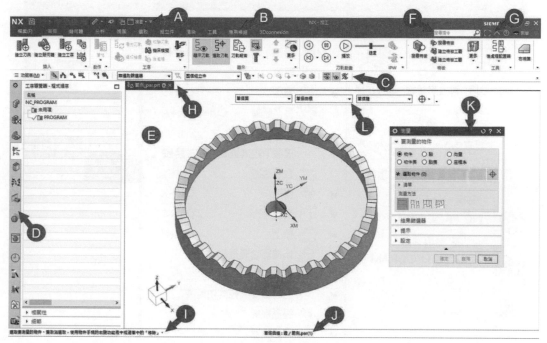

▲圖 2-3-1

A：快速存取工具列

顯示經常使用的指令。點擊最右側的小箭頭「自訂」可達到以下效果。

■ 新增或移除快速存取指令，也可以編輯其他列的指令內容。

■ 使用「自訂」對話方塊完全自訂使用者介面及任意指令位置。如圖2-3-2。

▲圖 2-3-2

B：功能區、功能標籤與群組

■ 其中包含在標籤中形成群組的指令。

■ 標籤會依循不同環境呈現符合的功能項目。

■ 有些指令按鈕包含拆分按鈕、邊角按鈕、核取方塊以及其他顯示子功能表和控制板的控制項。

C：上框線列

如同快速存取工具列，顯示經常使用的指令。此處包含選取工具以及視窗工具列。

為加工環境經常使用工具所設置的基本工具列，較為常用的選項分別為：**(A)功能表**、**(B)工序導覽器的四大視圖**、**(C)選取類型篩選器**、**(D)座標系顯示/隱藏**。如圖2-3-3。

▲圖 2-3-3

D：資源列

資源列是根據你目前的環境模組，顯示的資源標籤。當中最常使用為**(A)零件導覽器**、**(B)工序導覽器**、**(C)角色**三個標籤。如圖2-3-4。

▲圖 2-3-4

E：加工視窗

顯示加工的3D模型或2D線架構模型和繪圖座標系以及加工座標系的圖形，也就是您的加工工作區域。

F：指令搜尋器

指令搜尋器可幫助快速搜尋指令，亦可提供加工經驗豐富的用戶輸入在其他加工軟體中使用的術語或關鍵字，則可在NX CAM環境中找尋符合的指令。如圖2-3-5。

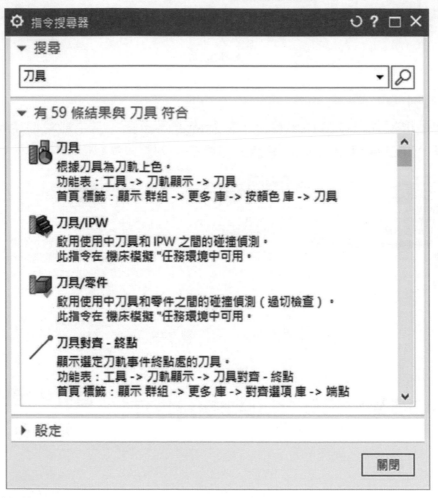

▲圖 2-3-5

G：視窗顯示工具列

視窗顯示工具列可透過全屏顯示及最小化功能區按鈕，切換傳統加工環境介面以及全螢幕加工環境介面。可透過按鈕，隱藏與顯示功能區指令。

H：檔案分頁列

當一次開啟多個檔案時，會在此列以分頁的形式呈現，類似一般瀏覽網頁的樣式，可隨時利用點擊顯示的分頁來切換各個分頁中的檔案進行作業或查看。

I：提示條

點選功能指令後，即可顯示與您所選的指令相關提示和訊息。

J：選取提示條

碰觸實體模型時，即可顯示與您所選的點、線、面、體相關的鎖點提示和訊息。

K：指令對話窗

當點選到某指令後，隨即會彈出指令對話窗，可利用指令對話窗設定達成使用需求。

L：選取規則條

當使用某些指令是需要選取點、線、面、體時，隨即會於上方彈出規則條，可利用規則條來設定選取時物件的的規則性及關鍵點…等。如圖2-3-6。

▲圖 2-3-6

2-4 角色範本建立

自訂功能區

❶ 在「快速存取工具列」最後方的小箭頭中找到「自訂」並點選，功能區會出現一個「+」新建標籤。如圖2-4-1。

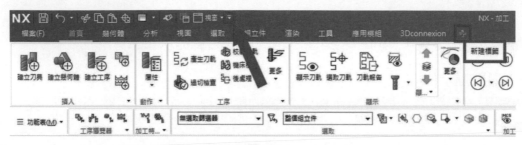

▲圖 2-4-1

❷ 點擊「+」會跳出對話窗，替此標籤命名名稱後點擊「確定」按鈕。如圖2-4-2。

標籤屬性 ✕

名稱 CADEX

應用模組

- ☑ 沒有零件
- ☑ 基本環境
- ☑ 建模
- ☑ 在任務環境中繪製草圖
- ☑ 組立件序列
- ☑ 鈑金
- ☑ 外觀造型設計
- ☑ 製圖
- ☑ 加工

☑ 始終可用

確定　取消

▲圖 2-4-2

❸ 確定後，即會有一個名稱為「CADEX」空白頁籤，在自訂的對話框中的「指令」可以找到加工環境中的所有指令，可以將所需的功能指令拖曳於此標籤中，亦可以將**其他預設標籤的內容新增/移除**。如圖2-4-3。

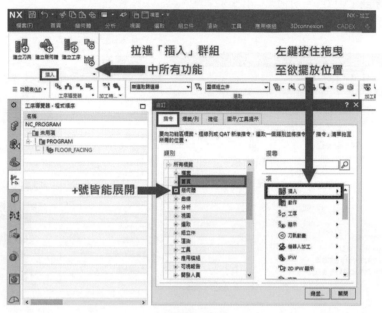

▲圖 2-4-3

❹ 展開後可選擇該群組的某一個功能進行拖曳，亦可以將群組中某一個功能拖曳至空白處丟棄。如圖2-4-4。

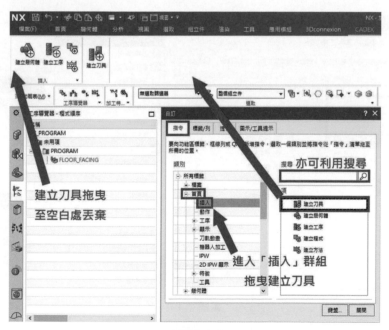

▲圖 2-4-4

滑鼠快捷鍵設定

❶ 滑鼠快捷按鈕共有兩個，**右鍵**及**右鍵長按**，可利用「自訂」→「捷徑」將其呼叫出來進行設定。如圖2-4-5。

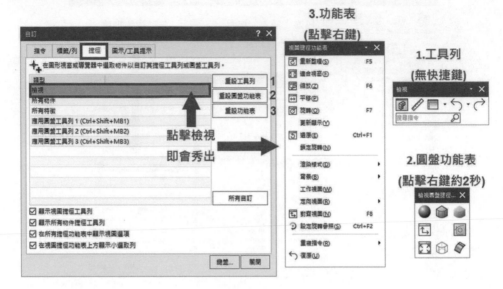

▲圖 2-4-5

❷ 將分頁切回「指令」，設定方式與自訂功能區一樣，設定完畢後按下「關閉」，並測試設定是否成功。如圖2-4-6。

▲圖 2-4-6

鍵盤快捷鍵設定

❶ 點擊「自訂」對話窗中的「鍵盤」，即可開始設定鍵盤快捷鍵。設定方式由「類別」搭配「指令」欄位找尋所需功能，選取要設定的指令後，可在「目前鍵」的欄位查看此功能是否已設定過快捷鍵。如圖2-4-7。

▲圖 2-4-7

❷ 選取圖中指令並設定快捷鍵後，關閉並測試是否設定成功。如圖2-4-8。

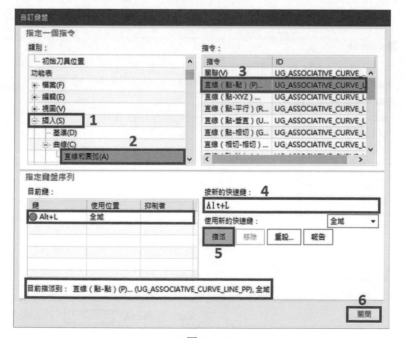

▲圖 2-4-8

儲存角色範本

❶ 在「功能表」→「喜好設定」→「使用者介面」→「角色」欄位中點擊「新建角色」。如圖2-4-9。

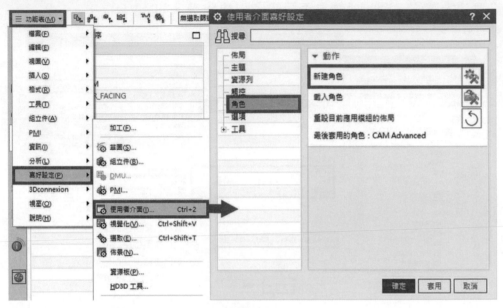

▲圖 2-4-9

❷ 此時會跳出儲存角色對話窗，此「.mtx」為角色的佈局檔案，可將此檔案進行備份，爾後電腦重灌或是換新電腦時可將此檔案進行載入。如圖2-4-10。

▲圖 2-4-10

❸ 此時會彈出NX CAM角色建立對話窗，可在名稱欄位輸入CADEX。
如圖2-4-11。

● 若無彈出指令可於「資源列」→「角色」頁面中「點擊滑鼠右鍵」→「新
建使用者角色」一樣也可以呼叫此指令。

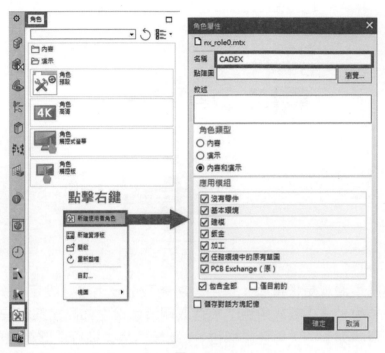

▲圖 2-4-11

❹ 也可在下方「點陣圖」欄位的「瀏覽」帶入圖片方便辨識。
如圖2-4-12。

▲圖 2-4-12

❺ 建立角色後，針對CADEX角色點擊滑鼠右鍵→「儲存角色」，即可將設定值存入此角色。如圖2-4-13。

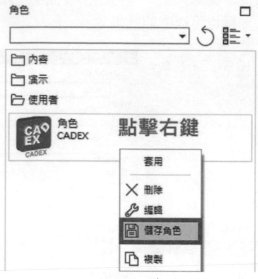

▲圖 2-4-13

❻ 若爾後電腦重灌或更換電腦，可至「功能表」→「喜好設定」→「使用者介面」→「角色」→「載入角色」，選取剛所備份之佈局檔案後按「確定」。並且在「資源列」→「角色」欄位 → 新增角色後進行「儲存角色」即可。如圖2-4-14。

▲圖 2-4-14

使用者介面 2

2-5 游標鍵盤滑鼠概述

● NX CAM中使用的各種游標圖形，其圖示對應內涵如下表：

指令游標		
游標圖形	指令名稱	何時顯示？
⊕	選取	開始啟動「選取」指令時
🔍	縮放區域	開始啟動「縮放區域」指令時
🔍	縮放	開始啟動「縮放」指令時
🖐	平移	開始啟動「平移」指令時
🔄	旋轉	開始啟動「旋轉」指令時
╀	快速選取	有多個選取可用時，如在「選取」指令中

● 快速選取：滑鼠靜止不動約莫兩秒，圖示即會變成 ╀ ，此時再點擊左鍵一下，即會出現游標附近的點、線、面、體…等物件可以選取，方便使用者在點擊多個物件或細小的線、面不好選取時的利器。

如圖2-5-1。

▲圖 2-5-1

NX CAM 中滑鼠與鍵盤搭配間可執行模型於工作區域的應用

●如何透過滑鼠與鍵盤操作模型進行旋轉、平移、縮放，並顯示以上圖示。
●在滑鼠與鍵盤應用中，可將常用指令放入滑鼠快捷鍵中，快速完成指令選擇。

滑鼠鍵盤概述	
滑鼠鍵盤按鍵	執行動作
	選擇或拖拉物件
	快顯功能表（點擊）\圓盤功能表（按壓）
	執行指令時：按壓中鍵代表 "確認" 未執行指令時：按壓中鍵可進行模型視角旋轉滾動滾輪可進行模型視角縮放
Ctrl +	模型視角縮放
Shift +	模型視角移動
Ctrl + Shift +	鍵盤式圓盤功能表

2-6 NX CAM 中的工具提示

使用「工具提示」可瞭解指令和控制項

　　NX CAM 在使用者介面控制項中提供了「工具提示」，當您將游標暫停在指圖示或是文字上時，將顯示指令名稱、敘述和快捷鍵。

「工具提示」中，您可找到以下資訊種類的範例

❶ 「指令按鈕」工具提示會簡述指令的功能並部分提供指令的快捷鍵。
　　如圖2-6-1。

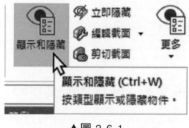

▲圖 2-6-1

❷ 「建立刀具」中碰觸圖示會顯示刀具樣式。如圖2-6-2。

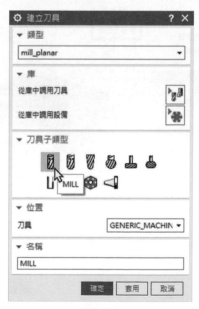

▲圖 2-6-2

❸ 「建立工序」中碰觸視圖會簡述工法的敘述及使用情況並顯示加工路徑圖
示。如圖2-6-3。

▲圖 2-6-3

❹ 當您進入加工編程時,將滑鼠碰觸該功能文字時,會呈現互動的對話方塊。
如圖2-6-4。

▲圖 2-6-4

幫助用戶學習的輔助工具

2-7

　　NX CAM 使用者輔助功能在您執行任務時為您提供可用的指令資訊。在加工階段作業期間，您隨時可以開啟指令資訊、概念資訊、參考資訊和指導資訊。

❶ NX CAM內嵌指導教學

- 「功能區」最右方有提供教學按鈕，點擊後資源列欄位會變成 Web 瀏覽器，下方提供多種應用指導教學。如圖 2-7-1。
- 「指令提示」在您使用 NX CAM 時透過指令搜尋器，輸入指令後即可顯示該指令的名稱、功能簡短敘述以及位置。如圖 2-7-2。

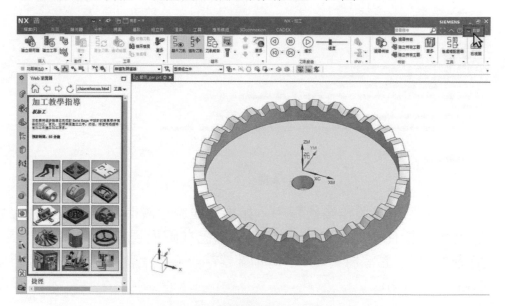

▲圖 2-7-1

▲圖 2-7-2

❷ 線上說明文件

點擊「說明索引」圖示 ⑦ 時，NX CAM 會在說明視窗中提供指向「線上說明」、「教學指導」和「線上培訓」的連結。「說明索引」按鈕位於工具列的右上角。如圖 2-7-3。

▲圖 2-7-3

此外，在加工階段作業過程中，如果需要線上說明，也可按「F1」鍵。當指令處於使用中狀態時，或者當您已在圖形視窗中選取內容時，該指令的說明主旨將會出現。如圖 2-7-4。(線上說明文件需另外安裝 Documentation)

▲圖 2-7-4

CHAPTER

3

加工操作介面

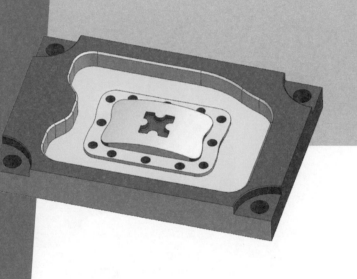

章節介紹

藉由此課程,您將會學到:

3-1 CAD / CAM 整合應用

學習 Solid Edge 與 NX CAM 互通性整合關係

範例一

❶ 於 Solid Edge 開啟零件範例。

由「應用程式按鈕」→「檔案」→「開啟」→「NX CAM 三軸課程」→「第 3 章」→「CAD_CAM.par」。如圖 3-1-1。

▲圖 3-1-1

❷ 透過 Solid Edge「工具」→「環境」點選「CAM Pro」按鈕。如圖 3-1-2。

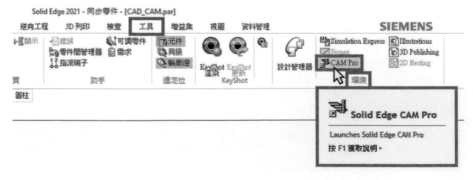

▲圖 3-1-2

❸ 啟動 NX CAM 畫面，假設此檔案已完成程式編寫，並且已儲存過檔案，環境隨即會直接進入加工環境，並保留所有 CAM 紀錄。如圖 3-1-3。

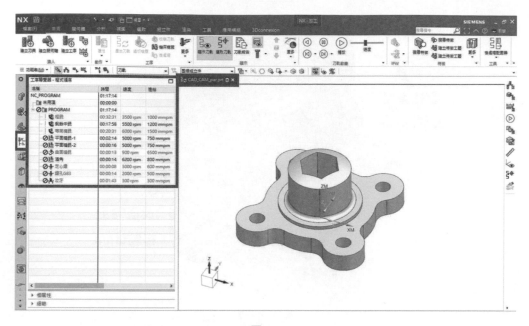

▲圖 3-1-3

❹ 此時有數個工法前方有 ⊘ 符號，可於「PROGRAM」資料夾點擊滑鼠「右鍵」→「產生」，即可更新全部的刀軌路徑。如圖 3-1-4。

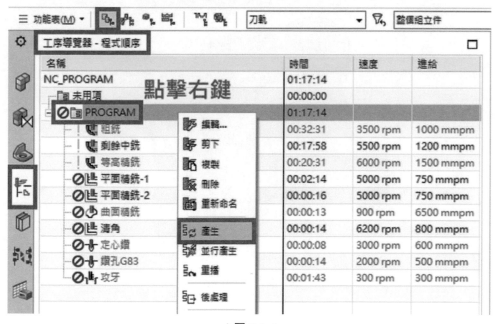

▲圖 3-1-4

⑤ 切換畫面至 Solid Edge，點擊圓柱平面利用幾何控制器向上修改 **5mm**，再標註圓柱尺寸，將直徑修改成 **65mm**，最後**刪除孔特徵**。如圖 3-1-5。

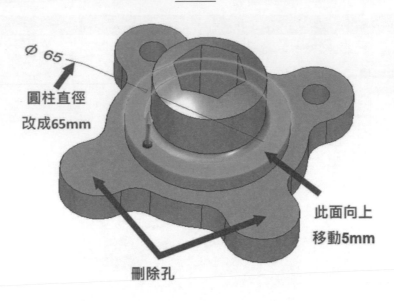

Ø 65

圓柱直徑
改成65mm

此面向上
移動5mm

刪除孔

▲圖 3-1-5

⑥ 再點擊草圖曲線，按下「動態編輯」，並再一次點擊曲線後，使用者即可利用曲線上的節點自行調整所需曲率面。如圖 3-1-6。

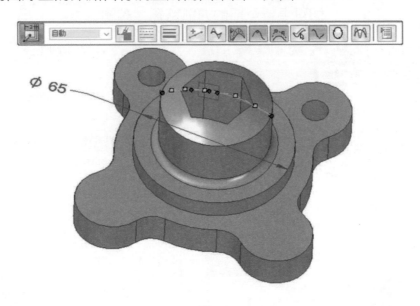

Ø 65

▲圖 3-1-6

❼ 點選「工具」→「環境」點選「CAM Pro」按鈕,此時對話框會提示要儲存模型,點選「是(Y)」。如圖 3-1-7。

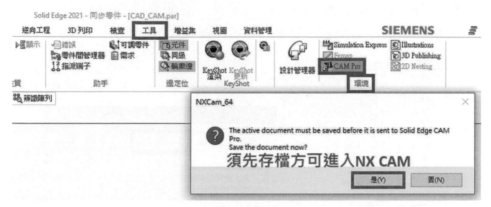

▲圖 3-1-7

❽ 自動拋轉至 NX 畫面,於 NX 檔案模型即時更新修改,刀具、工法、素材皆不需要重新設定。如圖 3-1-8。

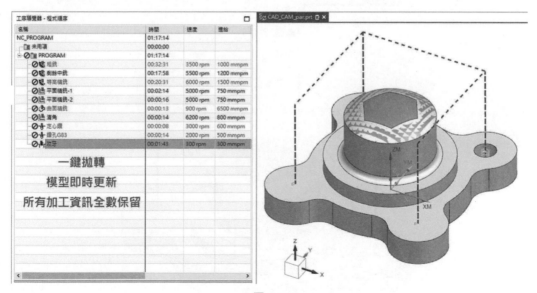

▲圖 3-1-8

❾ 此時 NX 預設會將 Solid Edge 的曲面一起拋轉過來，若不希望出現曲面，則可在「功能表」→「喜好設定」→「資料互通性(Y)」→「Solid Edge」→「載入建構幾何體」選項將其取消勾選，隨即再回 Solid Edge 重新拋轉，NX 出現的曲面即會消失。如圖 3-1-9、圖 3-1-10。

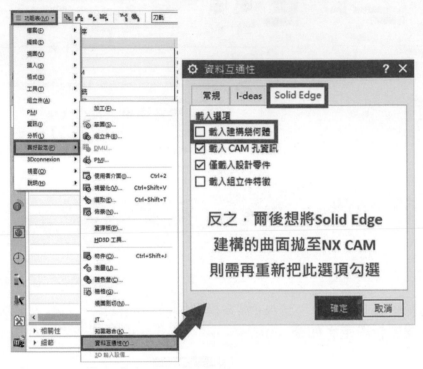

▲圖 3-1-9

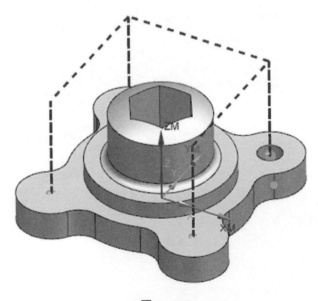

▲圖 3-1-10

40

❿ 點選程式群組「PROGRAM」→ 利用「首頁」→「工序」「產生刀軌」可以快速將群組內所有工法重新生成。如圖 3-1-11。

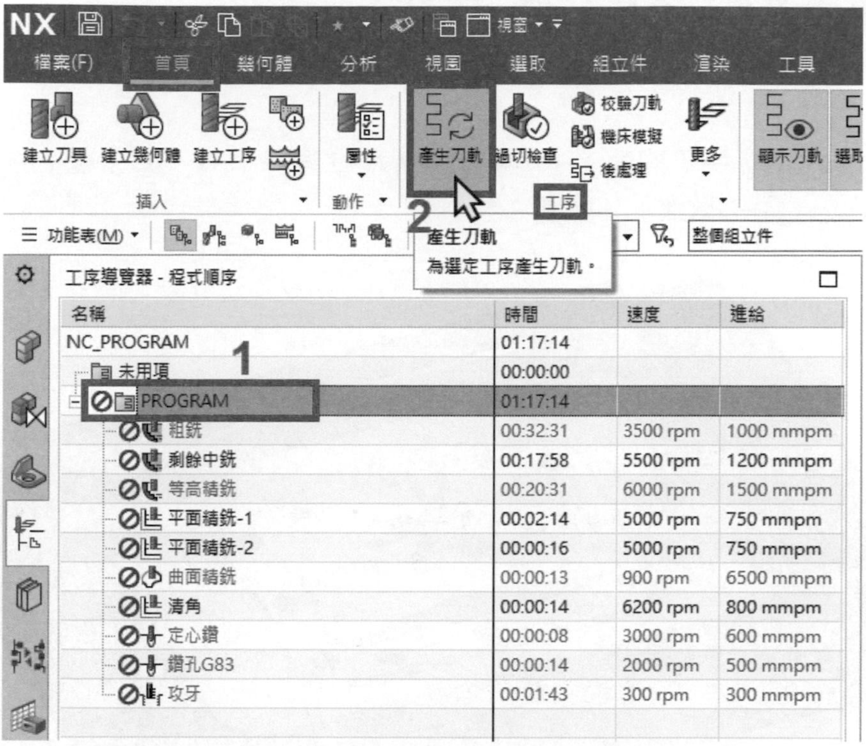

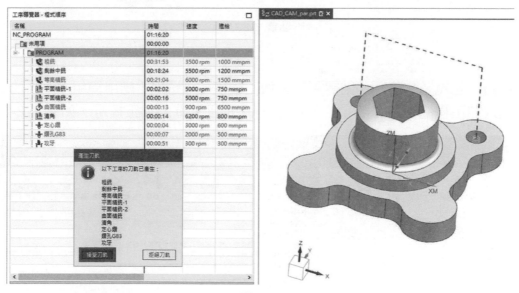

NX
視窗
檔案(F)
首頁
幾何體
分析
視圖
選取
組立件
渲染
工具
建立刀具
建立幾何體
建立工序
屬性
產生刀軌
過切檢查
校驗刀軌
機床模擬
後處理
更多
顯示刀軌
插入
動作
工序
功能表(M)
整個組立件
2
產生刀軌
為選定工序產生刀軌。
工序導覽器 - 程式順序
1
名稱
時間
速度
進給
NC_PROGRAM 01:17:14
未用項 00:00:00
PROGRAM 01:17:14
粗銑 00:32:31 3500 rpm 1000 mmpm
剩餘中銑 00:17:58 5500 rpm 1200 mmpm
等高精銑 00:20:31 6000 rpm 1500 mmpm
平面精銑-1 00:02:14 5000 rpm 750 mmpm
平面精銑-2 00:00:16 5000 rpm 750 mmpm
曲面精銑 00:00:13 900 rpm 6500 mmpm
清角 00:00:14 6200 rpm 800 mmpm
定心鑽 00:00:08 3000 rpm 600 mmpm
鑽孔G83 00:00:14 2000 rpm 500 mmpm
攻牙 00:01:43 300 rpm 300 mmpm

▲圖 3-1-11

⓫ 生成後的路徑也會按照新的幾何外型進行加工。如圖 3-1-12。

工序導覽器 - 程式順序
名稱
時間
速度
進給
NC_PROGRAM 01:16:20
未用項 00:00:00
PROGRAM 01:16:20
粗銑 00:31:53 3500 rpm 1000 mmpm
剩餘中銑 00:18:24 5500 rpm 1200 mmpm
等高精銑 00:21:04 6000 rpm 1500 mmpm
平面精銑-1 00:02:02 5000 rpm 750 mmpm
平面精銑-2 00:00:16 5000 rpm 750 mmpm
曲面精銑 00:00:13 900 rpm 6500 mmpm
清角 00:00:14 6200 rpm 800 mmpm
定心鑽 00:00:04 3000 rpm 600 mmpm
鑽孔G83 00:00:07 2000 rpm 500 mmpm
攻牙 00:00:51 300 rpm 300 mmpm
產生刀軌
以下工序的刀軌已產生：
粗銑
剩餘中銑
等高精銑
平面精銑-1
平面精銑-2
曲面精銑
清角
定心鑽
鑽孔G83
攻牙
接受刀軌
拒絕刀軌
CAD_CAM_par.prt
ZM
XM
Z
Y
X

▲圖 3-1-12

3-2 應用模組切換

範例二

❶ 由 NX「檔案」→「開啟」→「NX CAM 標準課程」→「第 3 章」→「加工輔助工具 .prt」→「OK」。如圖 3-2-1

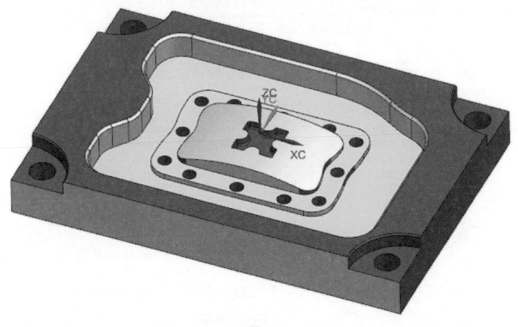

▲圖 3-2-1

❷ 啟動時若為基本模組，則需要啟動加工環境。可透過「應用模組」→「加工」進入加工模組，或是於「檔案 (F)」→「加工」進入加工模組。如圖 3-2-2。

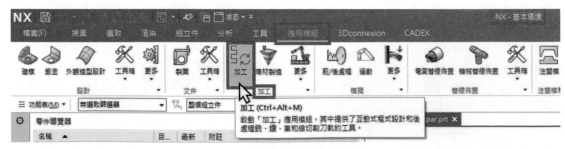

▲圖 3-2-2

●或是於「檔案 (F)」→「加工」進入加工模組。如圖 3-2-3。

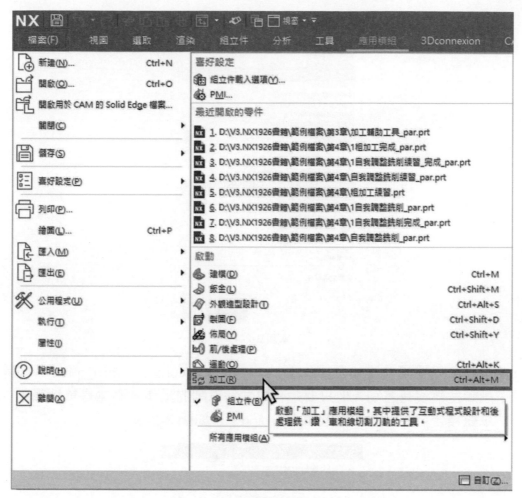

▲圖 3-2-3

43

❸ 上方組態不調整，下方 CAM 組裝選擇「mill_planar」。如圖 3-2-4。

▲圖 3-2-4

● 基本上只要是銑削，選擇 mill_planar、mill_contour、mill_milti-axis 等銑削類型都沒有差別，但只要是有要做到**車削**的動作，不論是單純**車削**或是**車銑複合**，類型就都得選擇「turning」。如圖 3-2-5。

▲圖 3-2-5

● 若有選擇錯的 CAM 組裝方式，或是想將 CAM 的工法、刀具…等紀錄刪除，可以利用「功能表」→「工具 (T)」→「工序導覽器 (O)」→「刪除組裝 (S)」，將 CAM 組裝及記錄刪除。如圖 3-2-6。

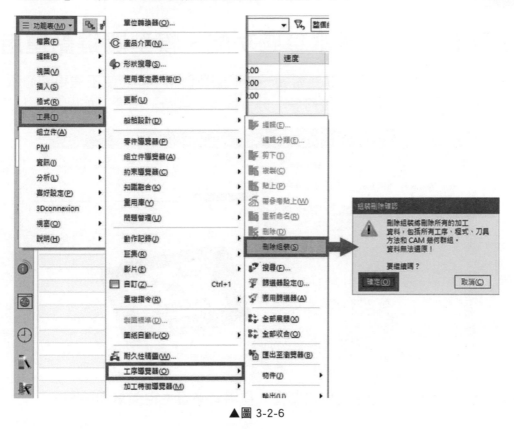

▲圖 3-2-6

3-3 NX CAM 加工輔助工具

學習 NX CAM 基本草圖功能、模型關鍵點運用

❶ 在加工過程中，難免會需要繪製一些草圖做使用，進而使工法更隨心所欲。
在加工環境中切換至「幾何體」分頁找到「草圖」指令。如圖 3-3-1。

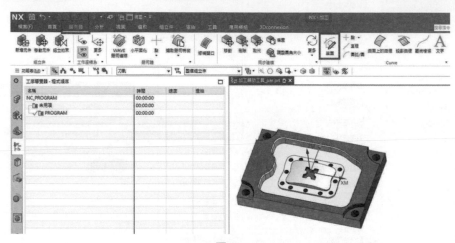

▲圖 3-3-1

❷ 點擊「草圖」後即會跳出對話窗，使用者必須先定義草圖平面。
如圖 3-3-2。

▲圖 3-3-2

❸ 將草圖平面設立在模型最高面，確定後 NX 的環境會從「加工」跳到「草圖」，使用者即可利用上方指令開始繪製，繪製完畢的草圖會記錄在「零件導覽器」中，可以隨時回頭修改。如圖 3-3-3。

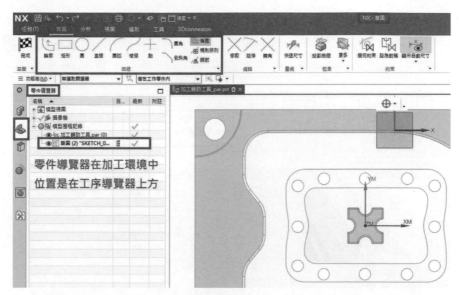

▲圖 3-3-3

❹ 試著繪製**直線**、**圓弧**、**矩形**、**圓形**⋯等，在繪製草圖時可將「抓點」功能右邊小箭頭展開，將所需的**關鍵點開啟**，即可開始繪製草圖。繪製完成後，點擊左上方「完成」即可退出草圖環境。如圖 3-3-4。

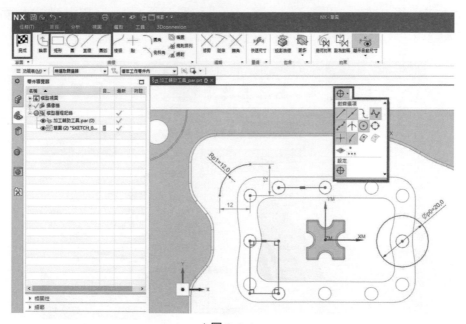

▲圖 3-3-4。

學習在 Solid Edge 中建立曲面拋至 NX CAM，並利用圖層做管理

❶ 加工模型常遇到有螺絲孔、放電溝、槽…等特徵，時常會影響工法路徑，此時可利用「Solid Edge」→「曲面處理」欄位的功能建構曲面，再拋回至 NX 做使用。如圖 3-3-5。(曲面拋轉失敗請參考 3-1 章節圖 3-1-9)。

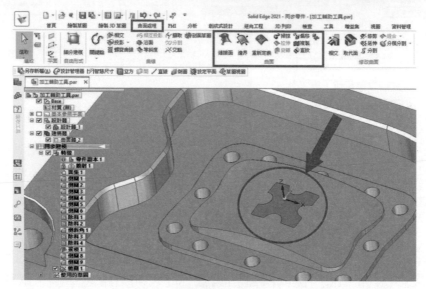

▲圖 3-3-5

❷ 拋轉成功後，在「視圖」→「層」→「移動至圖層」將剛拋轉的曲面選取。如圖 3-3-6。

▲圖 3-3-6

❸「確定」後給予一個圖層號碼(2 ~ 256)，並按下確定，即可將放置於其中，而模型中的曲面也會隨之隱藏。如圖 3-3-7。

● 試著動手練習將剛所繪製的草圖放在 3 號圖層。

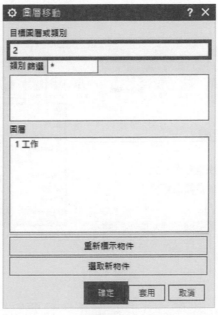

▲圖 3-3-7

❹ 若想再重新開啟此曲面，可在「視圖」→「圖層設定」重新開啟所設圖層。如圖 3-3-8。

▲圖 3-3-8

49

學習 NX CAM 在模型、背景上色

❶ NX CAM 背景顏色進行修改,可以在「視圖」→「顯示」→「背景」中去篩選內建顏色,也可以於「視圖」→「顯示」→「更多」→「佈景喜好設定」去設置使用者的喜好顏色。如圖 3-3-9。

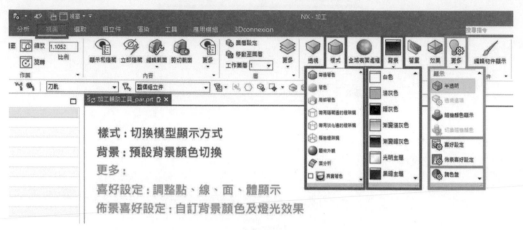

▲圖 3-3-9

❷ 「佈景喜好設定」的調整方式非常簡單,只要點選色塊即可設定顏色,頂部底部顏色不同還會有漸變效果。如圖 3-3-10。

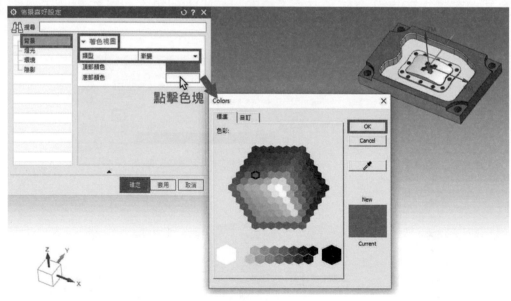

▲圖 3-3-10

❸ 設定模型顯示色彩可透過「視圖」→「物件」→「編輯物件顯示」進行模型色彩調整，而 NX 預設為選取整塊實體，若想調整為選擇單片面，則需至「上框線列」→「選取工具」選擇「面」。如圖 3-3-11。

▲圖 3-3-11

❹ 點選欲上色物件，確定後選擇顏色，並可調整「透明度」，完成後可點選套用或確定即可完成著色。圖 3-3-12。

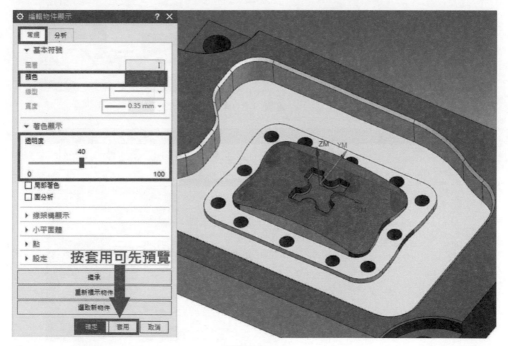

▲圖 3-3-12

學習在 NX CAM 中快速切換所需視角

● 視角快捷鍵可參考圖 3-3-13，除了可利用內建快捷鍵快速切換視角外，也可利用「自訂」重新定義視角的快捷鍵，或是利用「指令搜尋器」，將視角圖視顯示於目前功能分頁中。如圖 3-3-14、圖 3-3-15。

前視圖	Ctrl+Alt+F
右視圖	Ctrl+Alt+R
左視圖	Ctrl+Alt+L
俯視圖	Ctrl+Alt+T
適合視窗	Ctrl+F
正視圖	F8
正三軸側圖	Home
正等側圖	End

▲圖 3-3-13

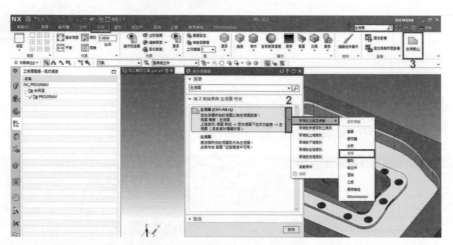

▲圖 3-3-14

▲圖 3-3-15

學習在 NX CAM 中使用動態剖面

❶ 查看剖切視圖，我們可以透過「視圖」→「內容」→「編輯截面」設定剖切方式。如圖 3-3-16。

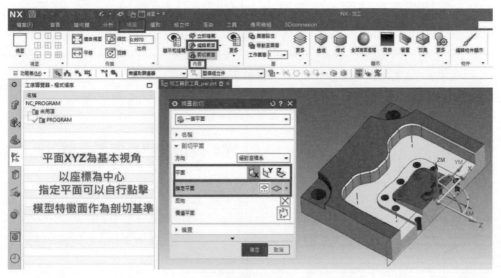

▲圖 3-3-16

❷ 裁切「確定」後，NX 會記錄使用者的裁切結果，並存入「剪切截面」中，若想恢復為裁切前，再點擊一下「剪切截面」即可。如圖 3-3-17。

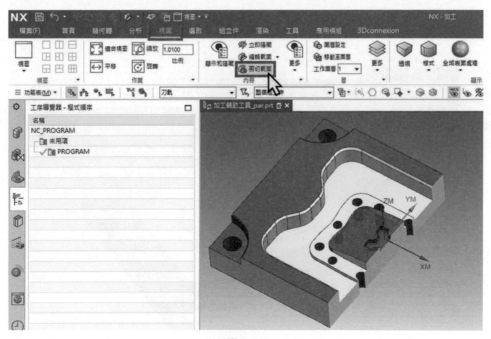

▲圖 3-3-17

學習在 NX CAM 中的座標定義

● 座標系定義，加工環境會顯示三種座標系圖示，分別為世界座標、繪圖座標以及加工座標，進入加工環境時，**加工座標預設與繪圖座標重疊**，可使用「W」將**繪圖座標隱藏**，或點擊「上框線列」→「顯示 WCS」圖示。如圖 3-3-18。

座標系統		
座標圖形	圖示名稱	座標定義
	世界座標 （CSYS）	模型輸出及觀看模型視角以此為依據
	繪圖座標 （WCS）	繪圖設計時的基準座標系 一般狀況均與 CSYS 一致
	加工座標 （MCS）	機械加工時的軸向座標系 可於加工環境設定多組加工座標系

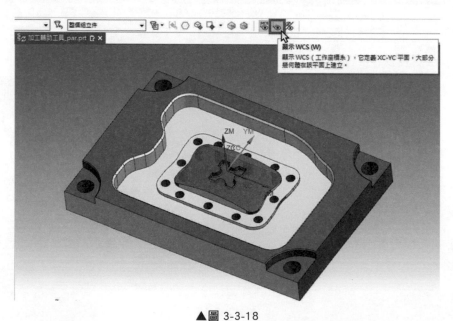

▲圖 3-3-18

3-4 加工檔案測量與分析

學習 NX CAM 在加工前的尺寸測量以及分析

❶ 建立加工前,您可以在 Solid Edge 中進行尺寸測量,亦可於 NX CAM 透過量測工具進行尺寸測量,NX CAM 測量工具於「分析」→「測量」→「測量」中的結果篩選器去選擇測量的結果。如圖 3-4-1。

▲圖 3-4-1

❷ 結果篩選器的選擇會影響到量測的內容，亦可以自由開啟／關閉，若面、邊…等有點選錯誤，可利用上方 ↻ 圖示進行重設。如圖 3-4-2。

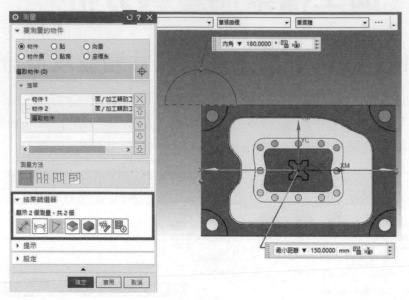

▲圖 3-4-2

NC 助理功能操作

❶ 在「分析」功能頁→「分析」欄位→「NC 助理」來檢測模型深度、轉角半徑、底圓角以及拔模角度。如圖 3-4-3。

▲圖 3-4-3

❷ 框選完模型後，將「分析類型」選擇轉角，點選「分析幾何體」，軟體會針對點選的面進行分析，並且會利用不同顏色表示不同 R 角，亦可點選「資訊」，查看詳細資訊，離開時也可以將分析出來的顏色一同保留。
如圖 3-4-4、圖 3-4-5。

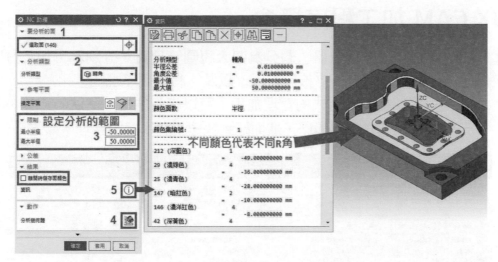

▲圖 3-4-4

▲圖 3-4-5

3-5 NX CAM 標準加工程序

NX CAM 加工程序概念

❶ NX CAM 在「工序導覽器」劃分**為四大視圖管理員**，分別為「加工方法視圖」、「幾何視圖」、「機床視圖」以及「程式順序視圖」。

每一個視圖都如同階層式的管理加工，可以任意的拖曳工法、刀具…等物件去繼承父項或是更改順序，進而達到快速、有系統的管理。如圖 3-5-1。

▲圖 3-5-1

❷ 欲切換四大視圖，需先在「工序導覽器」的分頁中，透過「上框線列」左上點擊圖示做切換，或是於視圖空白處點擊「右鍵」切換。如圖 3-5-2。

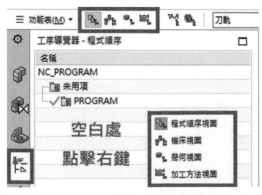

▲圖 3-5-2

NX CAM 四大視圖介紹

加工方法視圖

❶ 內建會有四種加工方法,預設名稱能利用「右鍵」→「重新命名」來修改名稱。

「加工方法」即為定義加工餘量、內外公差…等,預設的四種方法皆可修改內容參數。(※精加工公差建議內外相加小於0.01mm)

如圖 3-5-3、圖 3-5-4。

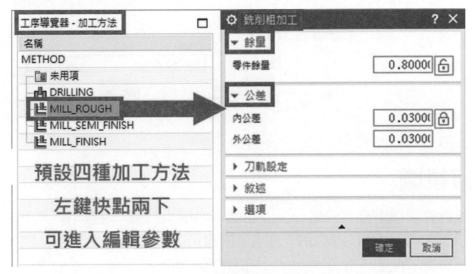

▲圖 3-5-3

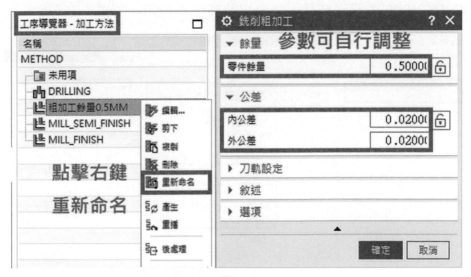

▲圖 3-5-4

❷ 若所需的餘量、公差…等變化較多，內建四種不夠使用，也可於「METHOD」欄位→「右鍵」→「插入」→「方法」，即可新增一組新的加工方法。如圖 3-5-5。

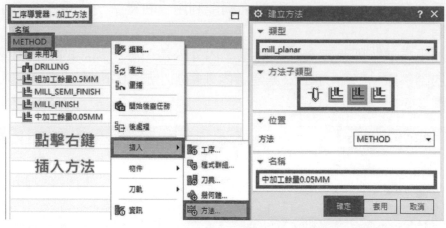

▲圖 3-5-5

幾何視圖

● 內建會有兩個座標、一個 WORKPIECE，名稱能利用「右鍵」→「重新命名」來修改名稱。「MCS_MAIN」為主要座標，「MCS_LOCAL」為次要座標，若沒特殊需求使用「MCS_MAIN」主要座標即可。

◆ 座標「MCS_MAIN/LOCAL」主要管理加工座標、安全平面…等。

◆ WORKPIECE 則管理成品、坯料以及夾治具設定。如圖 3-5-6。

▲圖 3-5-6

加工座標設置

❶ **設定座標**方式有數種,其中最常用的為「**動態**」與「**自動判斷**」。

● **動態**可在圖上任意放置或是模型關鍵點擺放,還可針對軸向、角度進行偏置。

● **自動判斷**則為點選模型上的面,隨即放置該面的中心。

● 此外,若為特殊情況時,兩者也能並行使用。如圖 3-5-7、圖 3-5-8。

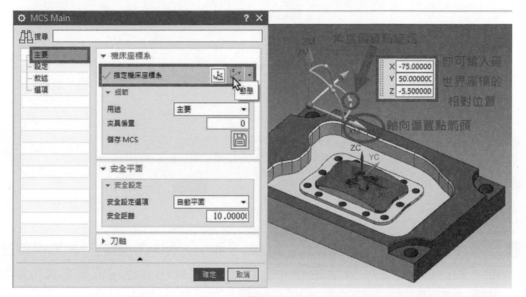

▲圖 3-5-7

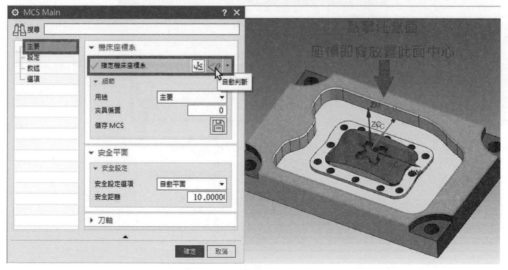

▲圖 3-5-8

61

❷ 座標中「細節」→「夾具偏置」預設為 <u>0</u>，若設 **1 為 G54**、**2 為 G55**…以此類推。如圖 3-5-9。

▲圖 3-5-9

❸ 座標中的「安全平面」預設為「自動平面」，即為軟體自行抓取模型最高<u>面</u>，並搭配底下的「安全距離」往上 <u>10mm</u>，使用者也可依需求進行調整。如圖 3-5-10。

▲圖 3-5-10

WORKPIECE(零件坯料) 設置

● 在 WORKPIECE 中的共有三個主要可以指定的對象，分別為「指定零件」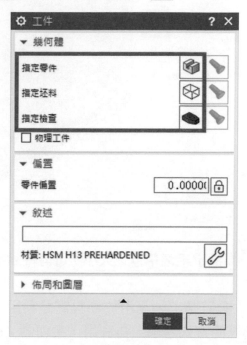
、「指定坯料」 以及「指定檢查」 。如圖 3-5-11。

▲圖 3-5-11

❶「指定零件」 即為**指定成品**，點擊 圖示將<u>範例成品選取</u>。
如圖 3-5-12。

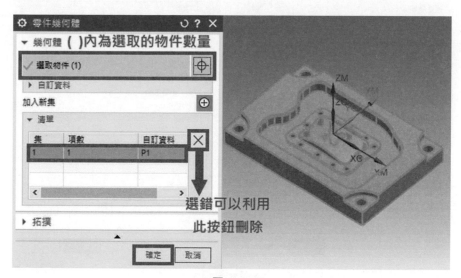

▲圖 3-5-12

❷ 點擊「確定」後，後方手電筒 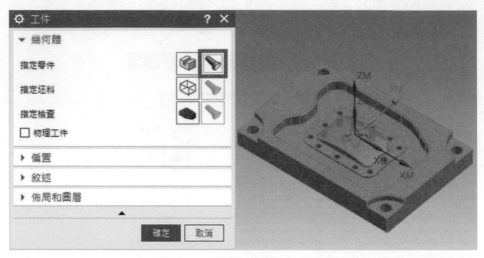 圖示會隨之亮顯，可點擊 圖示回頭查看所選取的物件。如圖 3-5-13。

▲圖 3-5-13

❸ 「指定坯料」 為指定**毛坯形狀**、**大小**，可自行繪製或利用內建包容方式建立。
預設選取方式為「幾何體」，應用於坯料體是利用 CAD 軟體中的新增體 / 多實體、NX 包容體的方式建構，再利用「幾何體」的方式做選取。
如圖 3-5-14。

▲圖 3-5-14

❹ 若沒有建構坯料體則可利用「指定坯料」中內建的「包容塊」/「包容圓柱體」設置。如圖 3-5-15。

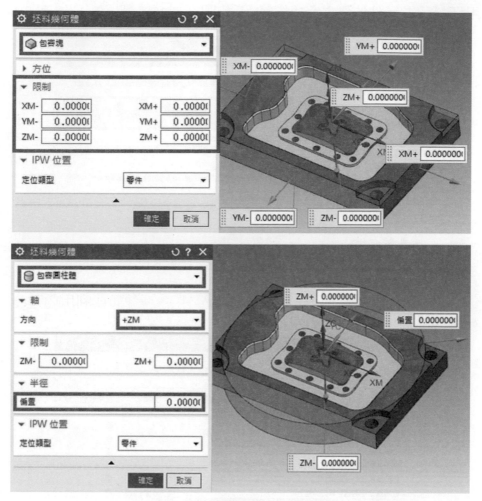

▲圖 3-5-15

❺ 包容塊／包容圓柱體預設建構出來為**虛擬體**，無法當作參考放置座標，若需要建構出來為**實體**，則須至「檔案」→「公用程式」→「特徵開關」→「啟用坯料體或元件的建立」功能 <u>ON</u>。如圖 3-5-16、圖 3-5-17、圖 3-5-18。

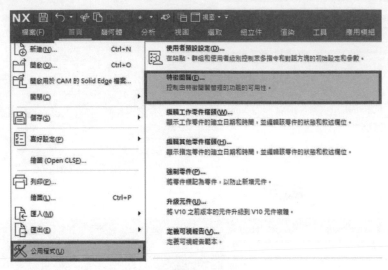

▲圖 3-5-16

▲圖 3-5-17

● 上述功能為 NX1926 版本之設置，NX1953 則無需設置。

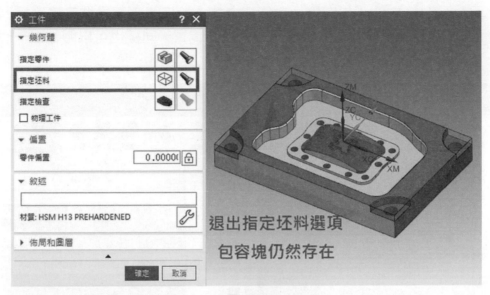

▲圖 3-5-18

❻ 建構出來後可利用「視圖」→「層」→「移動至圖層」將剛剛所建構出來
的坯料放置 **4 號圖層**。如圖 3-5-19。

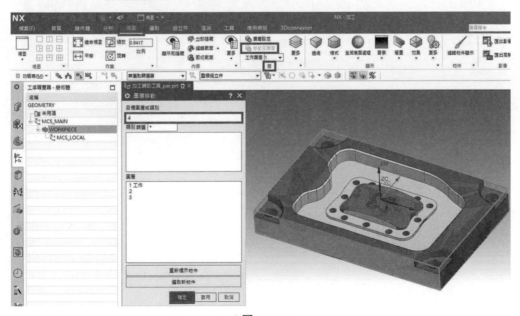

▲圖 3-5-19

❼ 而 NX CAM 中的「包容體」功能指令於「幾何體」→「幾何體」→「點」下拉→「包容體」，選取整個零件後給予偏置，同樣也可以製作出一個「**現實**」的實體。如圖 3-5-20、圖 3-5-21。

▲圖 3-5-20

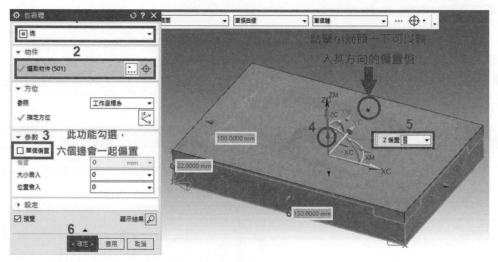

▲圖 3-5-21

❽ 隨後可以利用「WORKPIECE」「指定坯料」→ 將原先的「包容塊」選項改為「幾何體」並將剛所建立的包容體選取。如圖 3-5-22。

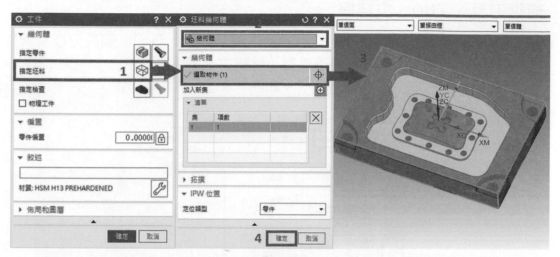

▲圖 3-5-22

● 可再將 NX CAM 所建構的**包容體**放至 **4 號圖層**。

● 因 WORKPIECE 的**包容塊選項取消**了,故剛剛所形成並放在 4 號圖層的**包容塊會隨即消失**。

● 「指定檢查」 用於選取夾治具、壓板、轉盤等,實際利用 Solid Edge 繪製出來後進行選取,可有效避免碰撞。

機床視圖

建構刀具、刀柄、夾持器

❶ 機床視圖為管理各種類型的刀具資料，包含銑刀、球刀、圓鼻刀以及鑽尾
…等，並可建構刀柄、夾持器外型，建構方式於「GENERIC_MACHINE」→
「右鍵」→「插入」→「刀具」。如圖 3-5-23。

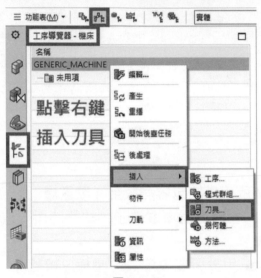

▲圖 3-5-23

❷ 「建立刀具」指令中，選擇的「類型」不同，建立的刀型也會不同，而在
建立刀具時，建議把名稱改成<u>刀具直徑</u> or <u>刀具型號</u>，以便管理與辨識。
如圖 3-5-24。

▲圖 3-5-24

❸ 不同的刀具，可輸入的參數也會有所不同，刀具除了可以設定參數外，也可於編號的欄位輸入刀具號 T 值、H 值補正、D 值補正，而刀具會顯示在模型上，可任意拖曳 / 擺放刀具於模型的任何位置，方便即時查看刀具與模型干涉。如圖 3-5-25。

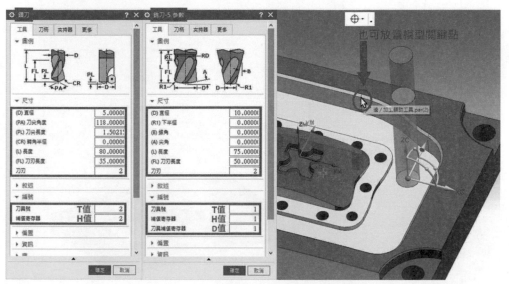

▲圖 3-5-25

❹ 除了可設定刀具之外，也可設定刀柄，設定越詳細，安全係數越高。如圖 3-5-26。

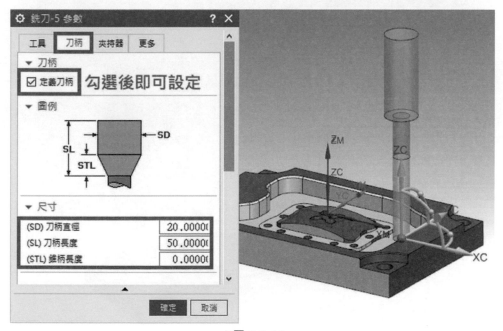

▲圖 3-5-26

❺ 也可以到夾持器分頁設定夾持器，且能與刀柄並存。如圖 3-5-27。

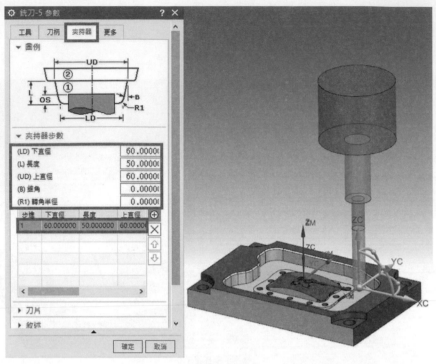

▲圖 3-5-27

❻ 也可利用「加入新集」 ⊕ 按鈕堆疊建立夾持器。如圖 3-5-28。

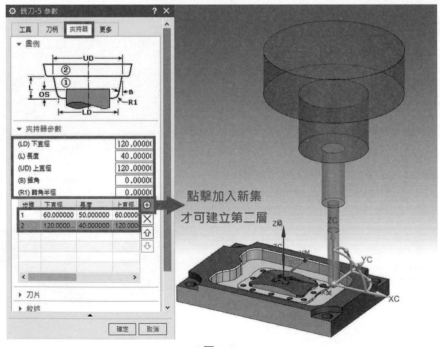

▲圖 3-5-28

建構刀盤及刀座

❶ 在機床視圖中，除了建構刀具之外，也可以建立「刀盤」，可以用於分類加工機台及道次，建構完畢只需將刀具拖曳至刀盤內放置即可。如圖 3-5-29。

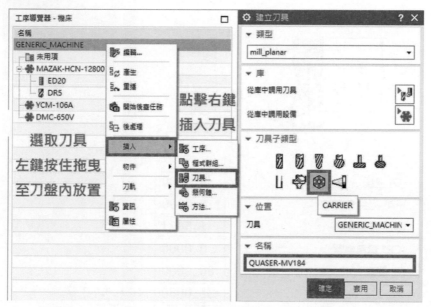

▲圖 3-5-29

❷ 同時也可以建構「刀座」，在刀槽選項中的「刀槽號」設定刀號後，將刀具直接拖曳至刀座底下即可放置。如圖 3-5-30。

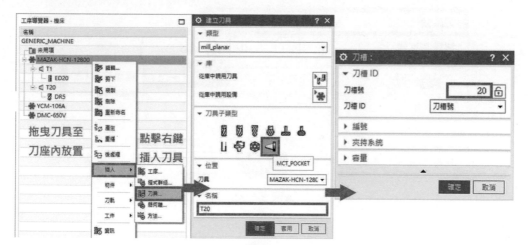

▲圖 3-5-30

73

❸ 可將「刀具」內的「刀具號」及「補償寄存器」後方鎖頭 🔒 上鎖，刀具及補正號會自動**繼承刀座中的刀具號**。如圖 3-5-31。

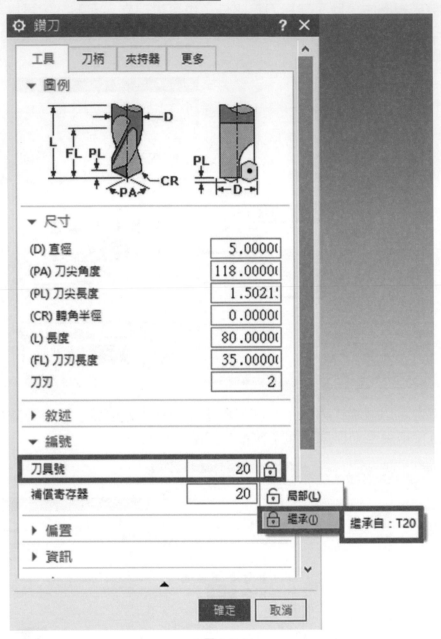

▲圖 3-5-31

備註
● 一個刀座僅能放置一把刀。
● 刀具的刀具號只要是上鎖狀態下，移到不同刀號的另一刀座，隨即也會更新刀號。

程式順序視圖

建構群組資料夾

❶ 內建會有一個「PROGRAM」資料夾,可在「NC_PROGRAM」點擊滑鼠「右鍵」→「插入」→「程式群組」來新增資料夾做管理。如圖 3-5-32。

▲圖 3-5-32

❷ 原始的「PROGRAM」資料夾,也可以點擊滑鼠「右鍵」→「重新命名」。如圖 3-5-33。

▲圖 3-5-33

建構加工工法

● 建立工法時可以選擇要將工法建立在哪個資料夾中，直接針對該資料夾「右鍵」→「插入」→「工序」→ 選擇要加工的「類型」，類型不同，下方可選擇的工序子類型也會有所不同。如圖 3-5-34。

▲圖 3-5-34

建構概念統整

❶ 剛開始介紹工序導覽器的四大視圖時，我們選擇從「加工方法視圖」往前介紹的原因是因為若把加工方法、幾何體、刀具…等建構完畢，在編寫工法時僅需用挑選的，可以更流暢的專注於寫工法，而工法名稱也可自定義。如圖 3-5-35。

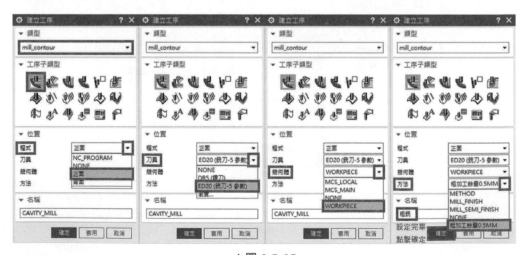

▲圖 3-5-35

❷ 挑選工法、刀具…等後，按「確定」，隨即會進入工法設定內，可以直接
於下方按「產生」，隨即會有路徑形成，點擊「確定」，工法即會儲存。
如圖 3-5-36。

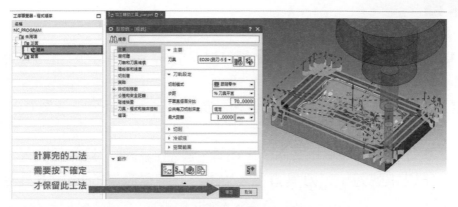

▲圖 3-5-36

❸ 而在工序導覽器中，四大視圖後方的欄位會顯示該工法、刀具…等一些資
訊，可以在「名稱」的欄位 →「右鍵」→「欄」→「配置」，配置的介面
中即可挑選欲顯示的資訊並打勾，順序則可用右側的上下箭頭做調整。
如圖 3-5-37。

▲圖 3-5-37

設定完欄位之後，冗長的 NX CAM 建構概念結束了，接下來讓我們練習看看吧。

▶ 練習

由 NX「檔案」→「開啟」→「NX CAM 標準課程」→「第 3 章」→「第 3 章練習.prt」→「OK」

① 設定「加工方法」的「MILL_ROUGH」為 0.5mm，內外公差皆為 0.01mm。

② 「加工座標」設在頂面的中心。

③ 「指定零件」為此檔案所有面，「坯料」設為包容塊，且無須偏置。

④ 設定一把「1 號刀」，刀具直徑 40mm，下半徑設為 5mm，刀具名稱設為 EM40R5。

⑤ 建立一個新的「程式群組」資料夾，命名為 CADEX，將工法寫入此資料夾。

⑥ 建立一個新的「工序」，「類型」選擇 mill_contour，「子類型」選擇型腔銑。

⑦ 按下產生完成刀具路徑顯示，並查看時間是否為 12:24:14。如圖 3-5-38。

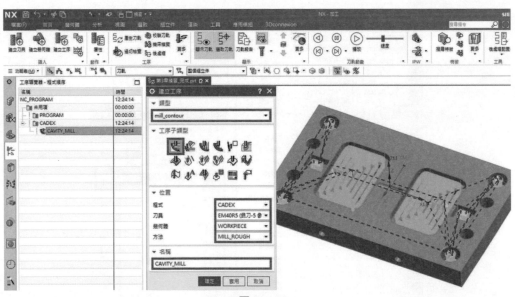

▲圖 3-5-38

粗加工工法

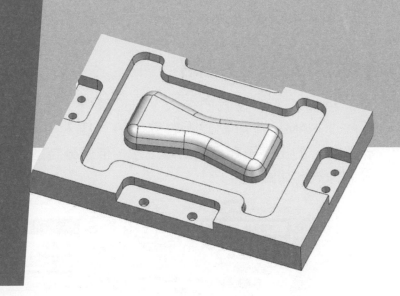

章節介紹

藉由此課程,您將會學到:

4-1 粗加工工法介紹

粗加工工法概述

由「檔案」→「開啟」→「NX CAM 三軸課程」→「第 4 章」→「粗加工_par.prt」→「OK」

粗加工屬於坯料加工的基本工法，可以進行**大量殘料的切削**，快速將成品形狀切削成型，先決條件必須設定坯料以及成品零件，使加工能夠自動針對成品與毛坯的判別，完成初步的成品樣式加工，主要用於初步的凹、凸模具加工、半成品加工。

粗加工類型介紹

粗加工工法在我們進入「加工環境」後，進入「程式順序視圖」中對「PROGRAM」滑鼠點擊「右鍵」→「插入」→「工序」，選擇類型「mill_contour」的工序子類型前四項工法，依序分為型腔銑、自我調適銑削、插銑以及剩餘銑。如圖 4-1-1。

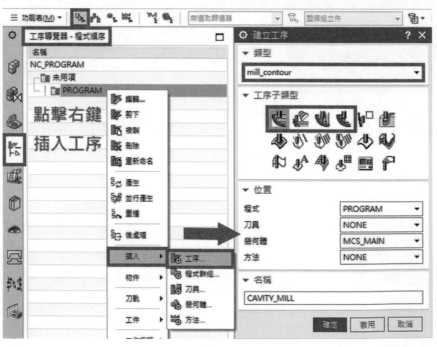

▲圖 4-1-1

1 型腔銑

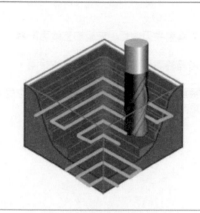

型腔銑

通過移除垂直於固定刀軸的平面切削層中的材質對輪廓形狀進行粗加工。

必須定義零件和坯料幾何體。

建議用於移除模具型腔與型芯、凹模、鑄造件和鍛造件上的大量材質。

● 粗加工中最基本的加工方式,預設為全域式粗加工,使用者也可自訂銑削區域來做加工,工法內也可提供多種類型的切削模式及靈活的切削層數供使用者設置,使加工更加順暢,進而提升加工效率。

2 自我調整銑削

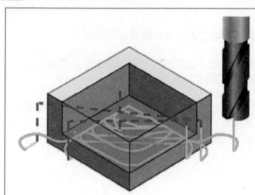

自我調整銑削

在垂直於固定軸的平面切削層使用自我調整切削模式對一定量的材質進行粗加工,同時維持刀具進刀一致。

必須定義零件和坯料幾何體。

建議用於需要考慮延長刀具和機床壽命的高速加工。

● 在粗加工中屬於高速的加工策略,擺線下刀至一定深度後,利用刀刃的側壁進行銑削,進行大循環且維持刀具進刀量的一致性,進而減少切削阻力,大幅縮短粗加工時間,並延伸刀具壽命。

3 插銑

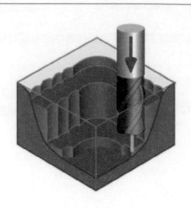

插銑

通過沿連續搐削運動中刀軸切削來粗加工輪廓形狀。

零件和坯料幾何體的定義方式與在型腔銑中相同。

建議用於對需要較長刀具和增強剛度的深層區域中的大量材質進行有效地粗加工。

● 在粗加工中屬於重切削的加工方式,一般使用的機台類型屬於硬軌的加工機台,並且加工模型的加工深度區域較深的類型比較適合。不適合高精度加工方式。一般為特殊加工需求才會使用。

4 剩餘銑

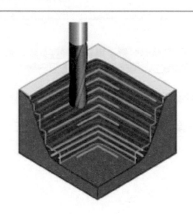

剩餘銑

使用型腔銑來移除之前工序所遺留下的材質。

零件和坯料幾何體必須定義於 WORKPIECE 父級物件。切削區域由根據層的 IPW 定義。

建議用於粗加工由於零件餘量、刀具大小或切削層而導致被之前工序遺留的材質。

● 粗加工中的二次粗加工,亦可當作中加工使用,較不適合用於第一次開粗。依照粗加工所殘留的餘料進行加工,且不會產生空刀,使加工的餘量可以快速且有效率的減少,幫助使用者在後續進行精加工時減少殘料對刀具所產生的負荷。

4-2 粗加工參數

學習粗加工內的基本設定

❶ 由「檔案」→「開啟」→「NX CAM 三軸課程」→「第 4 章」→「粗加工 .prt」→「OK」。如圖 4-2-1。

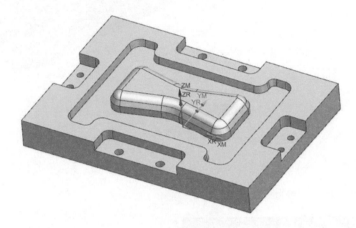

▲圖 4-2-1

❷ 針對「PROGRAM」資料夾點擊滑鼠右鍵→「插入」→「工序」，類型選擇「mill_contour」，子工序選取「型腔銑 CAVITY_MILL」。如圖 4-2-2。

▲圖 4-2-2

❸ 若對於 NX 工法不熟悉，新增工法後可直接按下方的 🔄 圖示（產生），若條件足夠則會生成路徑。如圖 4-2-3。

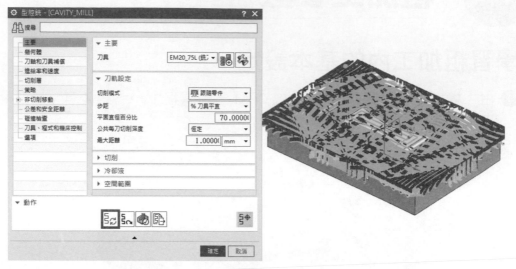

▲圖 4-2-3

● 而當選擇的工法直接計算，給予的條件不足時，系統也會跳警報，並告知使用者少了哪些條件。如圖 4-2-4。

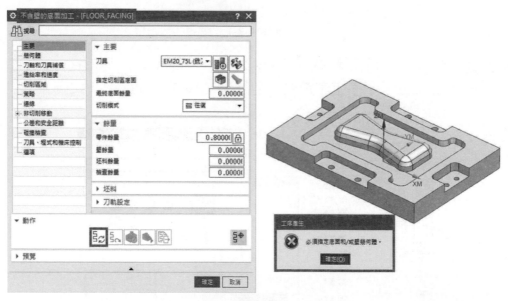

▲圖 4-2-4

❹ 在「主要」分頁→「主要」欄位→「刀具」會將剛剛選擇的刀具帶入，若刀具需要修改參數可以點擊**編輯** 🔧 圖示直接修改，也可以利用**新增** 📲 圖示去新建一把刀具，不論新增或修改皆會直接更新至「機床視圖」中。如圖 4-2-5。

▲圖 4-2-5

❺ 在「刀軌設定」中的「切削模式」可以做切換，不同的切削模式，路徑也會有所不同，同時也會影響到**可設定的參數**及**切削時間**。如圖 4-2-6。

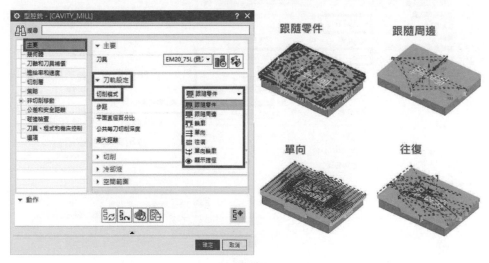

▲圖 4-2-6

● 「切削模式」較為特別的是**輪廓**,**計算時不考慮坯料**,**僅針對零件的輪廓面進行加工**,故**不適合用於第一次開粗**,反倒**適合用於二次粗加工**或是**精修**。如圖 4-2-7。

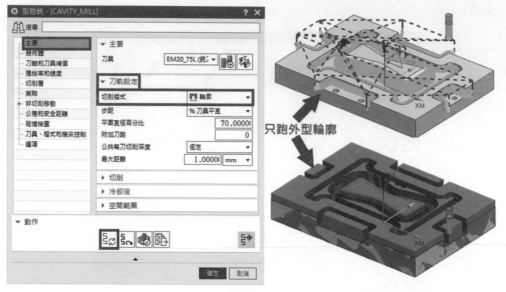

▲圖 4-2-7

❻ 「刀軌設定」中的「步距」則是在控制 X、Y **方向刀間距**,多種的步距方式讓使用者更靈活運用。如圖 4-2-8。

▲圖 4-2-8

❼ 「刀軌設定」中的「公共每刀切削深度」則是在設置深度（Z 軸向）的刀間距，同時也提供了「恆定」及「殘餘高度」的選項。

如圖 4-2-9、圖 4-2-10。

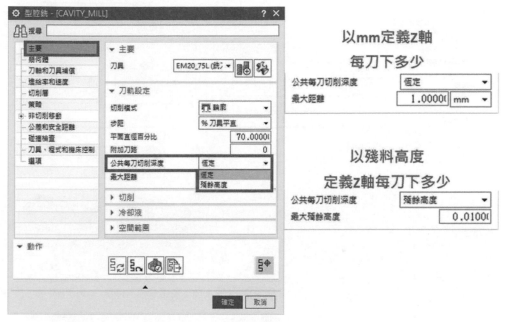

▲圖 4-2-9

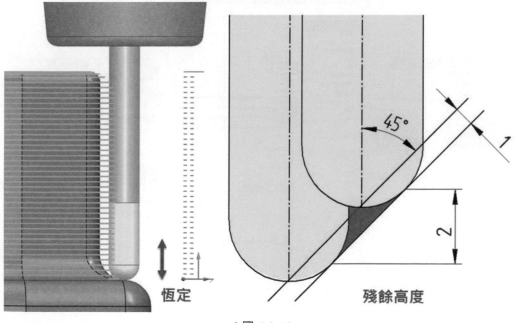

▲圖 4-2-10

❽「切削」的欄位中也有不少選項可以針對工法做變化，如切削方向、切削順序、刀路方向、島清理與壁清理。如圖 4-2-11、圖 4-2-12。

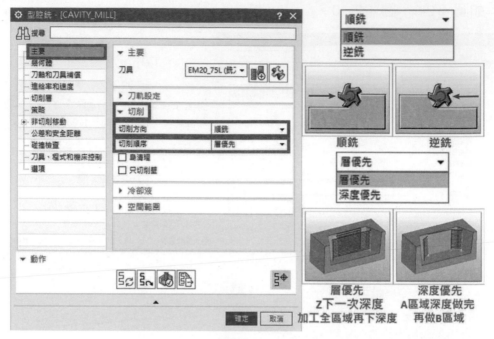

▲圖 4-2-11

▲圖 4-2-12

88

❾ 「冷卻液」的欄位則是在設置機台的冷卻系統，其中又細分成「開放區域」及「封閉區域」，而當開放區域與封閉區域的冷卻系統不一致時，後處理也會自動加上關閉上一個冷卻方式，如「M09」。如圖 4-2-13。

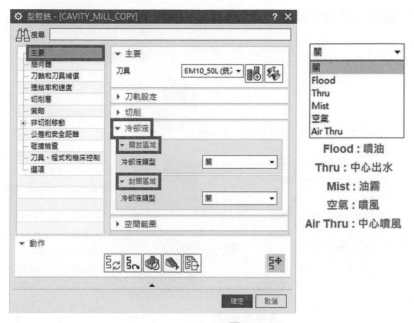

▲圖 4-2-13

● 若工法內沒有「冷卻液」選項，則須針對工法按「右鍵」→「物件」→「開始事件」→「Coolant On」→「新增事件」→「類型」中選擇冷卻方式。如圖 4-2-14。

▲圖 4-2-14

⓾ 在「空間範圍」中，「使用 3D」及「使用根據層的」可以作為二次殘料加工來使用，選擇這兩種選項，該工法即會計算先前的所有工法所剩餘的殘料進行路徑生成，精確的產生路徑，避免空跑。如圖 4-2-15。

▲圖 4-2-15

⓫ 底下的「最小除料量」功能可以給予一數值，當切削量低於此數值則不生成路徑。如圖 4-2-16。

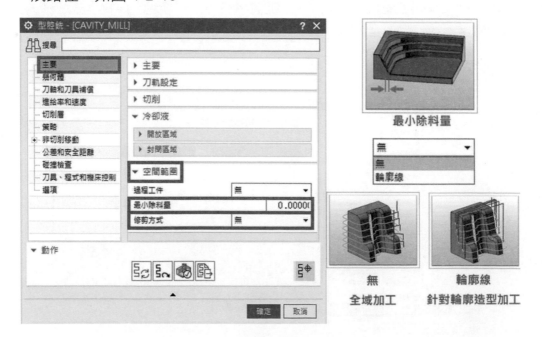

▲圖 4-2-16

4-3 幾何體設定

▌利用工法內的幾何體設定，使加工區域更靈活

❶ 「幾何體」的分頁中的「幾何體」因選擇了「WORKPIECE」，故「指定零件」與「指定坯料」的選項會亮顯 圖示，可以點擊 查看所選取物件為何。反之，若無選取則會呈現反灰 圖示。如圖 4-3-1。

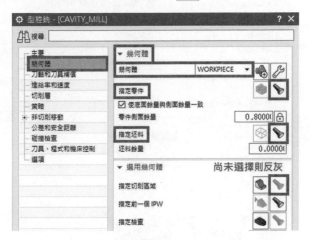

▲圖 4-3-1

❷ 「幾何體」的欄位中，可將「使底面餘量與側面餘量一致」選項關閉，此時便可針對底面與側壁給予不同的餘量。如圖 4-3-2。

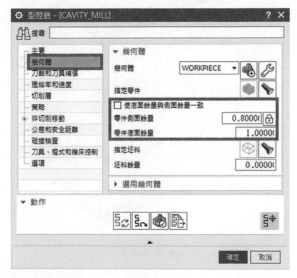

▲圖 4-3-2

指定切削區域 – 選哪做哪

❶ 「幾何體」的分頁中→「選用幾何體」欄位→「指定切削區域」 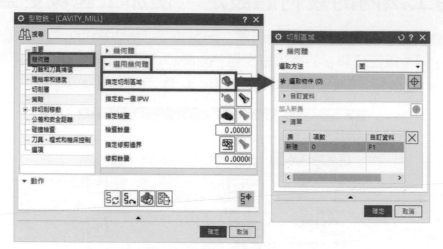 圖示可以用於定義確切的加工區域，路徑只會生成於指定的區域。

如圖 4-3-3、圖 4-3-4。

▲圖 4-3-3

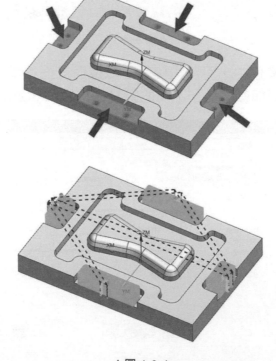

▲圖 4-3-4

● 做完生成路徑後，先將「指定切削區域」四個面取消，恢復原狀。

指定檢查 – 選哪，哪不做

❶ 在下方的「指定檢查」 按鈕，可以設定實體或區域範圍來避開加工，一般使用於有建構夾治具之加工。如圖 4-3-5。

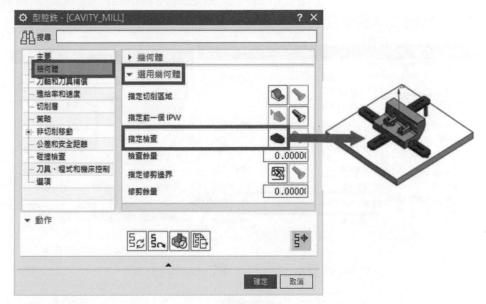

▲圖 4-3-5

❷ 也可以點擊模型面，並搭配下方的「檢查餘量」給予數值，使面被軟體錯判為夾治具，進而達到避讓效果。如圖 4-3-6。

指定檢查用「面」方式框選四處
檢查餘量輸入45mm

▲圖 4-3-6

● 做完生成路徑後，先將「指定檢查」四個區域面取消，恢復原狀。

指定修剪邊界 – 選一個範圍，再決定範圍內不做還是範圍外不做

❶ 下方的「指定修剪邊界」  按鈕可以點選幾何體的面、邊或是關鍵點，甚至可**自行繪製草圖**來定義修剪區域。如圖 4-3-7。

▲圖 4-3-7

❷ 用「面」的方式選取完中間凹槽面後，在「清單」選項中利用 ✕ 將內部區域輪廓刪除。如圖 4-3-8。

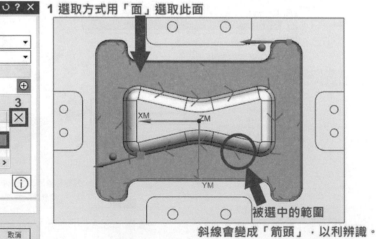

1 選取方式用「面」選取此面

被選中的範圍

斜線會變成「箭頭」，以利辨識。

▲圖 4-3-8

❸ 利用「修剪側」控制**內側路徑**要**被修剪**，還是**外側路徑**要**被修剪**，同時也可以利用「自訂邊界資料」→「餘量」來控制此範圍的預留量。如圖 4-3-9。

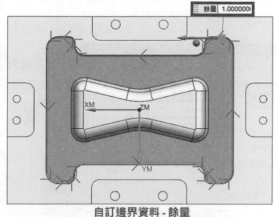

自訂邊界資料 - 餘量

餘量為0mm時，路徑剛好相切於此邊界

餘量為1mm時，路徑會距離此邊界1mm

▲圖 4-3-9

❹ 「修剪側」計算結果如下圖。如圖 4-3-10。

修剪側 - 內側：路徑生成於邊界外部

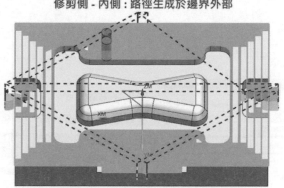

修剪側 - 外側：路徑生成於邊界內部

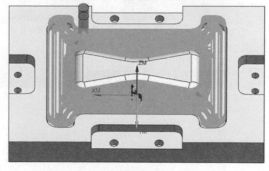

▲圖 4-3-10

選用幾何體功能綜合注意事項

● 上述「指定切削區域」、「指定檢查」、「指定修剪邊界」三個功能，若彼此間發生衝突時則無法計算出結果，需調整選取或擇其一做選取。
如圖 4-3-11。

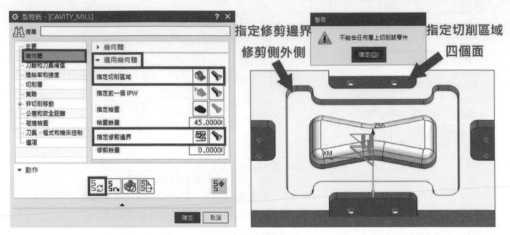

▲圖 4-3-11

● 而當沒有衝突時，最終生成路徑以「指定切削區域」為第一準則。
如圖 4-3-12。

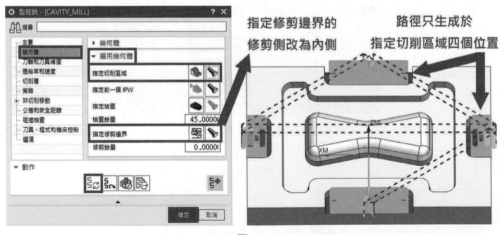

▲圖 4-3-12

4-4 刀軸設定、補正與轉速進給設定

學習在 NX CAM 中如何調整刀軸及刀徑補正

❶ 工法中的「刀軸和刀具補償」分頁可以設置刀軸方向,可調整刀軸使其變成四軸、五軸定軸工法。如圖 4-4-1。

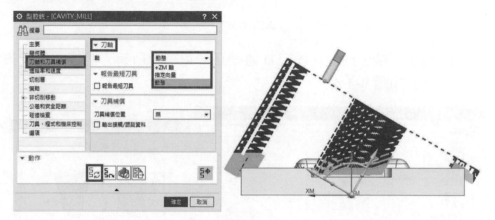

▲圖 4-4-1

❷ 下方「報告最短刀具」的選項勾選後,計算工法時也會一併計算出刀具最少需安裝多少長度,但先決條件是一定要設定**刀柄**或**夾持器**擇其一。如圖 4-4-2。

▲圖 4-4-2

97

❸ 而在「工序導覽器」→點擊「右鍵」→「欄」→「配置」→「最短刀具長度」呼叫出來顯示。如圖 4-4-3。

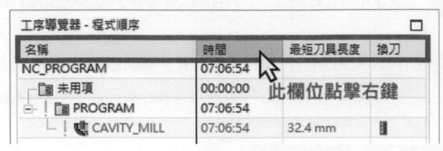

▲圖 4-4-3

❹「刀具補償」欄位則是在設定 **D 值**補正，可選擇所有刀路皆補正或最後一刀再補正。如圖 4-4-4。

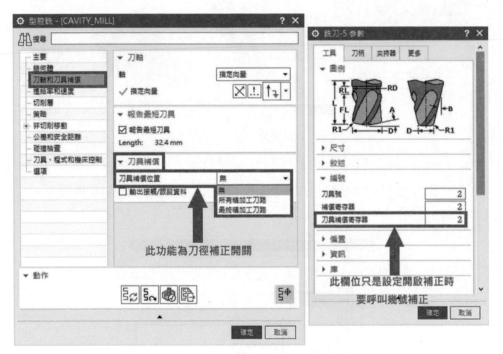

▲圖 4-4-4

● 在「刀具」中，單純輸入「刀具補償寄存器」是無法順利開啟 G41、G42 補正，必須搭配圖 4-4-4 的刀具補償功能才能確實打開補正功能。

學習在 NX CAM 中設定轉速進給

❶ 「進給率和速度」分頁中的「自動設定」，可以將刀具商給予的刀具參考
數據輸入進「表面速度(smm)」及「每齒進給量」，系統即會自動配速。
如圖 4-4-5。

▲圖 4-4-5

❷ 「主軸速度」中也可以自行配速，配完後一樣也得按旁邊按鈕進行計算，若有需求，「更多」底下也有其他設定供使用者運用。如圖 4-4-6。

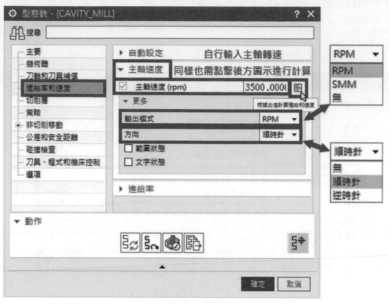

▲圖 4-4-6

❸ 「進給率」的欄位同樣也可以自行定義，也須點擊右側按鈕計算，除此之外還可以在下方去定義快速移動、移刀、進退刀等速度及優化。
如圖 4-4-7、圖 4-4-8。

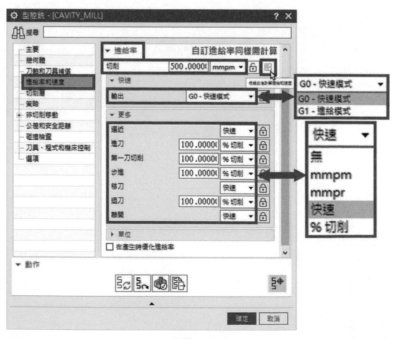

▲圖 4-4-7

▲圖 4-4-8

4-5 切削層設定

學習靈活調整工法分層，一個工法完成不同 Z 軸間距

❶ 針對「PROGRAM」資料夾點擊滑鼠右鍵→「插入」→「工序」，類型選擇「mill_contour」，子工序選取「型腔銑 CAVITY_MILL」。如圖 4-5-1。

▲圖 4-5-1

❷ 在「主要」→「刀軌設定」→「最大距離」輸入 3mm。如圖 4-5-2。

▲圖 4-5-2

102

❸ 再切至「幾何體」→「選用幾何體」→「指定切削區域」 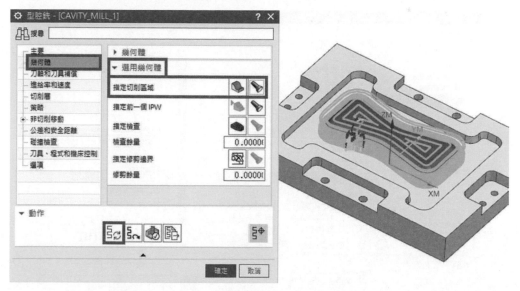 圖示將中間特徵選取後並點擊 圖示產生路徑。如圖 4-5-3。

▲圖 4-5-3

❹ 分頁切至「切削層」，在「範圍定義」中的「清單」中，軟體自動抓取**兩個**範圍，可利用 ⊕ / ✕ 按鈕自行**新增 / 移除**一個範圍，並且可利用**輸入數值**或是**點擊模型關鍵點**定義範圍深度，再針對**各個範圍給予不同的 Z 軸間距**。如圖 4-5-4。

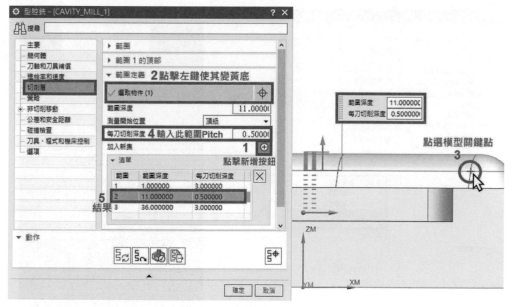

▲圖 4-5-4

❺ 設定完層數點擊  圖示產生路徑，隨即會有不等 Z 軸間距之效果。
如圖 4-5-5。

▲圖 4-5-5

❻ 可以按照圖形需求持續新增 / 移除多個層數範圍，使路徑最優化。
如圖 4-5-6。

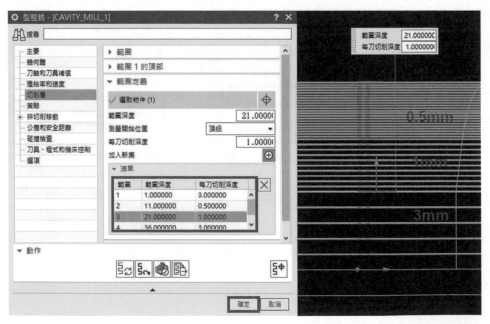

▲圖 4-5-6

4-6 策略設定

學習工法內的進階加工參數以及路徑設定

延伸 / 修剪路徑

❶ 新增一個工法，在「CAVITY_MILL」→「右鍵」→「插入」→「工序」，其餘按照圖 4-6-1 設置。

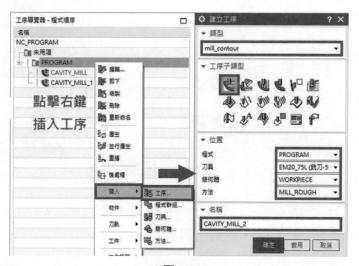

▲圖 4-6-1

❷ 在「幾何體」中「指定切削區域」 🔲 圖示，選擇四個壓塊槽，並將「每刀公共切削深度」設定為 5mm，產生後使工法生成。如圖 4-6-2。

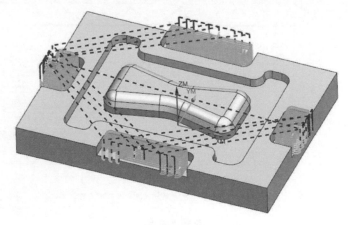

▲圖 4-6-2

❸ 切換到「策略」分頁,將「延伸路徑」的「在邊上延伸」輸入 5mm,路徑
會在開放邊界進行延伸,使壁邊界不會因刀具磨耗等因素留下殘餘量。
如圖 4-6-3、圖 4-6-4。

▲圖 4-6-3

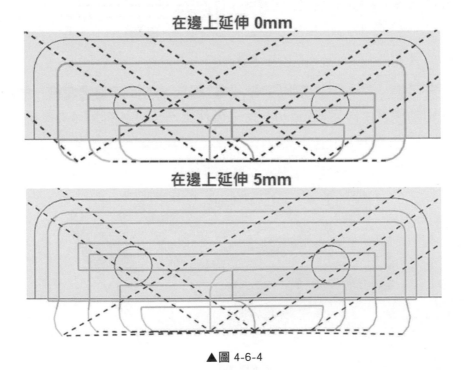

▲圖 4-6-4

106

❹ 「修剪行為」則是在控制路徑確切生成範圍，其中包含切削路徑與進退刀路徑。如圖 4-6-5。

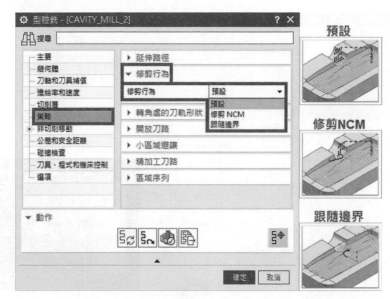

▲圖 4-6-5

轉角處形狀速度處理

❶ 「轉角處的刀軌形狀」→「平順」選項可以設定刀路在轉角處時跑一個自定義 **R 角**，可有效**降低刀具受力**及**轉角處過切**的機率。如圖 4-6-6。

▲圖 4-6-6

❷ 「調整進給率」可以設定**減速比例**，**最大補償因數**為**補外 R 角**，**最小補償因數**為**補內 R 角**，後方數字的欄位單位為**倍數**。如圖 4-6-7。

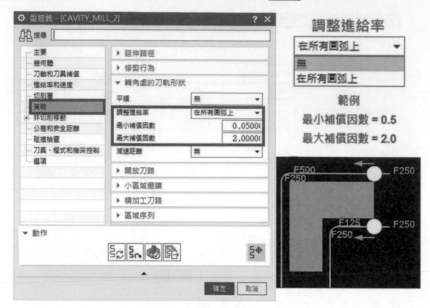

▲圖 4-6-7

❸ 「減速距離」可以**選擇判定的刀具**，下方「刀具直徑百分比」為**判定減速開始的距離**，「最小 / 大轉角角度」則是**判定模型上需減速的轉角**。如圖 4-6-8。

▲圖 4-6-8

開放區域路徑變化

● 「開放刀路」欄位可設定「保持切削方向」及「變換切削方向」，其**刀痕結果**及**切削時間**會截然不同。如圖 4-6-9。

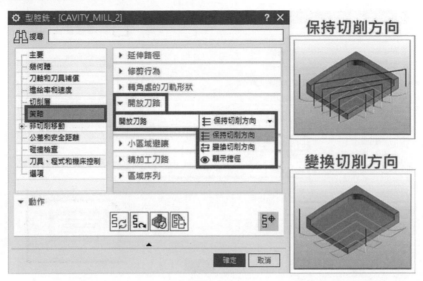

▲圖 4-6-9

小區域避讓

● 「小區域避讓」可設定當加工區域**小於設定值**時，軟體則不計算此區域，一般用於**換刀片之刀具**或**拆分工法**做使用。如圖 4-6-10。

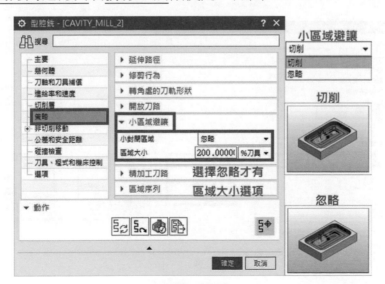

▲圖 4-6-10

新增並控制精加工刀路

● 「精加工刀路」功能開啟後，可以設置所有路徑跑完後，**針對輪廓再銑削一次**，主要用於**確保粗加工時餘量的精確**。如圖 4-6-11。

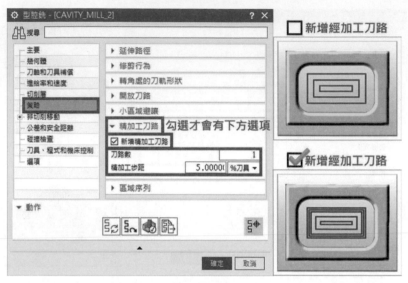

▲圖 4-6-11

區域序列

● 「區域序列」可以調整切削順序的排序，依照使用者需求可以自行調整判定順序。如圖 4-6-12。

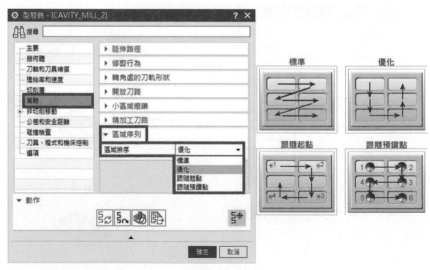

▲圖 4-6-12

4-7 非切削移動設定

學習在粗加工中利用非切削移動設定調整「非切削」路徑

- 主要設置「切削移動」之前、之後或之間。
- 非切削移動可以簡單到單個的進刀和退刀，或複雜到一系列自訂的進刀、退刀和轉移（離開、移刀、逼近）移動，這些移動的設計目的是協調刀路之間的多個零件曲面、檢查表面和抬刀工序。
- 非切削移動包括刀具補償，因為刀具補償是在非切削移動過程中啟動的。

進 / 退刀

❶ 「非切削參數」分頁中「進刀」/「退刀」中可以設置切削時的進退刀類型，預設會分成「封閉區域」及「開放區域」。如圖 4-7-1。

▲圖 4-7-1

❷ 「封閉區域」選項內，因限制較多，所以進刀類型較少，實際類型可參考下表。

封閉區域		
進刀圖示	進刀名稱	進刀說明
	螺旋	在第一個切削運動處建立無碰撞的、螺旋線形狀的進刀移動
	沿形狀斜進刀	建立一個傾斜進刀移動，該進刀會沿第一個切削運動的形狀移動
	插削	直接從指定的高度進刀到零件內部

開放區域		
進刀圖示	進刀名稱	進刀說明
	線性	在與第一個切削運動相同方向的指定距離處建立進刀移動
	線性 - 相對於向量	建立與刀軌相切（如果可行）的線性進刀移動
	圓弧	建立一個與切削移動的起點相切（如果可能）的圓弧進刀移動
	點	為線性進刀指定起點
	線性 - 沿向量	指定進刀方向，使用向量建構器可定義進刀方向
	角度角度平面	指定起始平面，旋轉角度和斜坡角定義進刀方向
	向量平面	指定起始平面，使用向量建構器可定義進刀方向

❸ 「非切削移動」的「退刀」選項中,預設為與進刀相同,使用者可依照需
求各別調整退刀,而「最終」指的是最後一刀的退刀,也能單獨設置。
如圖 4-7-2。

▲圖 4-7-2

避讓

●「非切削移動」的「避讓」,主要是下刀時路徑有干涉,可利用「出發點」
等選項進行路徑避讓。如圖 4-7-3。

▲圖 4-7-3

轉移 / 快速

❶ 「非切削移動」的「轉移 / 快速」主要在設置安全高度、安全高度到進 / 退刀的路徑判定以及區域移刀間的設定。如圖 4-7-4。

▲圖 4-7-4

❷ 在「安全設定」調整安全高度選項，**只有該工法會改變**，若要**所有工法改變則需到 MCS_Main** 修改。如圖 4-7-5。

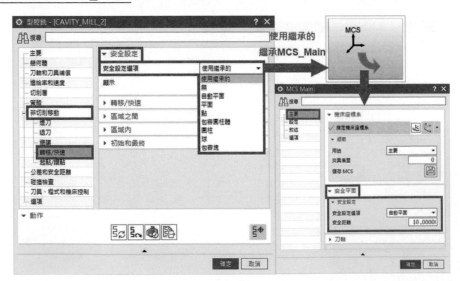

▲圖 4-7-5

❸ 「平滑轉角」，開啟後可設置平順半徑，使路徑從安全高度即將下 Z 軸深度時跑**圓弧方式**。如圖 4-7-6。

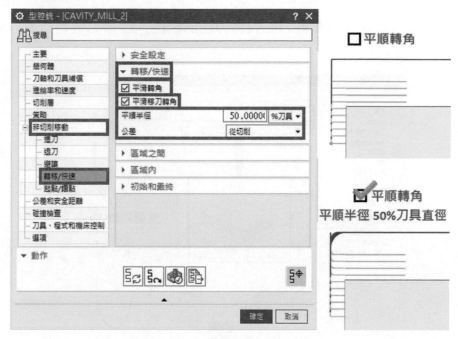

▲圖 4-7-6

❹ 「轉移 / 快速」分頁中的「區域之間」及「區域內」，判定方式如下圖所示，僅單獨做 A 或 B 區域，即為<u>區域內</u>，從 A 做到 B 則為<u>區域之間</u>，可各別設置安全轉移方式，可使加工時間縮短。如圖 4-7-7。

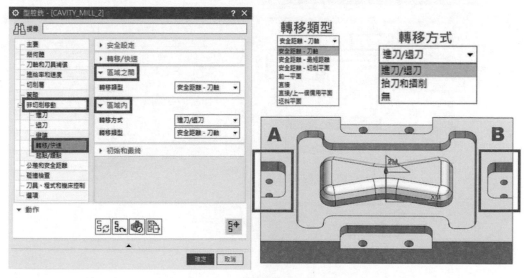

▲圖 4-7-7

起點 / 鑽點

❶ 將「指定切削區域」 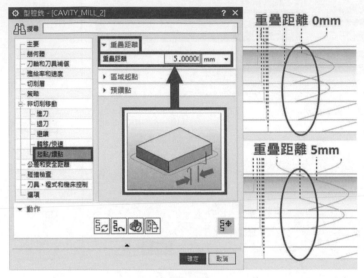 圖示改為中間特徵，再到「起點 / 鑽點」中的「重疊距離」選項可以**控制進刀點與退刀點的間距**，使接刀痕可以有效降低。如圖 4-7-8。

▲圖 4-7-8

❷ 「區域起點」與「預鑽點」皆可定義下刀位置，「區域起點」預設有**中點**、**轉角**，也可以點擊「選取點」中的「指定點」後去點擊**模型關鍵點**，使進退刀在關鍵點附近進行。如圖 4-7-9。

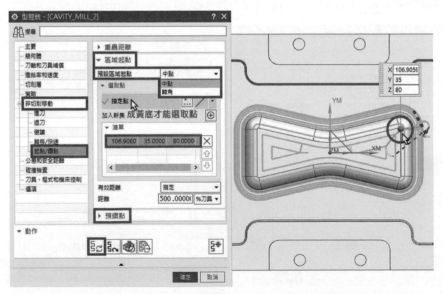

▲圖 4-7-9

4-8 公差和安全距離設定

❶ 在「公差和安全距離」分頁中,可以再重新選取「加工方法」,也可以在此頁中直接修改此加工方法或是新增新的加工方法,同時下方的「公差」欄位也可以自定義是否要繼承於切削方法。如圖 4-8-1。

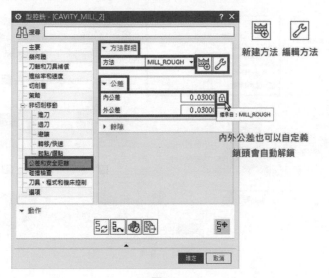

新建方法 編輯方法

內外公差也可以自定義
鎖頭會自動解鎖

▲圖 4-8-1

❷ 「餘隙」是在控制工法計算時,當刀具的**刀柄**、**夾持器**若有設置,則**允許其距離零件表面為多少**,預設為 3mm,使用者也可依照需求去更改。如圖 4-8-2。

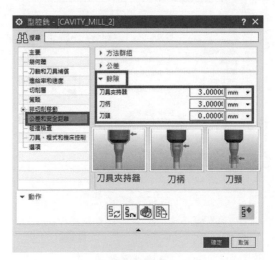

刀具夾持器　　刀柄　　刀頸

▲圖 4-8-2

4-9 碰撞檢查、程式和機床設定

❶ 在「碰撞檢查」分頁中，可以設定各式各樣的碰撞檢查夾持器碰撞、坯料 (IPW) 碰撞、安全距離移刀碰撞等。如圖 4-9-1。

▲圖 4-9-1

❷ 在「刀具、程式和機台控制」分頁中的「程式群組」，可以切換該工法放置 的資料夾，而在「使用者定義事件」則可以新增開始或結束事件，如前面圖 4-2-14 介紹如何開啟冷卻液是一樣功能。如圖 4-9-2。

▲圖 4-9-2

4-10 產生刀軌與模擬

▌學習如何產生加工路徑與模擬切削

❶ 產生加工路徑是將設定完成的工序進行路徑驗證，結果會產生於模型上，可利用模擬切削來驗證加工路徑完成後的刀具運行動作，亦可顯示切削後的成品結果。如圖 4-10-1。

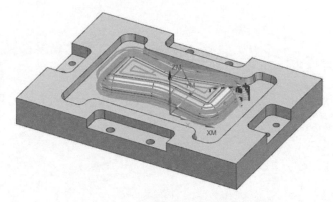

▲圖 4-10-1

❷ 產生加工路徑在動作的對話框中，點擊 图示按鈕即可產生刀路。如圖 4-10-2。

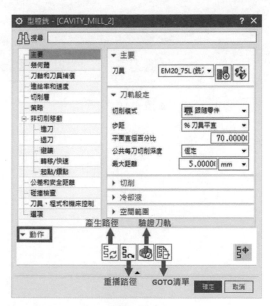

▲圖 4-10-2

● 刀具路徑的顏色各代表不同的含意。如圖 4-10-3。

  黃色：進刀

  粉色：退刀

  紅色：安全高度移動

  藍色：逼近 / 離開

  淺藍色：加工路徑

  綠色：加工轉移路徑

  黃色、粉色、紅色、藍色合併稱作「非切削移動」路徑

  淺藍色、綠色合併稱作「切削移動」路徑

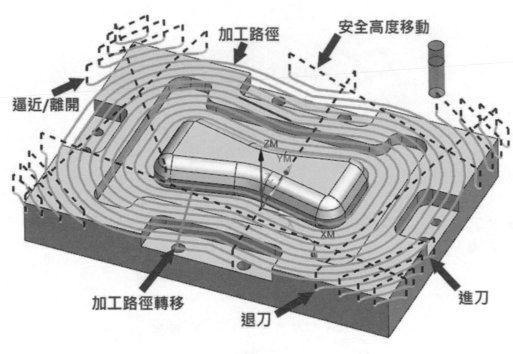

▲圖 4-10-3

❸ 模擬切削在動作的對話框中，點擊 🔧 圖示按鈕即可模擬加工，模擬加工的路徑包含重播、3D 動態。如圖 4-10-4。

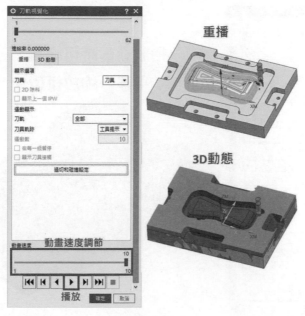

▲圖 4-10-4

❹ 「重播」→「刀軌」→「目前層」可顯示單一層的刀軌，能較清楚確認刀路，且點擊路徑，刀具會放在該節點上，並在上方顯示該段進給率。如圖 4-10-5。

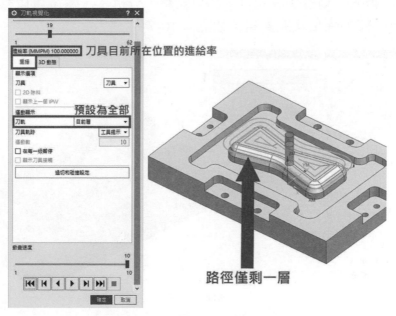

▲圖 4-10-5

❺「3D 動態」可模擬刀具切削的即時殘料顯示，如同播放動畫的操作方式。
模擬時模型可旋轉、縮放、平移，觀看各種視角的切削狀況。如圖 4-10-6。

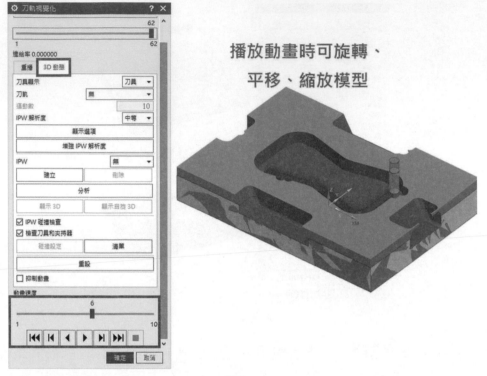

▲圖 4-10-6

❻ 當「3D 動態」動畫播放完畢，即可點擊「分析」，隨後可以點擊模型表面
進行更細部的餘量狀態查看。如圖 4-10-7。

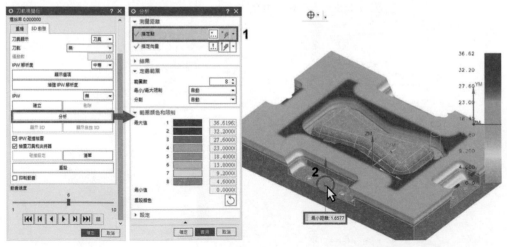

▲圖 4-10-7

❼ 在「3D 動態」中也可以調整 IPW 顯示解析度，也可以將此工法的 IPW 結果建立成一個**小平面體**，可用於多工程時當作參照坯料。如圖 4-10-8。

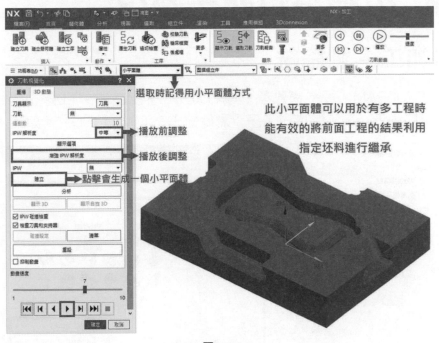

▲圖 4-10-8

❽ 動畫跑完後若想再看一次，可點擊「重設」，即可重新播放動畫。如圖 4-10-9。

▲圖 4-10-9

4-11 辨識殘料加工應用

殘料加工 – 剩餘銑

❶ 對「PROGRAM」資料夾點擊滑鼠右鍵→「插入」→「工序」，選擇類型「mill_contour」，選取子工序「剩餘銑 REST_MILLING」。如圖 4-11-1。

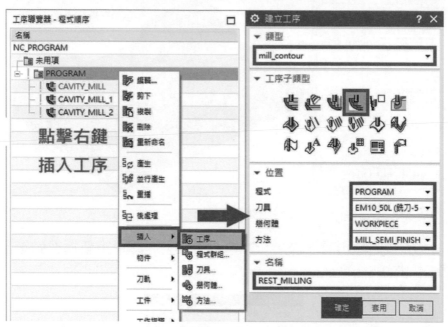

▲圖 4-11-1

❷ 確定後，在「主要」分頁→「刀軌設定」欄位中→「切削模式」改為跟隨周邊，「平面直徑百分比」設為 50，「最大距離」設為 2mm，最後確認「空間範圍」的「過程工件」是否預設為**使用 3D**，並點擊 按鈕產生路徑。如圖 4-11-2。

124

▲圖 4-11-2

❸ 「剩餘銑」這個工法，僅會針對之前工法所殘餘之處進行加工，有效避免空刀產生，而在「動作」欄位會多一個「顯示所得的 IPW」 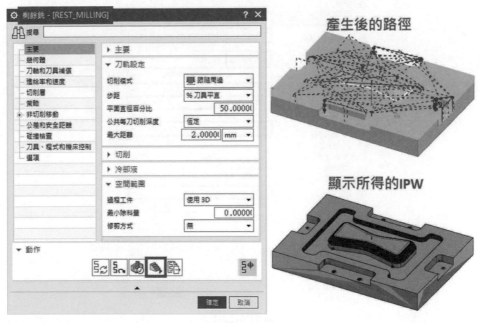 圖示，可以即時查看此工法的最終餘料結果。如圖 4-11-3。

產生後的路徑

顯示所得的IPW

▲圖 4-11-3

殘料加工 – 複製粗加工→使用 3D

❶ 將「REST_MILLING」工法左鍵點擊按住並拖曳至「未用項」資料夾。再對已完成的粗加工工法「CAVITY_MILL_2」點擊右鍵複製並貼於下方，快點左鍵兩下進入複製的工法「CAVITY_MILL_2_COPY」。如圖 4-11-4。

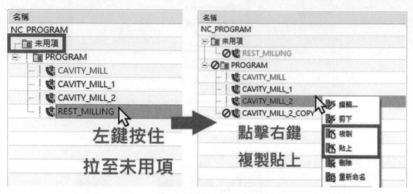

▲圖 4-11-4

❷ 在「主要」分頁中→「主要」→「刀具」改為 EM10_50L，「刀軌設定」欄位→「切削模式」改為跟隨周邊、「平面直徑百分比」改為 50、「最大距離」改為 2mm，下方「空間範圍」欄位→「過程工件」改為使用 3D。如圖 4-11-5。

▲圖 4-11-5

❸ 將分頁切至「幾何體」→「指定切削區域」 🗐 圖示所選的面全部取消,最後切至「公差和安全距離」分頁→「方法」改為 SEMI_FINISH。如圖 4-11-6。

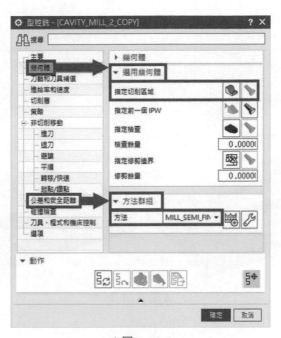

▲圖 4-11-6

❹ 點擊 🔄 按鈕產生路徑,其路徑與「剩餘銑」結果相差無幾。如圖 4-11-7。

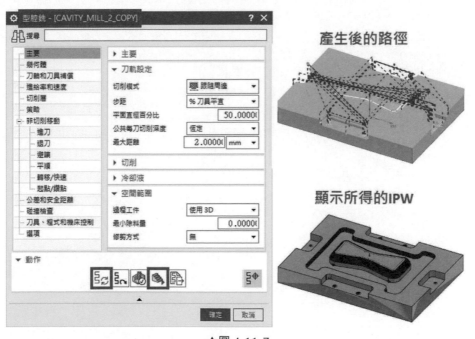

▲圖 4-11-7

❺ 「剩餘銑」與「複製的粗加工」差異可以理解為「過程工件」預設是否為使用 3D。如圖 4-11-8。

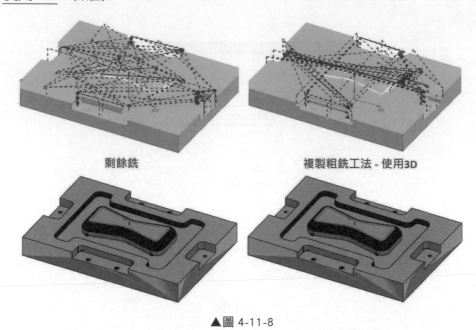

剩餘銑　　　　　　　　　　　　複製粗銑工法 - 使用3D

▲圖 4-11-8

4-12 自我調整銑削 - 粗加工

學習優化後的自我調整銑削，此工法屬於高速加工類型

此工法可以實現高速加工，大循環的刀路軌跡依據輪廓幾何自我變化，在處理任何幾何形狀更快，更深，並保持整個刀具路徑一致的銑削厚度，同時減少刀具負荷，並大幅縮短粗加工時間。如圖 4-12-1。

▲圖 4-12-1

❶ 由「檔案」→「開啟」→「NX CAM 三軸課程」→「第 4 章」→「自我調整銑削 _par.prt」→「OK」。如圖 4-12-2。

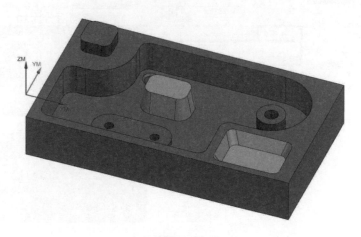

▲圖 4-12-2

❷ 在程式順序視圖中對「PROGRAM」資料夾點擊滑鼠右鍵→「插入」→「工序」，選擇類型「mill_contour」，子類型選擇「自我調整銑削」。
如圖 4-12-3。

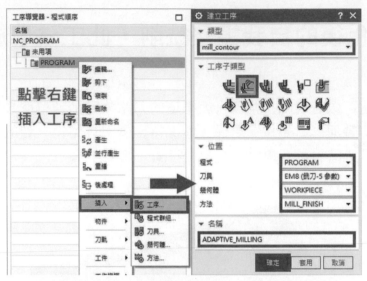

▲圖 4-12-3

❸ 點選確定進入工法後，在「主要」→「刀軌設定」→「步距」為 <u>% 刀具平直</u>，設定「平面直徑百分比」為 <u>50</u>，並點擊 按鈕產生路徑。
如圖 4-12-4。

● 此設定是控制刀具路徑之間的相距，間距越小，刀具側刃加工阻力越小，如間距越大，刀具側刃加工阻力相對較大。

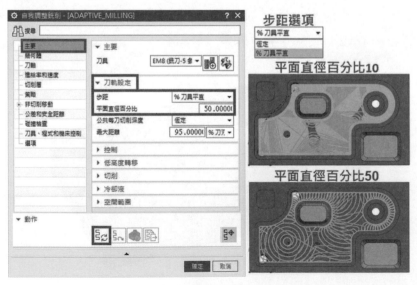

▲圖 4-12-4

❹ 預設「每刀公共切削深度」為95%刀刃長度,基本上為一刀切削至最底面, 若有需要分層也可以將其調整為「恆定」並設定 3mm。如圖 4-12-5。

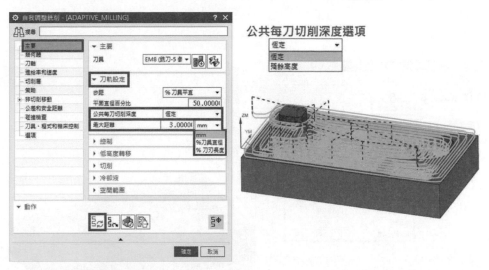

▲圖 4-12-5

❺ 利用「動作」→「確認」→「3D 動態」播放動畫查看結果會發現幾個問題。
(1) 平面區域因「每刀公共切削深度」設定 3mm,導致銑削不完全。
(2) 拔模牆面明顯銑削不完全。
(3) 小區域銑削不完全。
如圖 4-12-6。

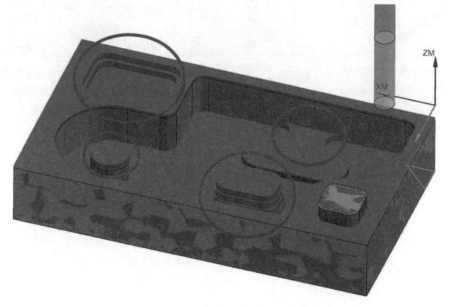

▲圖 4-12-6

❻ 在「主要」→「刀軌設定」→「每刀公共切削深度」調整回預設的「最大距離」95% 刀刃長度，再到「控制」→「最小曲率半徑」調整成 5% 刀具直徑，最後在「自下而上切削」調整為切削層之間，並將「向上步距」調整為 1mm。如圖 4-12-7、圖 4-12-8。

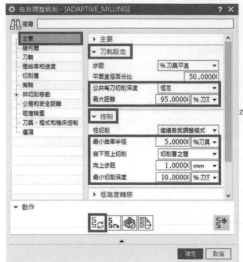
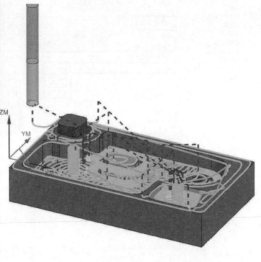

▲圖 4-12-7

最小曲率半徑：控制螺旋
加工時的允許最小半徑

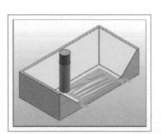

自下而上切削：未開啟則不處
理拔模壁，會導致餘量過多

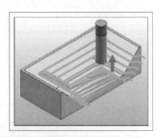

自下而上切削：開啟之後會在
平面加工完後針對拔模壁
進行由下而上的分層加工

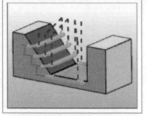

向上步距：控制由下而上
的分層加工之Z軸步距

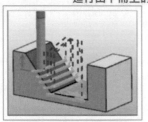

最小切削深度：控制拔模壁
頂面距由下而上分層切削
的最後一刀間距

▲圖 4-12-8

❼ 計算完畢後利用「動作」→「確認」→「3D 動態」播放動畫，會發覺有少數區域切削時會有「餘料過長」的情形，此工法預設是「側刃切削」，會導致最後柱狀餘料因負荷不了而**斷裂飛濺**，一定機率會傷及刀具或成品。如圖 4-12-9。

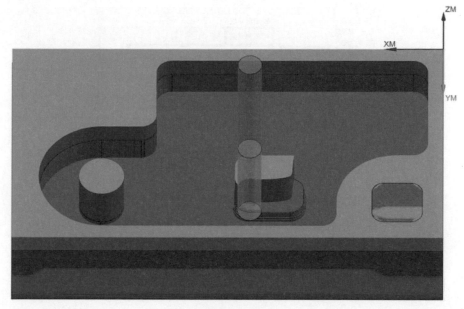

▲圖 4-12-9

❽ 可利用「主要」→「控制」→「柱切削」調整為帶螺旋運動切削，在形成柱狀餘料時，路徑會針對柱狀處做由上而下螺旋切削。如圖 4-12-10。

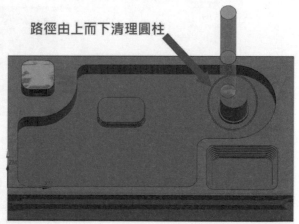

路徑由上而下清理圓柱

▲圖 4-12-10

❾ 若感覺螺旋下刀速度過快,也可以切至「進給率和速度」分頁→「主軸速度」、「進給率」分別給上 3500rpm 及 1000mmpm 後,在下方「更多」→「進刀」改成 50% 切削並重新生成路徑。如圖 4-12-11。

▲圖 4-12-11

❿ 隨後可以至「動作」→「確認」→「重播」,點擊「淡藍色」路徑會呈現進給率 1000mmpm,點擊「黃色」進刀路徑會呈現進給率 500mmpm。如圖 4-12-12。

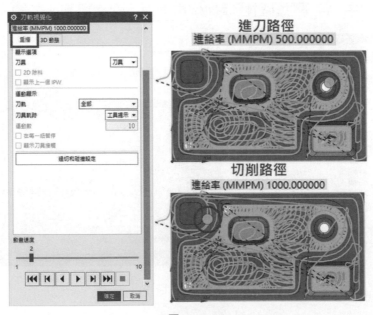

▲圖 4-12-12

練習一

✦ 由「檔案」→「開啟」→「NX CAM 三軸課程」→「第 4 章」→「粗加工練習 .prt」開啟,此檔案加工方法、加工座標系、刀具皆已設置完成。

- 請新建一個粗加工工法 - 型腔銑 CAVITY_MILL
- 刀具 - EM20
- 幾何體 - WORKPIECE
- 加工方法 - MILL_ROUGH
- 切削模式 - 跟隨零件
- 步距 - % 刀具平直,平面直徑百分比 60
- 公共每刀切削深度 - 恆定,最大距離為 3mm
- 切削順序 - 深度優先
- 封閉區域進刀 - 沿形狀斜進刀,開放區域進刀 - 線性
- 轉速 3000rpm,進給 1200mmpm,產生刀路
確認加工時間是否為 00:37:21。如圖 4-12-13。

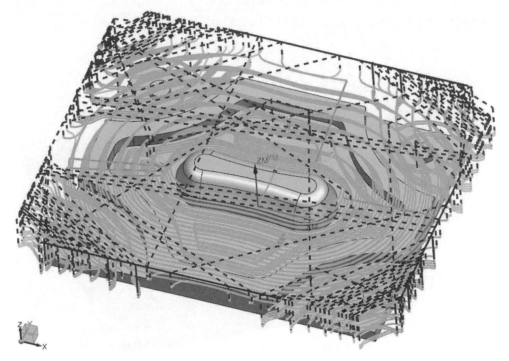

▲圖 4-12-13

練習二

✦ 設定殘料加工，**剩餘銑**或是**使用 3D** 皆可。

- 刀具 - EM16
- 幾何體 - WORKPIECE
- 加工方法 - MILL_SEMI_FINSH，確認預留量是否為 0.25mm
- 切削模式 - 跟隨周邊
- 步距 - 恆定，最大距離 6mm
- 公共每刀切削深度 - 殘餘高度，最大殘餘高度 0.5
- 切削順序 - 深度優先
- 開放區域進刀為 - 圓弧
- 進退刀的點重疊距離為 2mm
- 轉速 3600rpm，進給 1500mmpm，產生刀路
- 利用 3D 動態跑動畫後做分析檢查厚度為 0.25mm
  如圖 4-12-14。
  複製粗加工 _ 使用 3D - 加工時間為 00:24:37
  剩餘銑 - 加工時間為 00:22:57

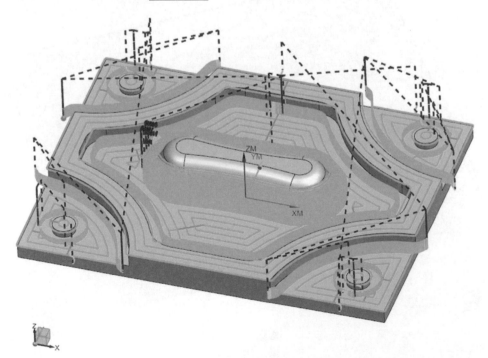

▲圖 4-12-14

練習三

✦ 由「檔案」→「開啟」→「NX CAM 三軸課程」→「第 4 章」→「自我調整銑削練習 _par.prt」開啟，此加工方法、加工座標系、刀具皆已設置完成。

- 新增一個粗加工工法 - 自我調整銑削工法ADAPTIVE_MILLING
- 刀具 - EM20
- 幾何體 - WORKPIECE
- 加工方法 - MILL_ROUGH
- 步距 - % 刀具平直，平面直徑百分比 35
- 公共每刀切削深度 - 恆定，最大距離 95% 刀刃長度
- 柱切削 - 帶螺旋運動切削，最小曲率半徑 5% 刀具直徑
- 自下而上切削 - 切削層之間，向上步距 0.5mm
- 最小切削深度 5% 刀刃長度
- 轉速 3500rpm，進給 1000mmpm，進刀速度 80% 切削
- 利用確認 - 重播，查看切削路徑是否為 1000mmpm，進刀路徑 800mmpm 產生刀路確認加工時間是否為 00:16:03。如圖 4-12-15。

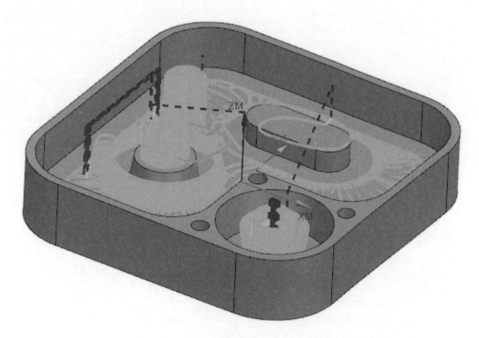

▲圖 4-12-15

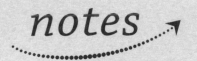

notes

CHAPTER

5

輪廓工法

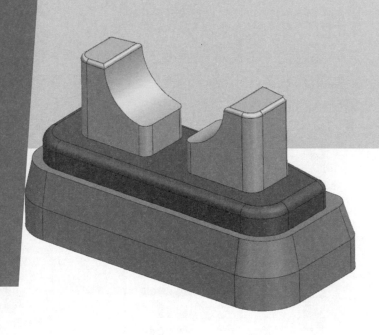

章節介紹

藉由此課程,您將會學到:

5-1 輪廓加工工法介紹

輪廓加工工法概述

由「檔案」→「開啟」→「NX CAM 三軸課程」→「第 5 章」→「深度輪廓銑 _par.prt」→「OK」

輪廓加工工法屬於 3D 幾何輪廓辨識加工,透過刀軸的垂直方向針對壁進行環繞式分層側刃加工。一般用於半精加工、側壁精加工為主。

輪廓加工工法類型

輪廓加工工法在我們進入加工環境後,進入程式順序視圖中對 PROGRAM 滑鼠點擊右鍵→「插入」→「工序」,選擇類型「mill_contour」的工序子類型第一排的最後兩個工法。如圖 5-1-1。

▲ 圖 5-1-1

1 深度輪廓銑

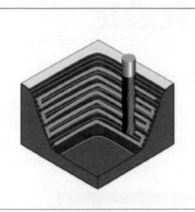

深度輪廓銑

使用垂直於刀軸的平面切削對指定層的壁進行輪廓加工。
還可以清理各層之間縫隙中遺留的材質。

指定零件幾何體。指定切削區域以確定要進行輪廓加工的
面。指定切削層來確定輪廓加工刀路之間的距離。

建議用於半精加工和精加工輪廓形狀，如注塑模、凹模、
鑄造和鍛造。

等高加工為最基本的側壁加工方式，Z 軸深度下完隨即固定住，利用 XY 軸
移動進行輪廓壁銑削，較屬於 2 軸同動加工或稱 2.5 軸加工，其可選擇區域
式等高或全域式等高加工，並可設置多種類型的進刀模式，使加工更加順暢
提升加工效率。

2 固定引導曲線

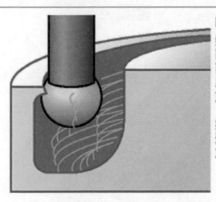

固定軸引導曲線

這是常用的精加工工序，可用於包含底切的任意數量曲
面。它使用球頭刀或球形銑刀在切削區域上直接建立刀路
而不需要投影。刀路可以恆定量偏離單一引導物件，也可
以是多個引導物件之間的變形。刀軸還支援 3D 曲線。也
支援夾持器避讓和刀軸平順。

指定零件、切削區域（不必屬於零件）和刀具（僅允許球
形刀尖）。編輯驅動方法，選取模式類型、引導和切削設
定。

固定引導曲線加工較為特別按照選取的切削區域、引導曲線，可以達到三軸
同動的輪廓壁銑削，亦可以做造型曲面加工。（此工法僅支援球刀、球頭刀）

5-2 深度輪廓銑參數設定

學習陡峭空間範圍的使用方式

❶ 在「PROGRAM」資料夾點擊滑鼠右鍵→「插入」→「工序」，類型選擇「mill_contour」，子工序選取「深度輪廓 ZLEVEL_PROFILE_STEEP」。如圖 5-2-1。

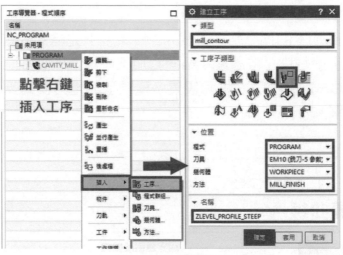

▲圖 5-2-1

❷ 點選確定後，點擊 產生路徑，加工的路徑會依照幾何外型進行分層側壁加工。如圖 5-2-2。

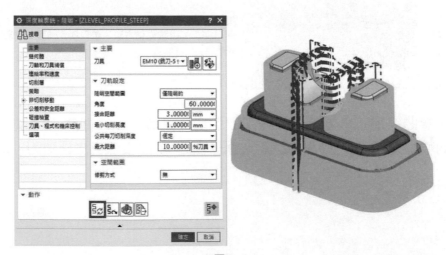

▲圖 5-2-2

❸ 此時會發現在上方黃色區域圓弧斜面處有一段未產生工法，使用者可以利
用：

一、「主要」→「刀軌設定」→「陡峭空間範圍」→「角度」設定為 20 度。

二、或是將「陡峭空間範圍」→「僅陡峭的」切換成無。

兩者各別設定完後，點擊 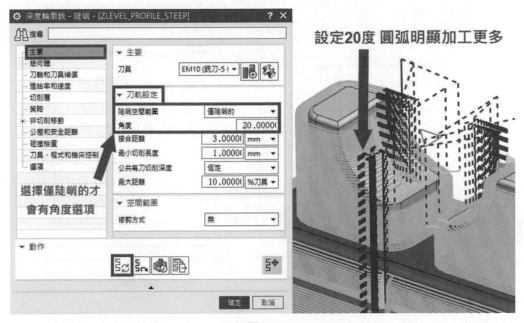 產生路徑。如圖 5-2-3、圖 5-2-4。

▲圖 5-2-3

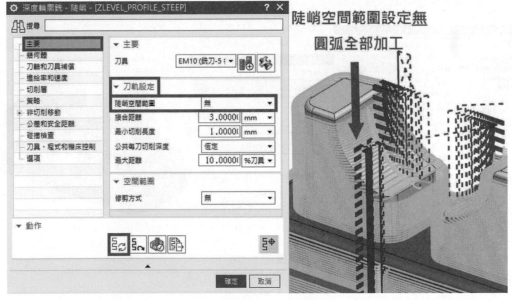

▲圖 5-2-4

學習接合距離的使用方式

❶ 在「PROGRAM」資料夾點擊滑鼠右鍵→「插入」→「工序」，類型選擇
「mill_contour」，子工序選取「深度輪廓 ZLEVEL_PROFILE_STEEP」。
如圖 5-2-5。

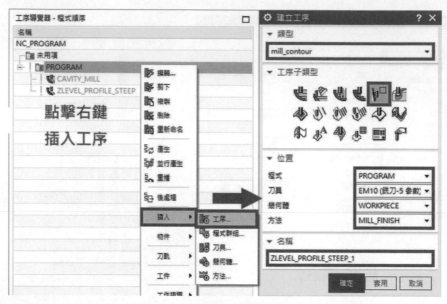

▲圖 5-2-5

❺ 將分頁切至「幾何體」，點擊「指定切削區域」 ◻ 圖示後點選圖中兩個
面。如圖 5-2-6。

▲圖 5-2-6

❸ 回到「主要」分頁,在「刀軌設定」→「接合距離」輸入 40mm 並點擊
🔄 產生路徑。如圖 5-2-7。

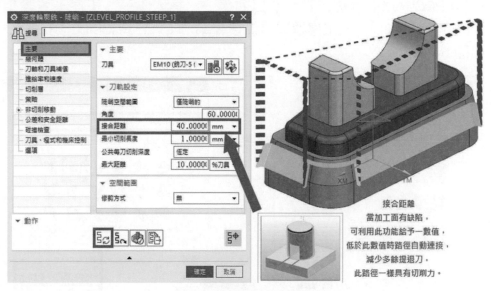

接合距離
當加工面有缺陷,
可利用此功能給予一數值,
低於此數值時路徑自動連接,
減少多餘提退刀,
此路徑一樣具有切削力。

▲圖 5-2-7

❹ 也可以將「接合距離」輸入 50mm,則判定的接合範圍就會更多,路徑也
會接滿整個 R 角。如圖 5-2-8。

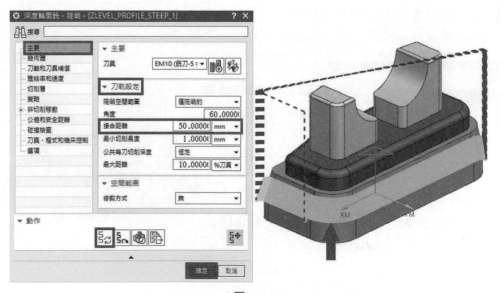

▲圖 5-2-8

學習最小切削長度的使用方式

❶ 在「PROGRAM」資料夾點擊滑鼠右鍵→「插入」→「工序」，類型選擇「mill_contour」，子工序選取「深度輪廓 ZLEVEL_PROFILE_STEEP」。如圖 5-2-9。

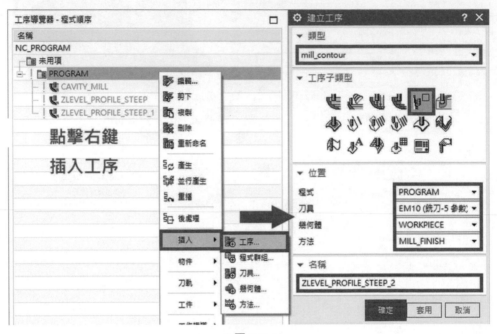

▲圖 5-2-9

❷ 在「幾何體」分頁→「幾何體」欄位點擊「指定切削區域」 圖示，將圖中標示的一個面選取。如圖 5-2-10。

▲圖 5-2-10

❸ 分頁切回「主要」，在「刀軌設定」→「最小切削長度」調整為 20mm，
並點擊 🔁 產生路徑。如圖 5-2-11。

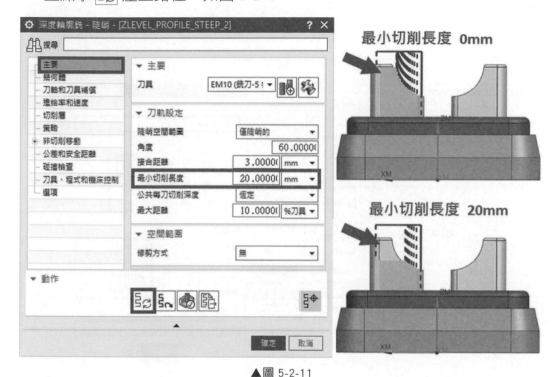

▲圖 5-2-11

❹ 「最小切削長度」定義。如圖 5-2-12。

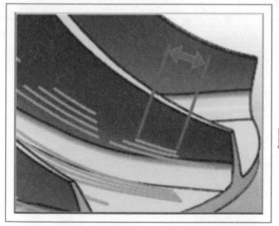

最小切削長度
設定一數值
路徑長度低於此數值
則不產生路徑

▲圖 5-2-12

學習特定區域加工的使用方式

❶ 在「PROGRAM」資料夾點擊滑鼠右鍵→「插入」→「工序」，類型選擇「mill_contour」，子工序選取「深度輪廓 ZLEVEL_PROFILE_STEEP」。如圖 5-2-13。

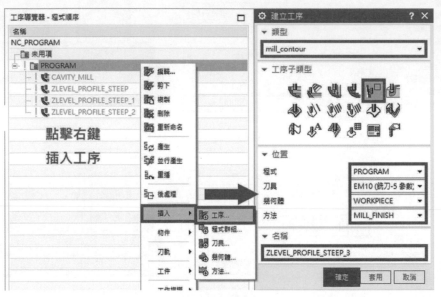

▲圖 5-2-13

❷ 若只想加工「黃色」特徵，可將分頁切至「幾何體」，切削區域 🖾、指定檢查 🖾 以及指定修剪邊界 🖾 的結果皆可滿足特定區域加工。如圖 5-2-14

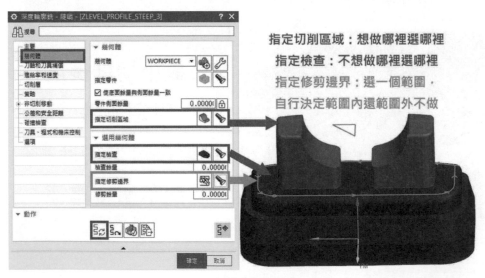

▲圖 5-2-14

深度輪廓銑切削層設定

▍學習利用切削層使深度輪廓銑路徑更優化

❶ 在「PROGRAM」資料夾點擊滑鼠右鍵→「插入」→「工序」，類型選擇
「mill_contour」，子工序選取「深度輪廓 ZLEVEL_PROFILE_STEEP」。
如圖 5-3-1。

▲圖 5-3-1

❷ 在「主要」→「刀軌設定」→「陡峭空間範圍」改成無，並點擊 🔁 產生
路徑。如圖 5-3-2。

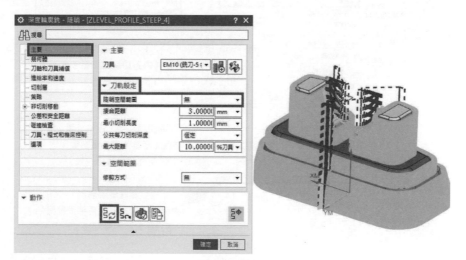

▲圖 5-3-2

❸ 利用「動作」→「確認」→「3D動態」播放動畫進行查看，會發現黃色區域，在圓弧曲面的殘料會隨著「加工角度趨於平緩」而增加。如圖 5-3-3。

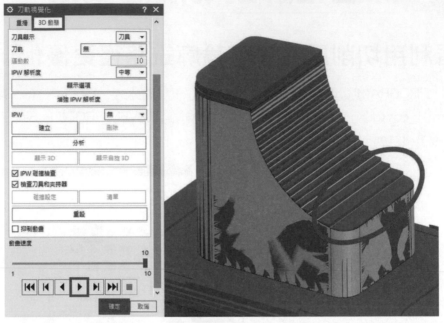

▲圖 5-3-3

❹ 確定後將分頁切換至「切削層」，在「範圍」→「切削層」把恆定切換成優化，並按下 🔄 按鈕產生路徑。如圖 5-3-4、圖 5-3-5、圖 5-3-6。

▲圖 5-3-4

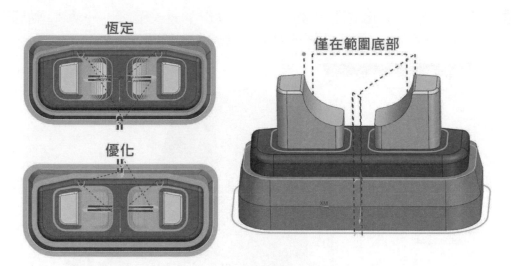

恆定

優化

僅在範圍底部

▲圖 5-3-5

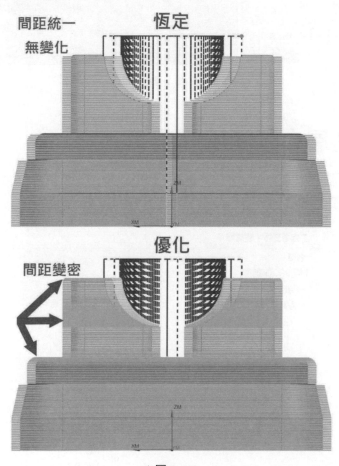

間距統一
無變化

恆定

優化

間距變密

▲圖 5-3-6

❺ 切削層設置好優化並產生後，利用「動作」→「確認」→「3D 動態」播放動畫進行查看，圓弧曲面的殘料明顯減少。如圖 5-3-7。

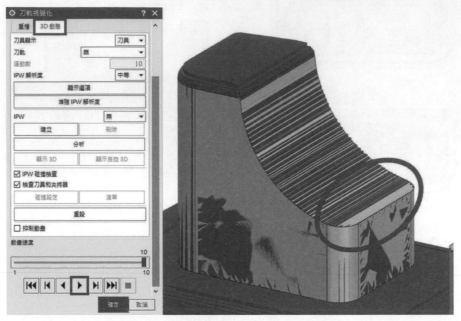

▲圖 5-3-7

學習切削層自訂範圍深度

❶ 將上一個工法「ZLEVEL_PROFILE_STEEP_4」點擊滑鼠右鍵「複製」並貼於下方。如圖 5-3-8。

▲圖 5-3-8

❷ 進入複製工法，在「切削層」分頁→「範圍」欄位中「切削層」選項，將<u>優化</u>調整成<u>恆定</u>，並在「範圍 1 的頂部」欄位點擊「選取物件 (1)」使其變成黃色底後，在點擊圖中模型關鍵點。如圖 5-3-9。

▲圖 5-3-9

❸ 再把「範圍」欄位中的「最大距離」後方單位調整成 <u>mm</u>，並於欄位中輸入 <u>3</u> 並點擊 🔄 產生路徑。如圖 5-3-10。

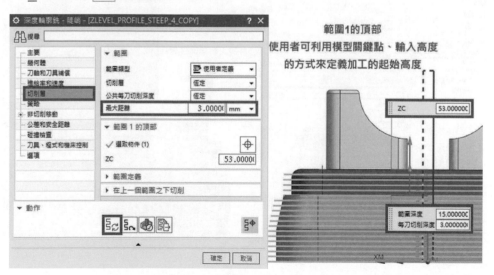

▲圖 5-3-10

❹ 下方「範圍定義」欄位中→「清單」裡頭的範圍為軟體自動抓取模型平面，可以點擊「加入新集」 ⊕ 按鈕後點擊模型關鍵點，或在「範圍深度」欄位中輸入指定的高度數值。如圖 5-3-11。

▲圖 5-3-11

❺ 點擊「清單」內「範圍 1」後，於上方「每刀切削深度」輸入 0.5 後點擊 📇 產生路徑。如圖 5-3-12。

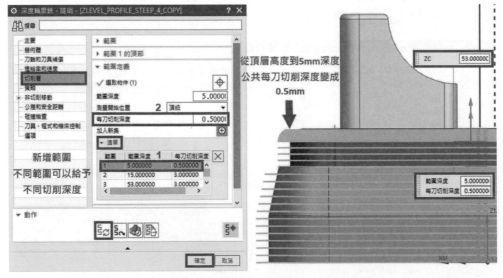

▲圖 5-3-12

5-4 深度輪廓銑策略與非切削移動設定

▌學習深度輪廓銑中的策略設定

❶ 在「PROGRAM」資料夾點擊滑鼠右鍵→「插入」→「工序」，類型選擇「mill_contour」，子工序選取「深度輪廓 ZLEVEL_PROFILE_STEEP」。如圖 5-4-1。

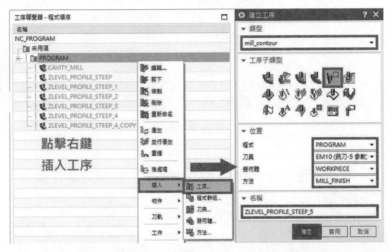

▲圖 5-4-1

❷ 在「主要」→「刀軌設定」欄位→「陡峭空間範圍」設為無。如圖 5-4-2。

▲圖 5-4-2

❸ 分頁切到「策略」→「層之間」→「層到層」功能為**控制 Z 向每次下刀時的提刀方式**，共有四種模式可以選擇。如圖 5-4-3、圖 5-4-4。

使用轉移方法
提刀高度是參MCS_Main
所設置的安全高度

直接對零件進刀
貼著零件表面移刀
刀痕為一直線

沿零件斜進刀
貼著零件表面移刀
刀痕為一條條斜線

沿零件交叉斜進刀
貼著零件表面移刀
刀痕會環繞零件

▲圖 5-4-3

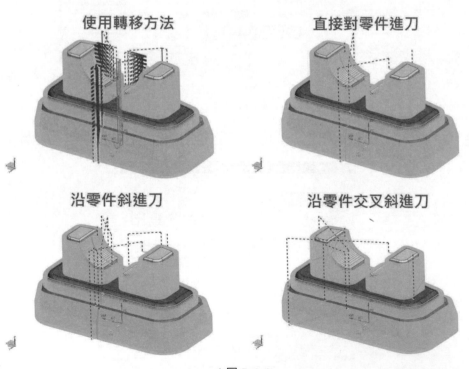

▲圖 5-4-4

❹ 下方的「層間切削」功能勾選後，在輪廓加工完後會在「0 度平面」區域進行**平面銑削**，「步距」也可以於下方改為恆定，輸入 3mm 後點擊 🔄 產生路徑。如圖 5-4-5。

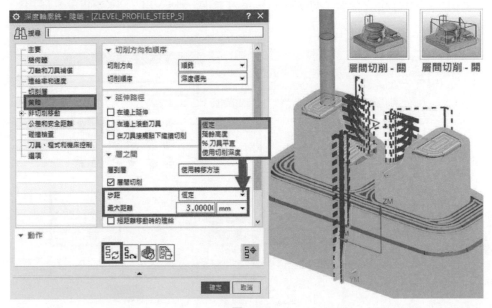

▲圖 5-4-5

❺ 「層之間」欄位→「短距離移動時的進給」功能開啟後，可以設定「最大移刀距離」，低於此距離，移刀時則會貼著零件表面移動。如圖 5-4-6。

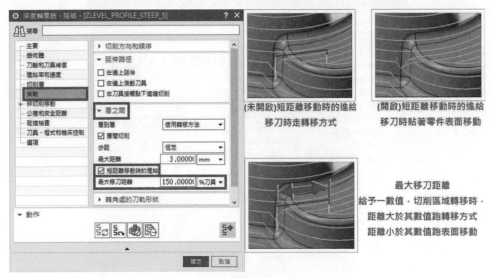

▲圖 5-4-6

學習深度輪廓銑中的非切削移動設定

❶ 在「PROGRAM」資料夾點擊滑鼠右鍵→「插入」→「工序」，類型選擇「mill_contour」，子工序選取「深度輪廓 ZLEVEL_PROFILE_STEEP」。如圖 5-4-7。

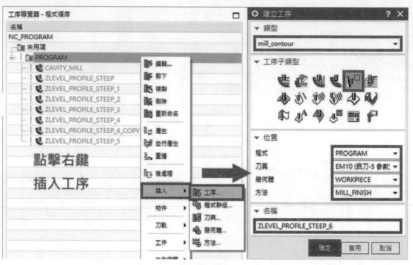

▲圖 5-4-7

❷ 在「主要」→「刀軌設定」欄位→「陡峭空間範圍」設為無。如圖 5-4-8。

▲圖 5-4-8

❸ 將分頁切至「非切削移動」→「平順」→「取代為平順連線」選項勾選，並點擊 ⊟c 產生路徑。圖 5-4-9。

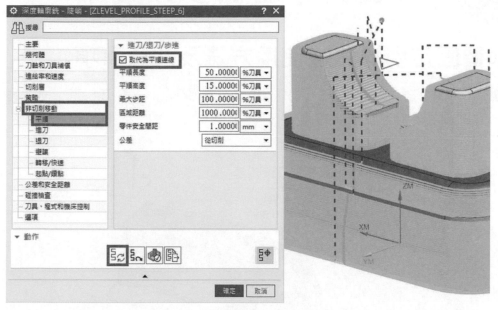

▲圖 5-4-9

❹ 其結果為「離開零件表面移刀」，能有效減少刀痕，且此結果與如圖 5-4-3、圖 5-4-4 的其他三種「層到層」方法相似，差異如下圖。圖 5-4-10。

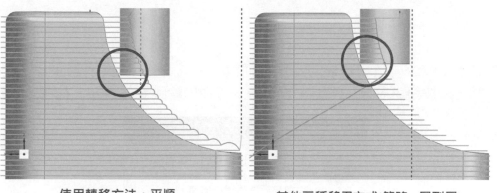

使用轉移方法 + 平順
移刀時離開零件表面

其他三種移刀方式(策略 - 層到層)
移刀時貼著零件表面

▲圖 5-4-10

● 打開平順要離開零件表面移刀的效果，在「層到層」的方法僅能是**使用轉移方法**。

5-5 固定引導曲線參數設定

▌學習固定引導曲線使用方法及注意事項

❶ 由「檔案」→「開啟」→「NX CAM 三軸課程」→「第 5 章」→「固定引導曲線 .prt」→「OK」如圖 5-5-1。

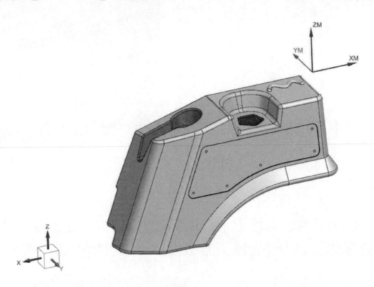

▲圖 5-5-1

❷ 在 NX CAM 中，若不曉得工法如何設定，或是有什麼條件需要給，可以點擊 按鈕試著產生路徑，若有缺少條件則會跳警報通知。如圖 5-5-2。

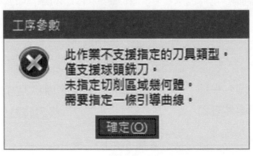

▲圖 5-5-2

● 固定引導曲線的幾個條件為 (1) 刀具只能使用**球刀**或**球型刀**。(2) 一定要**指定切削區域**。(3) 一定要給予**一條或多條引導曲線**。

學習模式類型中「變形」使用方法及注意事項

❶ 在「PROGRAM」資料夾點擊滑鼠右鍵→「插入」→「工序」，類型選擇「mill_contour」，子工序選取「固定引導曲線」。如圖 5-5-3。

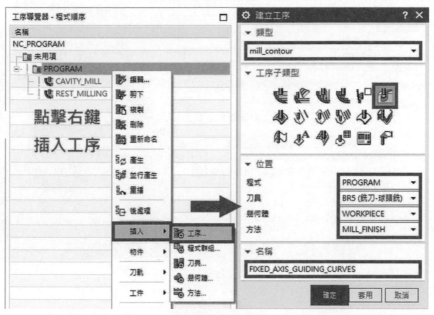

▲圖 5-5-3

❷ 進入工法後，在「主要」的分頁→「驅動幾何體」→「模式類型」共有三種可以做切換。如圖 5-5-4。

▲圖 5-5-4

恆定偏置
選擇一條引導曲線
可以設定向左、向右、雙向進行偏移
偏移的終點取決於切削區域的邊界

變形
選擇兩條或以上的引導曲線
路徑會按照兩條曲線的外型進行變化
引導曲線盡可能在切削區域內
若超出，路徑也只會生成於區域內

迴旋賽道
選擇一條引導曲線
路徑會繞著引導曲線環繞

❸ 將「模式類型」切換成變形，並選擇「兩條」引導曲線。如圖 5-5-5。

● 選取引導曲線，選完第一條後要按加入新集 ⊕ 按鈕才可選下一條，且箭頭方向要一致。

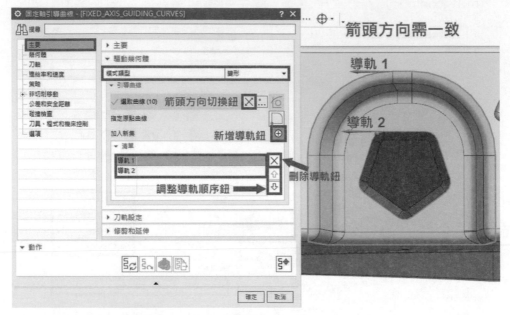

▲圖 5-5-5

❹「主要」的分頁→「刀軌設定」中，可以設定切削模式、切削方向、切削順序…等。如圖 5-5-6。

▲圖 5-5-6

❺ 切換至「幾何體」的分頁→「幾何體」→「指定切削區域」中去選擇螢光色的凹槽面,並點擊 🔁 按鈕產生路徑。如圖 5-5-7。

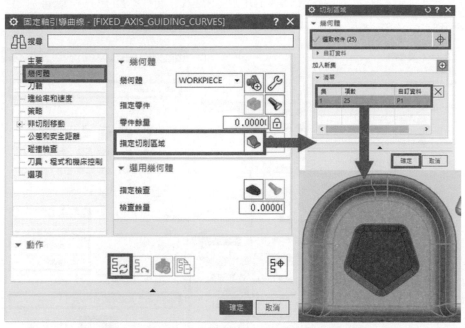

▲圖 5-5-7

❻ 產生路徑後,固定引導曲線的特色是在**陡峭面**會跑類似於**深度輪廓銑**,但是以**螺旋環繞**方式進行加工,減少提刀時間。在**非陡峭面**也能有**曲面精修**的效果。如圖 5-5-8。

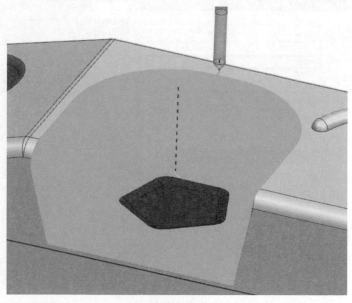

▲圖 5-5-8

學習模式類型中「恆定偏置」使用方法及注意事項

❶ 在「PROGRAM」資料夾點擊右鍵→「插入」→「工序」，選擇類型「mill_contour」，子工序選取「固定引導曲線」。如圖 5-5-9。

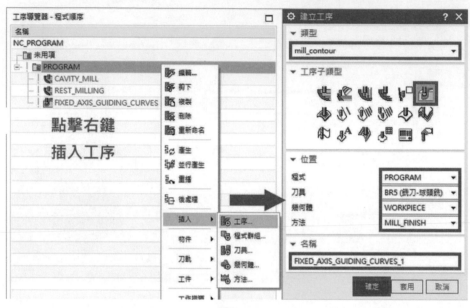

▲圖 5-5-9

❷ 在「主要」的分頁→「驅動幾何體」→「模式類型」切換成恆定偏置，並選取紅色五邊形內側輪廓線。如圖 5-5-10。

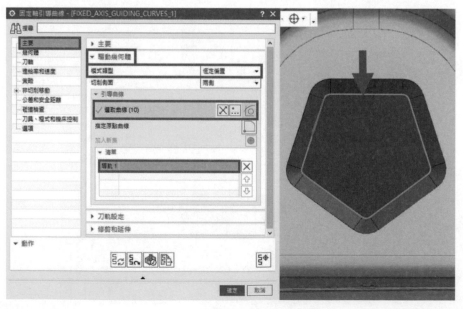

▲圖 5-5-10

❸ 「切削側面」選擇兩側，在 →「刀軌設定」→「步距」調整為精確，「距離」設定為 1mm。如圖 5-5-11。

▲圖 5-5-11

❹ 切換至「幾何體」的分頁→「幾何體」→「指定切削區域」中去選擇紅色五邊形的所有面，並按下 按鈕產生路徑。如圖 5-5-12。

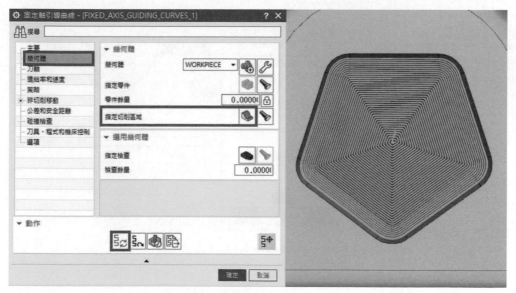

▲圖 5-5-12

● 「模式類型」選項變化。如圖 5-5-13。

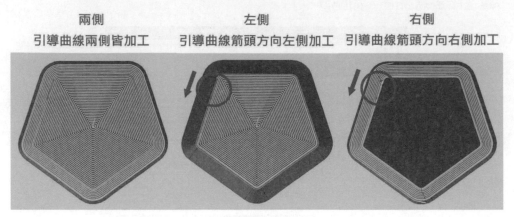

兩側	左側	右側
引導曲線兩側皆加工	引導曲線箭頭方向左側加工	引導曲線箭頭方向右側加工

▲圖 5-5-13

學習在 NX CAM 建立相交曲線

❶ 在功能區「分析」的分頁中,點擊「測量」的欄位中「測量」功能,並選擇黃色「M」字形的末端圓角,查看圓角是否為半徑 7.5mm。如圖 5-5-14。

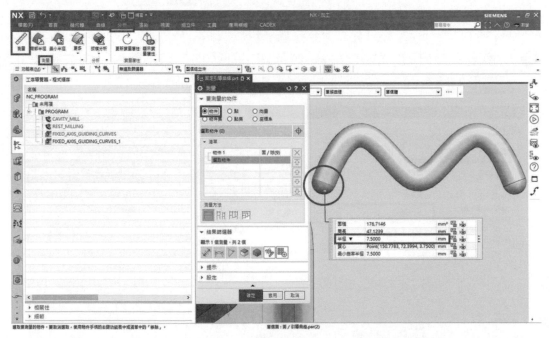

▲圖 5-5-14

❷ 確認圓角半徑後，在功能區「幾何體」的分頁中，「幾何體」→「點」下拉→「基準平面」，類型使用「自動判斷」，並點擊模型最高平面後往上 7.5mm。如圖 5-5-15。

▲圖 5-5-15

❸ 建立完基準平面後，將功能區切換至「曲線」分頁，並在「衍生」的欄位點擊「相交曲線」指令。如圖 5-5-16。

▲圖 5-5-16

● 若分頁中找不到曲線或是其他功能分頁，可以利用「快速存取工具列」的最右方小箭頭中的「自訂」→「標籤 / 列」中開啟隱藏分頁。如圖 5-5-17。

▲圖 5-5-17

④ 點擊「相交曲線」功能後，利用「面規則」→「單個面」，點擊黃色 M 字形的三個面。如圖 5-5-18。

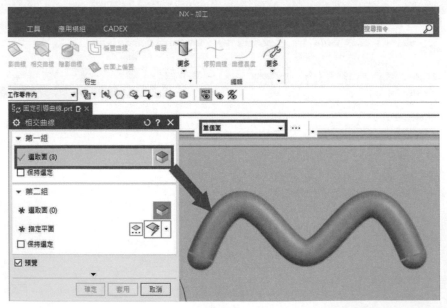

▲圖 5-5-18

❺ 在「相交曲線」的對話窗**手動點擊第二組**的「選取面」欄位後，再去選取剛剛所建立的基準平面，並按下確定，隨即就會出現一條曲線。如圖 5-5-19。

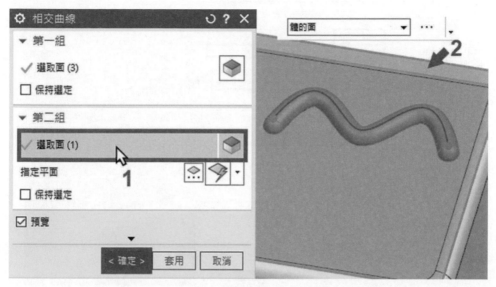

▲圖 5-5-19

學習模式類型中「迴旋賽道」使用方法及注意事項

❶ 在「PROGRAM」資料夾點擊右鍵→「插入」→「工序」，選擇類型「mill_contour」，子工序選取「固定引導曲線」。如圖 5-5-20。

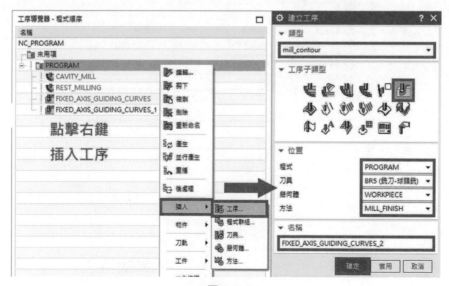

▲圖 5-5-20

❷ 進入工法後,「主要」→「驅動幾何體」→「模式類型」換成迴旋賽道, 並選取剛剛所繪製的相交曲線。如圖 5-5-21。

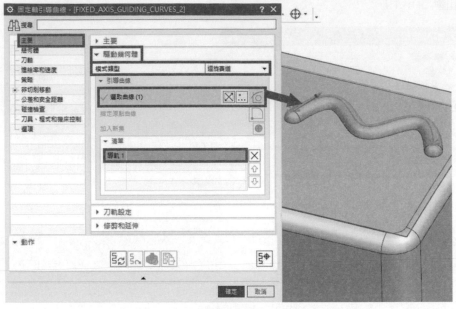

▲圖 5-5-21

❸ 在「刀軌設定」欄位→「切削模式」改為螺旋,「步距」改為精確,並將 下方「距離」改為 2mm。如圖 5-5-22。

▲圖 5-5-22

❹ 分頁切換至「幾何體」→「幾何體」→「指定切削區域」中,選擇黃色 M 字形的三個面,並按下 ⎣⎦ 按鈕產生路徑。如圖 5-5-23。

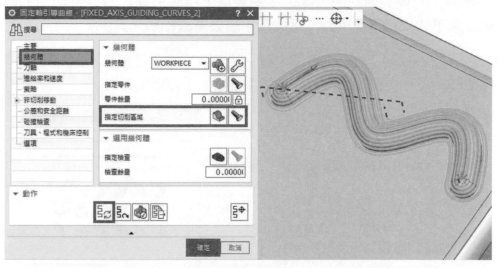

▲圖 5-5-23

● 以黃色 M 字形這類型的特徵,三種模式類型其實都適用,只是定義及路徑上會有微妙的不同,使用者可以依照需求去靈活運用。如圖 5-5-24。

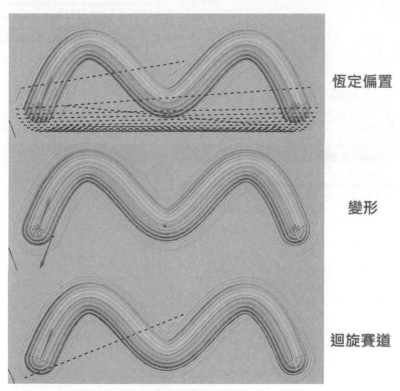

恆定偏置

變形

迴旋賽道

▲圖 5-5-24

衍生技巧

● 在「變形」的模式類型中,需選擇**兩條以上引導曲線**,當想要切削的區域中實體邊線不夠或是不適用時,可以利用**繪製草圖輪廓**來克服。

❶ 在「PROGRAM」資料夾點擊右鍵→「插入」→「工序」,選擇類型「mill_contour」,子工序選取「固定引導曲線」。如圖 5-5-25。

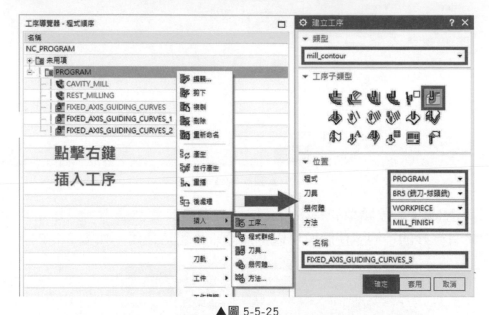

▲圖 5-5-25

❷ 切換至「幾何體」的分頁→「幾何體」→利用「指定切削區域」 圖示選取紅色五角形平面。如圖 5-5-26。

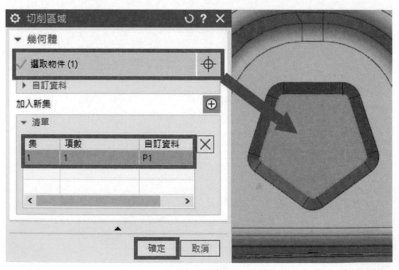

▲圖 5-5-26

❸ 「確定」後切換回「主要」分頁→「模式類型」選擇變形後，選取五邊形平面邊線做為第一條引導曲線，並按下 ⬚ 按鈕產生路徑，隨即會跳出警報。如圖 5-5-27。

▲圖 5-5-27

❹ 因切削區域只想要做紅色五邊形平面，此特徵也沒其餘邊線可以選擇，可以先將警報及工法「確定」後，可點擊在功能區「幾何體」分頁的「草圖」，點選紅色五邊形平面進行繪製。如圖 5-5-28。

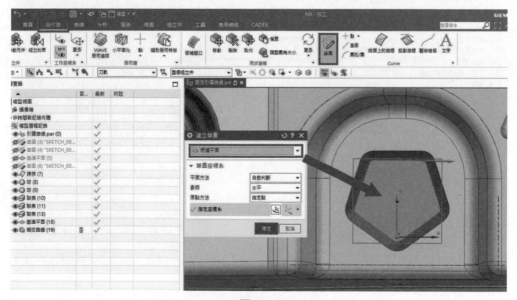

▲圖 5-5-28

❺ 確定後進入草圖環境，選取「首頁」→「曲線」→「點」功能，在五邊形
大約中心位置點擊一點，關閉後按下「完成」退出草圖環境。如圖 5-5-29。

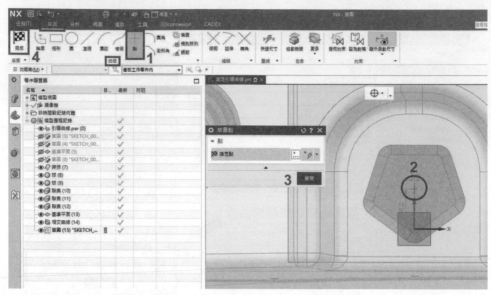

▲圖 5-5-29

❻ 回到工法中，在「主要」分頁→「引導曲線」中點擊 ⊕ 按鈕後，將剛剛
所繪製的「點」選取。如圖 5-5-30。

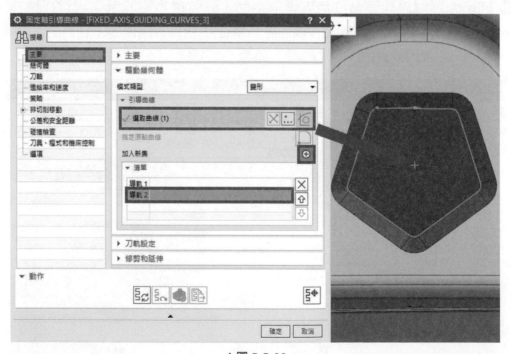

▲圖 5-5-30

174

❼ 點擊 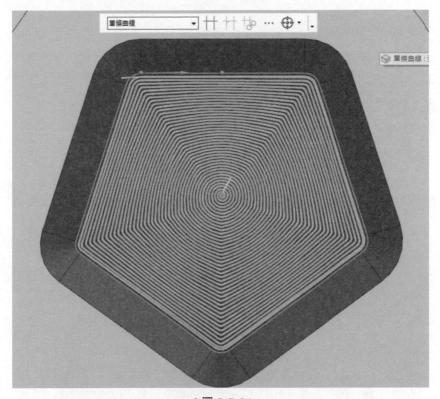 按鈕產生路徑，此時也會發現「變形」這種模式類型，路徑會因兩條引導曲線的形狀不同而有**漸變的效果**。如圖 5-5-31。

▲圖 5-5-31

● 引導曲線可用於精修較為<u>平坦的曲面</u>，也可以處理模型的<u>牆壁</u>部分，對於較為複雜的造型也能使路徑清晰乾淨。

練習一

- 利用剛剛所學的固定引導曲線的三種模式類型將「固定引導曲線 .prt」的**橘色區域**進行精修，無標準答案，請使用者動動腦將其完成。如圖 5-5-32。
- 工序選用 - 固定引導曲線
- 程式位置 - PROGRAM
- 刀具使用 - BR5
- 幾何體選擇 - WORKPIECE
- 加工方法 - MILL_FINISH
- 模式類型、切削模式、步距自行定義，工序可使用一或多個

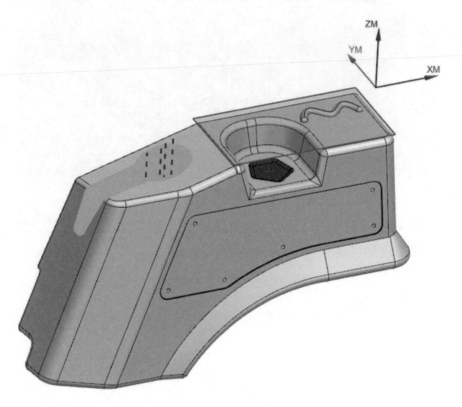

▲圖 5-5-32

練習二

- 由「檔案」→「開啟」→「NX CAM 三軸課程」→「第 5 章」→「綜合練習.prt」→「OK」。如圖 5-5-33
- 工序選用 - 深度輪廓銑
- 刀具使用 - EM12
- 幾何體 - WORKPIECE
- 加工方法 - MILL_FINISH
- 陡峭空間範圍 - 無
- 公共每刀切削深度 - 恆定，最大距離1mm
- 切削區域 - 藍色特徵部分
- 切削層類型調整成 - 優化
- 開啟層間切削，步距 - 恆定，最大距離5mm
- 開啟非切削移動平順
- 轉速 4000rpm，進給 1600mmpm
- 計算查看時間是否為 00:16:18

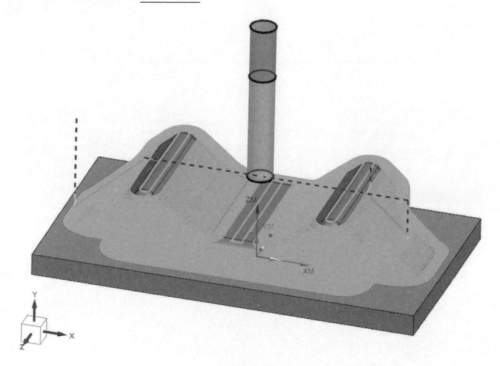

▲圖 5-5-33

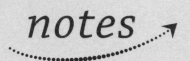

CHAPTER

6

平面工法

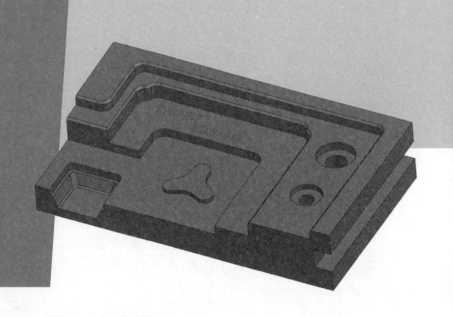

章節介紹

藉由此課程,您將會學到:

6-1 平面工法介紹

▌平面工法概述

平面加工屬於 2D 加工法，加工皆以 X、Y 雙軸向進行平面路徑規劃，可以針對平面、輪廓執行智能設定，一般用於 2D、2D 半加工以及半成品加工為主。

▌平面加工類型

NX CAM 平面加工可依照模型分為二種類型模式的設置

● **實體平面加工** – 以選取 3D「實體」模型底面或壁幾何體的平面加工模式。

　※ 使用實體工序將會自動判斷之前工序的預留量，當判斷無預留量時，工序將不能被計算。

● **輪廓平面加工** – 以選取 2D「線段」的零件邊界範圍的平面加工模式。

　※ 此類型工法可使用「2D 圖線段」進行加工，亦可使用「3D 實體輪廓邊線」進行加工。

▌平面加工工法

平面加工工法在我們進入加工環境後，進入程式順序視圖中對 PROGRAM 資料夾點擊滑鼠右鍵→「插入」→「工序」，選擇類型「mill_planar」的工序子類型所有工法。如圖 6-1-1。

▲圖 6-1-1

平面加工工法敘述介紹：

（實體平面加工與輪廓平面加工於後方備註）

平面加工工法		
平面工法	工法名稱	工法敘述
	不含壁的底面加工（實體）	選取加工基準面，進行底面銑削
	底壁銑（實體）	同時能加工底面、壁以及底面和壁的組合
	腔銑（實體）	對於封閉型腔的底面、壁加工
	不含底面的壁 2D 輪廓銑（實體）	選取無底面區域進行的壁加工
	含底面的壁 2D 輪廓銑（實體）	同時能加工底面、壁以及底面和壁的組合
	切削 3D 建模倒斜角（實體）	選取倒角特徵進行加工
	平面去毛刺（實體）	加工零件無倒角特徵，可利用此工法倒角
	槽銑削（實體）	使用 T 型刀於線性溝槽的辨識加工
	孔銑削（實體）	使用平面漸開螺旋進行孔銑削加工
	螺紋銑（實體）	使用銑牙刀進行螺紋加工
	平面輪廓銑（輪廓）	選取輪廓、面的方式與底面配合的加工
	平面銑（輪廓）	選取輪廓、面的方式與底面配合的加工
	手動面銑（實體）	選取區域進行多類型切削模式的平面加工
	平面文字（輪廓）	選取平面進行單線體文字加工

6-2 不含壁的底面加工

▌學習選取實體的幾何面直覺進行平面加工

此工法屬於實體平面加工，必須使用 3D 實體。

範例一

❶ 於「檔案」→「開啟」→「NX CAM 三軸課程」→「第 6 章」→「實體平面加工 _par.prt」→「OK」。如圖 6-2-1。

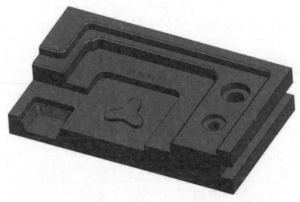

▲圖 6-2-1

❷ 進入程式順序視圖中對PROGRAM滑鼠點擊右鍵→「插入」→「工序」，選擇類型「mill_planar」，選取子工序「不含壁的底面加工FLOOR_FACING」。如圖 6-2-2。

▲圖 6-2-2

❸ 點選確定後,在「主要」的分頁,利用「指定切削區底面」 圖示,選取
模型最頂面,並點擊 產生路徑。如圖 6-2-3。

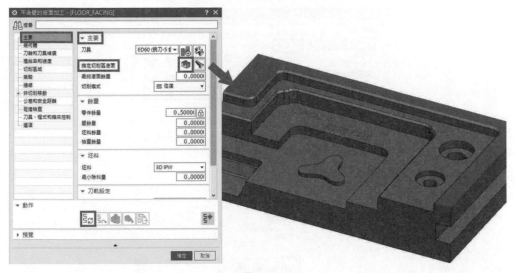

▲圖 6-2-3

❹ 產生後會發現剛剛「加工方法」選擇 MILL_ROUGH,且「零件餘量」是繼
承於「MILL_ROUGH」中的餘量 0.5mm,但計算後的結果餘量卻為 0mm。
如圖 6-2-4。

▲圖 6-2-4

❺ 可在「主要」分頁中→「主要」欄位裡→「最終底面餘量」設定 0.8mm，
並點擊  產生路徑，底面餘量即會成功預留。如圖 6-2-5。

▲圖 6-2-5

● 「mill_planar」工序中，「孔銑 HOLE_MILLING」、「螺紋銑 THREAD_
MILLING」只有上述這兩個工法才會確切將加工方法中的餘量帶入工法
內，其餘工法都得利用選項中的「最終底面餘量」及「壁餘量」**作為工法
結果餘量的依據**。如圖 6-2-6。

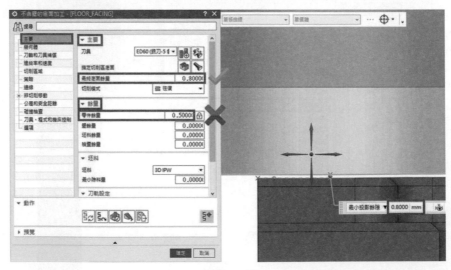

▲圖 6-2-6

❻「不含壁的底面加工」工法中，可利用「切削模式」選項調整其它切削類型，亦可在下方「刀軌設定」中，設定「每刀切削深度」為 0.5mm，並點擊 🔲 產生路徑，工法即會分層。如圖 6-2-7。

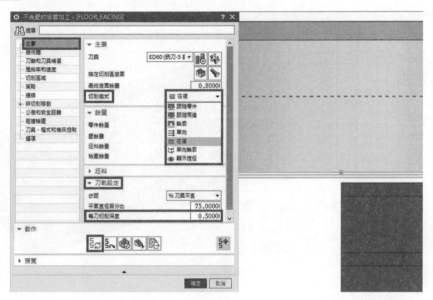

▲圖 6-2-7

❼ 確定後，將「FLOOR_FACING」工法複製並貼於下方，並進入剛複製出來的工法內將「最終底面餘量」與「每刀切削深度」皆調整為 0mm。
如圖 6-2-8。

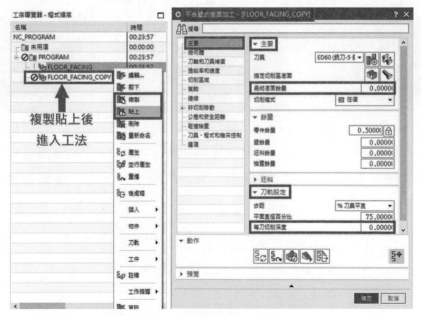

▲圖 6-2-8

❽ 切換至「切削區域」分頁，在「切削區域」欄位中將「將底面延伸至」
選項調整為無，並點擊 🔄 產生路徑，路徑即單純針對選取的**底面形狀**生
成。如圖 6-2-9。

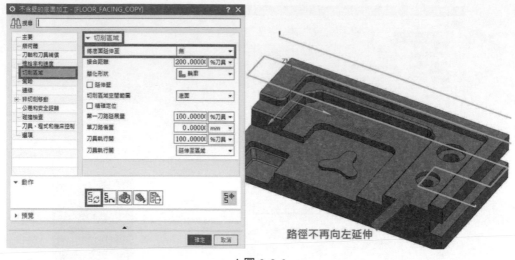

路徑不再向左延伸

▲圖 6-2-9

● 「將底面延伸至」選項差異，如圖 6-2-10。

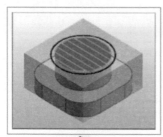

無
路徑生成依據
指定底面輪廓形狀

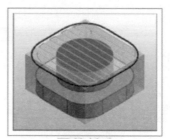

零件輪廓
路徑生成依據
零件最大輪廓形狀

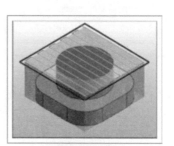

坏料輪廓
路徑生成依據
坏料輪廓形狀

▲圖 6-2-10

❾ 亦可將「第一刀路延展量」設定為 55% 刀具直徑，第一刀路徑就不會產生無效切削。如圖 6-2-11。

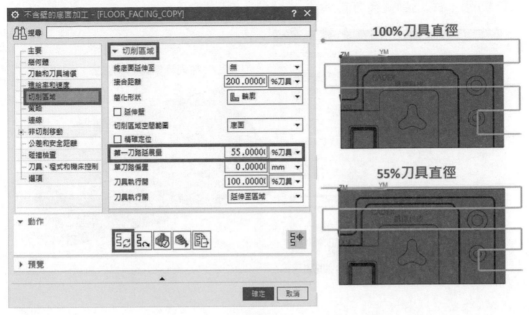

▲圖 6-2-11

備註

● 在「實體平面加工」中，若「主要」→「坯料」欄位→「坯料」選項是選擇「3D IPW」，則工法會**繼承前面所有工法的殘料進行加工**，減少空刀情況，且若前面工法尚未計算，後續的工法也會跳警報告知無法計算。如圖 6-2-12。

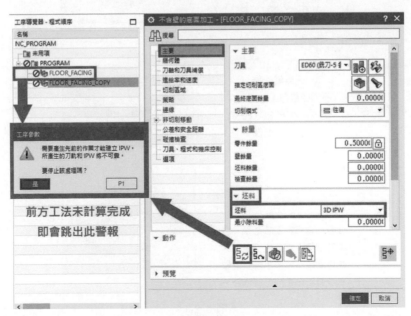

▲圖 6-2-12

●而若選擇「3D IPW」，「動作」欄位也會多了「顯示所得的 IPW」 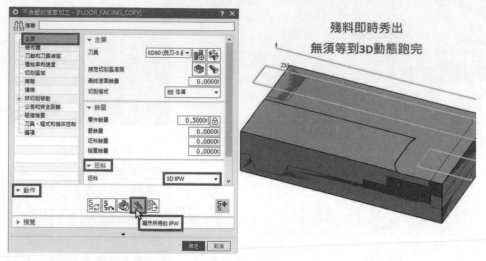 圖示，點擊後隨即會將此工法的殘料結果顯示於零件上，無須再進到「確認」內利用「3D 動態」跑完動畫後才能查看殘留量。如圖 6-2-13。

▲圖 6-2-13

●「坯料」選項差異。如圖 6-2-14。

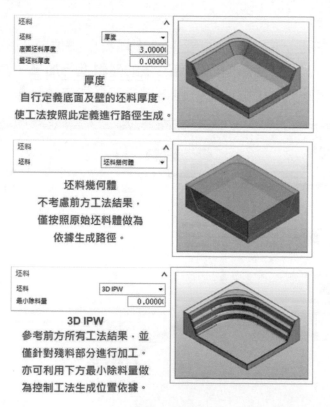

厚度
自行定義底面及壁的坯料厚度，
使工法按照此定義進行路徑生成。

坯料幾何體
不考慮前方工法結果，
僅按照原始坯料體做為
依據生成路徑。

3D IPW
參考前方所有工法結果，並
僅針對殘料部分進行加工。
亦可利用下方最小除料量做
為控制工法生成位置依據。

▲圖 6-2-14

6-3 底壁銑加工

學習利用底壁銑進行粗銑及工法內設置

❶ 在程式順序視圖中對「PROGRAM」點擊滑鼠右鍵→「插入」→「工序」，
類型選擇「mill_planar」，子工序選「底壁銑 FLOOR_WALL」。
如圖 6-3-1。

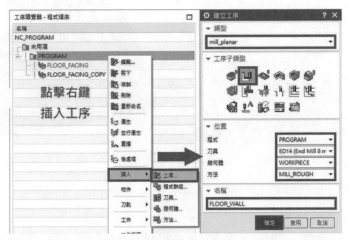

▲圖 6-3-1

❷ 進到工法內，可直接點擊 图示產生路徑，條件足夠會生成路徑，<u>不足則會跳警報提醒使用者缺少哪些條件</u>。如圖 6-3-2。

▲圖 6-3-2

❸ 確定後，在「主要」分頁中→「主要」欄位裡→利用「指定切削區域底面」
 圖示選取加工區域。如圖 6-3-3。

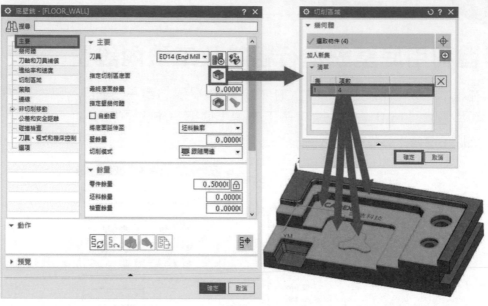

▲圖 6-3-3

❹ 將下方「自動壁」開啟，軟體會自行選取壁邊做為防護面，防止碰撞或刀
長不夠時會進行避讓。亦可利用「最終底面餘量」及「壁餘量」分別設置
0.3mm 以及 0.4mm，來控制加工預留量。如圖 6-3-4。

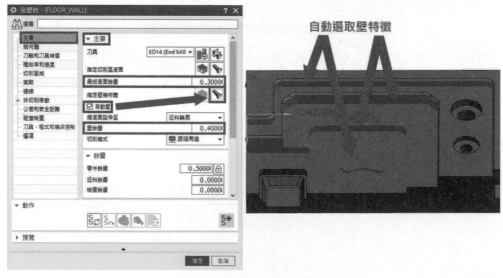

▲圖 6-3-4

❺ 在「刀軌設定」中，若「每刀切削深度」為 <u>0</u>，則路徑僅會**各平面深度生成一刀**，反之，若給其一數值，Z 軸則會按照此數值進行分層。如圖 6-3-5。

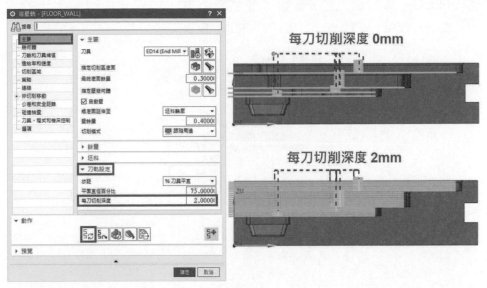

▲圖 6-3-5

❻ 產生路徑後，利用「動作」→「確認」 →「3D 動態」→「播放」 ▶ 完後點擊「分析」 [　　　分析　　　] 進行餘量查看。如圖 6-3-6。

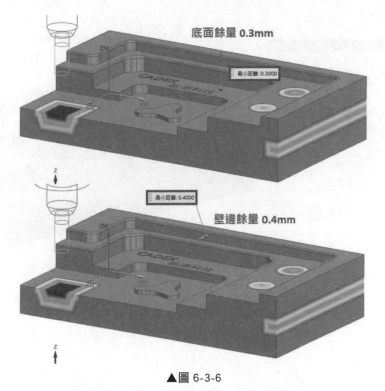

▲圖 6-3-6

學習利用底壁銑進行底面精修

❶ 將「FLOOR_WALL」工法複製，並貼於下方，並進入所複製出來的
「FLOOR_WALL_COPY」工法內。如圖 6-3-7。

▲圖 6-3-7

❷ 進到工法後，先在「主要」分頁中→「主要」欄位，進入「指定切削區底
面」 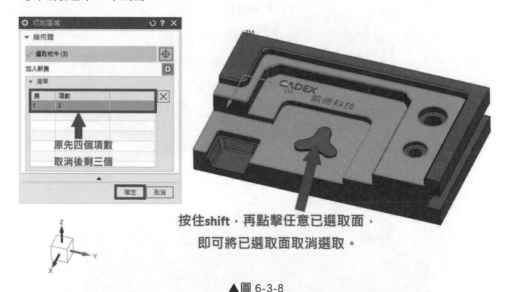 圖示，按住鍵盤「shift」將消波塊形狀的平面點擊滑鼠左鍵，即
可取消選取。如圖 6-3-8。

按住shift，再點擊任意已選取面，
即可將已選取面取消選取。

▲圖 6-3-8

❸ 確定後，在「主要」分頁中→「主要」欄位，將「最終底面餘量」及「壁
餘量」分別設置 0mm 和 0.1mm，並將「將底面延伸至」切換成無。
如圖 6-3-9。

▲圖 6-3-9

❹ 再到「刀軌設定」欄位中將「平面直徑百分比」設為 50，並把「每刀切削
深度」設為 0，並點擊 🔄 產生路徑。如圖 6-3-10。

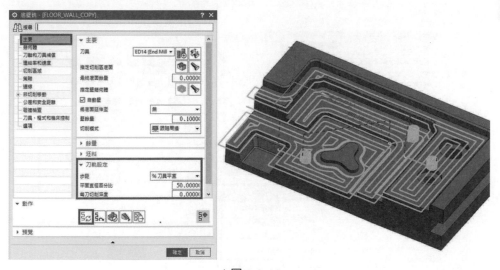

▲圖 6-3-10

❺ 此時會發現進刀為螺旋下刀,過於浪費時間,可至「策略」分頁中→「策略」欄位將「刀路方向」切換成<u>向內</u>,並點擊 📄 產生路徑。如圖 6-3-11。

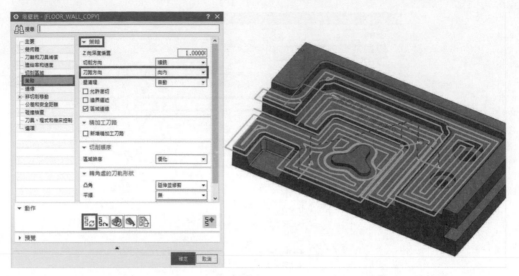

▲圖 6-3-11

❻ 確定後,在「PROGRAM」資料夾點擊滑鼠右鍵→「插入」→「工序」→再新增一個「底壁銑」工法。如圖 6-3-12。

▲圖 6-3-12

❼ 進入工法後,先在「主要」分頁中→「主要」欄位,進入「指定切削區域
底面」 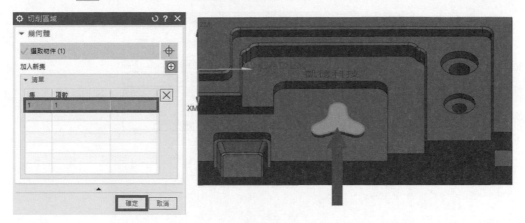 圖示,並選擇消波塊平面並按下確定。如圖 6-3-13。

▲圖 6-3-13

❽ 確定後,先在「主要」分頁中→「主要」欄位,「將底面延伸至」選擇無,
再到「坯料」欄位將「坯料」選項設定為厚度,並點擊 圖示 產生路徑。
如圖 6-3-14。

▲圖 6-3-14

❾ 可將分頁切換至「切削區域」分頁中→「切削區域」欄位的「簡化形狀」
有三種變化供使用者選擇。如圖 6-3-15、圖 6-3-16。

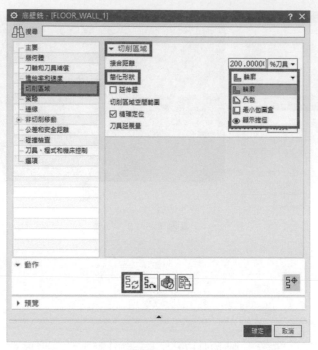

▲圖 6-3-15

輪廓

凸包

最小包圍盒

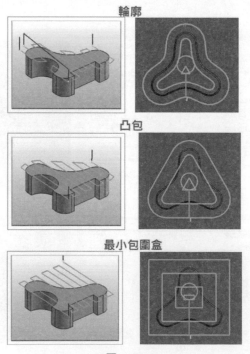

▲圖 6-3-16

學習利用底壁銑進行壁邊精修

❶ 在「PROGRAM」資料夾點擊滑鼠右鍵→「插入」→「工序」→再新增一個「底壁銑」工法。如圖 6-3-17。

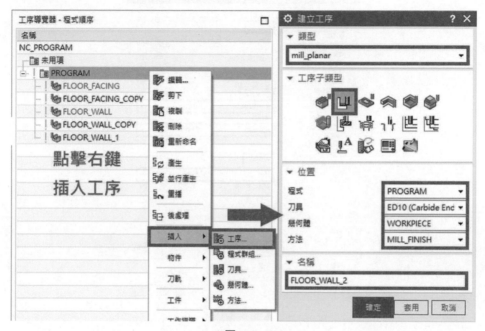

▲圖 6-3-17

❷ 進入工法後,先在「主要」分頁中→「主要」欄位,進入「指定切削區底面」 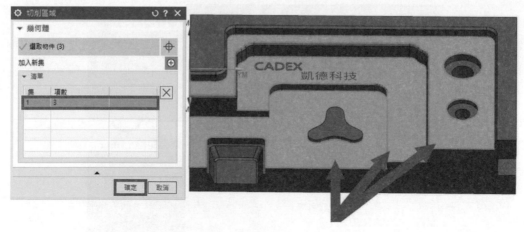 圖示,並選擇圖中區域。如圖 6-3-18。

▲圖 6-3-18

❸ 確定後,將「自動壁」勾選,且將「將底面延伸至」選擇<u>無</u>,並把「切削模式」切換成<u>輪廓</u>,「坯料」改為<u>厚度</u>,隨後點擊 🔄 產生路徑。如圖 6-3-19。

▲圖 6-3-19

❹ 底壁銑預設會將補正開啟,若無需補正可至「刀軸和刀具補償」分頁→「刀具補償」欄位中將「刀具補償位置」選擇<u>無</u>。也可以至「非切削移動」→「起點/鑽點」→「重疊距離」中設置<u>10mm</u>,使進退刀痕跡減少。如圖 6-3-20。

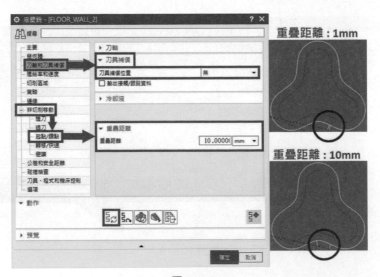

▲圖 6-3-20

6-4 腔銑加工

▌學習利用腔銑對凹槽處進行粗銑及工法內設置

❶ 在「PROGRAM」資料夾點擊滑鼠右鍵→「插入」→「工序」，選擇類型「mill_planar」，子工序選擇「腔銑 POCKETING」。如圖 6-4-1。

▲圖 6-4-1

❷ 確定後，在「主要」分頁中→「主要」欄位裡→利用「指定切削區域底面」圖示選取矩形拔模槽底面。如圖 6-4-2。

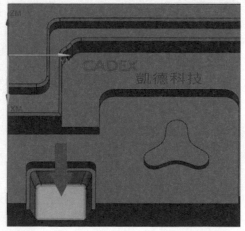

▲圖 6-4-2

❸ 把「自動壁」勾選後,將「最終底面餘量」及「壁餘量」皆預留 0.2mm, 並將「每刀切削深度」設定 1mm,點擊 產生路徑。如圖 6-4-3。

▲圖 6-4-3

❹ 產生後會發現,路徑範圍只按照所指定之底面的形狀、大小進行加工,**未 考慮壁邊大小**或**斜度變化**。如圖 6-4-4。

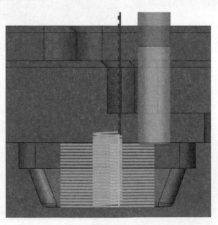

▲圖 6-4-4

❺ 可至「切削區域」分頁→「切削區域」欄位裡→「切削區域空間範圍」選項改成壁，並點擊 🔁 產生路徑。如圖 6-4-5。

▲圖 6-4-5

❻ 產生的路徑會按照壁邊的大小、形狀、斜度等進行切削，不再單純按照底面輪廓範圍。如圖 6-4-6。

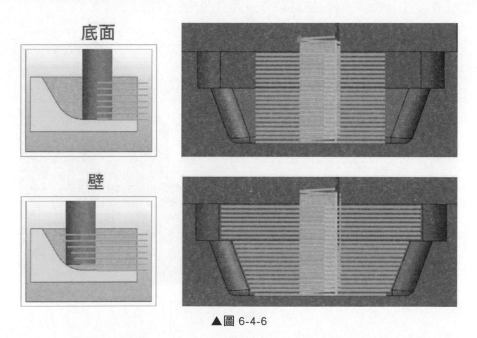

▲圖 6-4-6

學習利用腔銑進行底面精修

❶ 將上一個工法 - 腔銑「POCKETING」點擊右鍵複製並貼於下方。
如圖 6-4-7。

▲圖 6-4-7

❷ 進入「POCKETING_COPY」工法後，將「最終底面餘量」與「壁餘量」設定為 0，再到「刀軌設定」欄位將「平面直徑百分比」設定為 55，「每刀切削深度」設定為 0，並點擊 產生路徑。如圖 6-4-8。

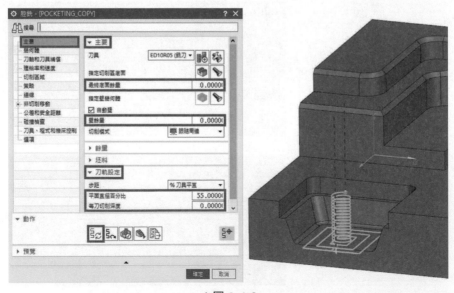

▲圖 6-4-8

❸ 將分頁切換「非切削移動」→「進刀」在「封閉區域」的欄位中,將「直徑」改成 150% 刀具直徑→「斜坡角」設定為 10 →「高度」設為 0,並點擊 🔄 產生路徑。如圖 6-4-9。

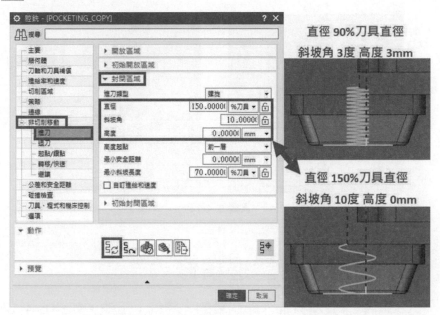

▲圖 6-4-9

❹ 也可在「轉移 / 快速」→「安全設定」欄位,將「使用繼承的」調整為「平面」,選取圖中平面並向上 3mm,最後點擊 🔄 產生路徑。
如圖 6-4-10、圖 6-4-11。

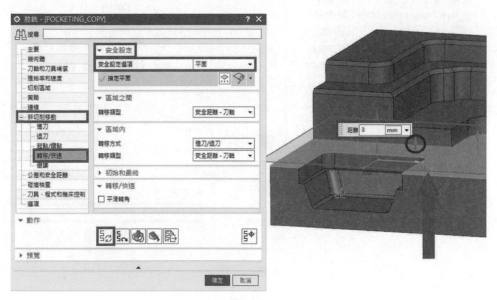

▲圖 6-4-10

使用繼承的　　　　　　　　　平面
(繼承MCS座標所設定的安全高度) (選取參照平面並自訂高度3mm)

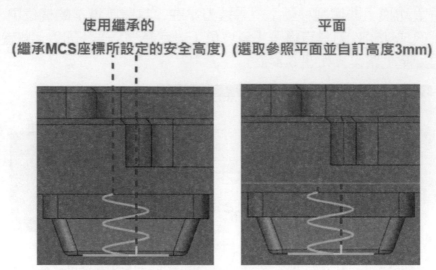

▲圖 6-4-11

學習利用腔銑進行壁邊精修

❶ 在「PROGRAM」資料夾插入一個新的「腔銑」工法。如圖 6-4-12。

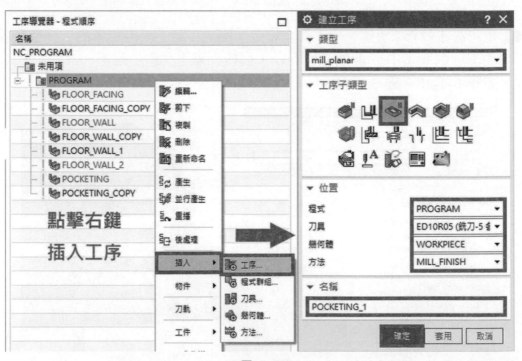

▲圖 6-4-12

❷ 進入工法,利用「指定切削區域底面」 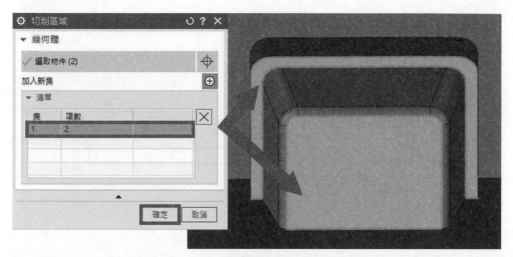 圖示選取圖中兩個平面。
如圖 6-4-13。

▲圖 6-4-13

❸ 確定後,在「主要」分頁中的「主要」欄位,將「切削模式」切換成輪廓,
並在「每刀切削深度」設定 1mm。如圖 6-4-14。

▲圖 6-4-14

❹ 再將分頁切換至「切削區域」，將「切削區域空間範圍」設置為壁，並將「精確定位」勾選，點擊 ⟳ 產生路徑。如圖 6-4-15。

▲圖 6-4-15

● 精確定位選項差異。如圖 6-4-16。

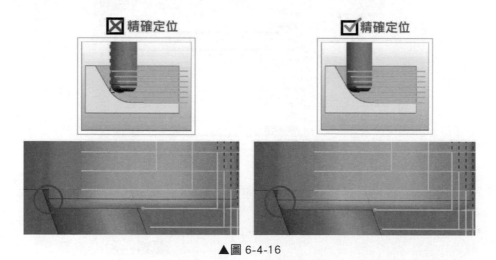

▲圖 6-4-16

❺ 也可在「轉移 / 快速」→「區域內」→「轉移類型」切換成前一個平面，並
給予 3mm 的安全高度。如圖 6-4-17。

▲圖 6-4-17

● 「不含底面的壁 2D 輪廓銑」 ◈ 及「含底面的壁 2D 輪廓銑」 ◉ 兩個工
法設定與底壁銑、腔銑相似，使用者可以試著設定看看。如圖 6-4-18。

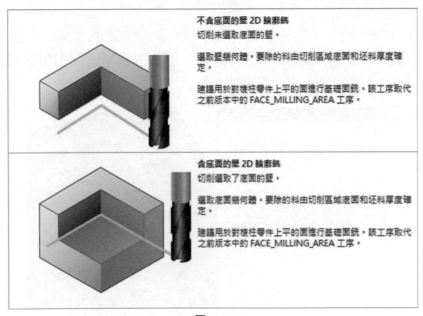

▲圖 6-4-18

6-5 切削 3D 建模倒斜角加工

學習實體倒斜角銑削加工的功能與操作

❶ 在「PROGRAM」資料夾點擊滑鼠右鍵→「插入」→「工序」，類型「mill_planar」，子類型選「切削 3D 建模倒斜角 CHAMFERING_MODELED」。如圖 6-5-1。

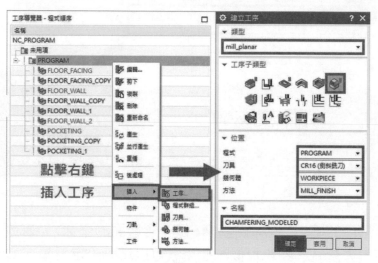

▲圖 6-5-1

❷ 進入工法後，利用「指定壁幾何體」 圖示，選取「倒斜角面」作為壁，選取不連續的斜角時需用「加入新集」 按鈕新增倒斜角的段數。如圖 6-5-2。

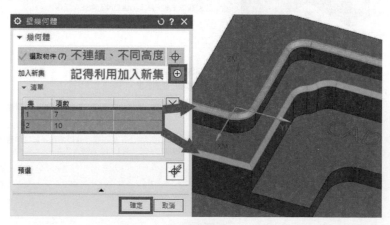

▲圖 6-5-2

● 選取面時,可以利用「面規則」篩選器快速選取有相同規則的面。
如圖 6-5-3。

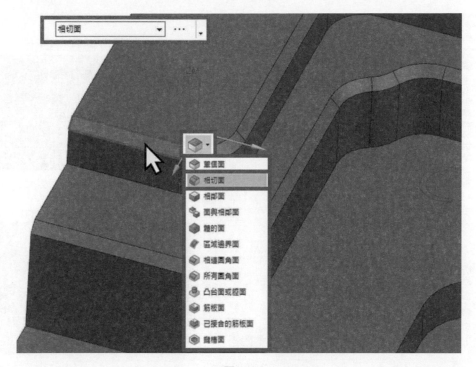

▲圖 6-5-3

❸ 在「主要」欄位中,「壁餘量」可以控制倒斜角面的預留量。如圖 6-5-4。

▲圖 6-5-4

❹ 而「主要」欄位→「Z 向深度偏置」可以設定切削時倒角刀的「刀尖」與「倒角底邊」的深度，輸入 5mm 後，點擊 🔁 產生路徑。如圖 6-5-5。

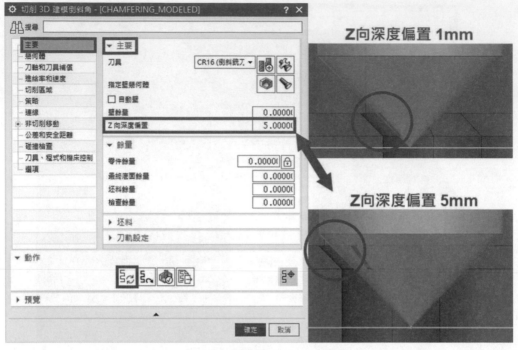

▲圖 6-5-5

❺ 將分頁切到「刀軸和刀具補償」，把「刀具補償位置」選項切換為無，並點擊 🔁 產生路徑，即可完成此工法。如圖 6-5-6。

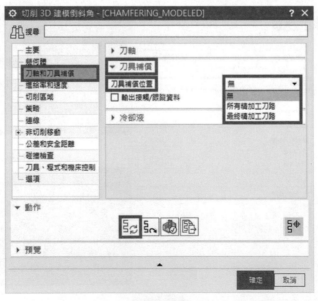

▲圖 6-5-6

6-6 平面去毛刺加工

學習平面去毛刺加工的功能與操作

❶ 在「PROGRAM」資料夾點擊滑鼠右鍵→「插入」→「工序」，類型選擇「mill_planar」，子工序選取「平面去毛刺 PLANAR_DEBURRING」。如圖 6-6-1。

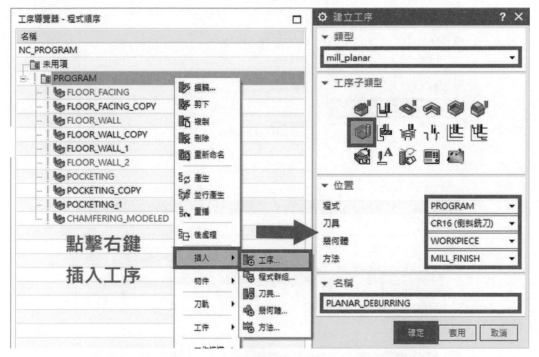

▲圖 6-6-1

❷ 點擊確定後會跳出警報，使用者可以先按下確定。如圖 6-6-2。

▲圖 6-6-2

❸ 在「檔案 (F)」欄位→「公用程式 (U)」→點擊「特徵開關 (E)」，在清單內找到「啟用平面去毛刺」，在「狀態」→「Off」的欄位點擊滑鼠右鍵，將選項選擇 On。如圖 6-6-3、圖 6-6-4。

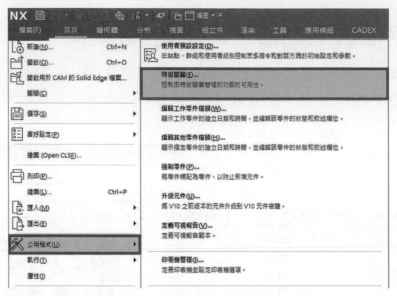

▲圖 6-6-3

▲圖 6-6-4

● 上述功能為 1926 版本之設置，NX1953 則無需設置。

❹ 設定完後再重新新增工法,並直接點擊 ⬚⬚ 產生路徑,此工法不論 3D 模型
是否有倒斜角特徵,皆會在邊上產生去毛邊路徑。如圖 6-6-5。

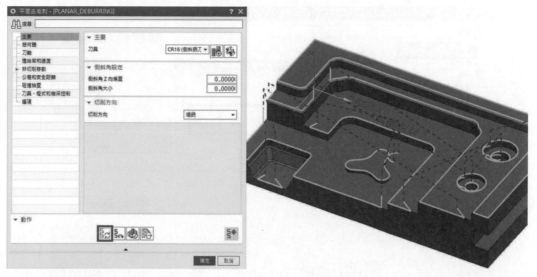

▲圖 6-6-5

❺ 可將分頁切至「幾何體」,在「選用幾何體」欄位點擊「指定切削區域」
◕ 圖示,將欲加工的區域選取。如圖 6-6-6。

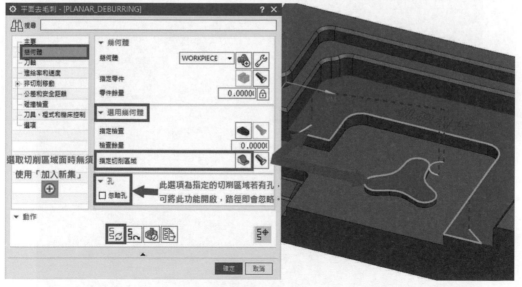

▲圖 6-6-6

❻ 再將分頁切至「主要」，在「倒斜角設定」中設定「倒斜角 Z 向偏置」2mm
及「倒斜角大小」1mm，並點擊 🔁 產生路徑。如圖 6-6-7、圖 6-6-8。

▲圖 6-6-7

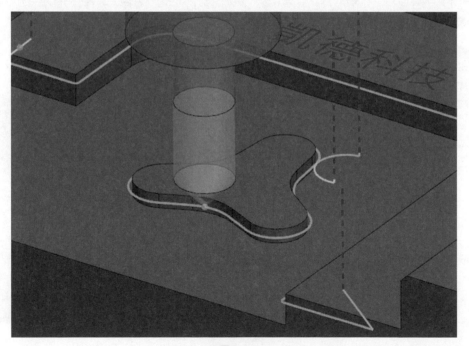

▲圖 6-6-8

6-7 槽銑削加工

學習槽銑削加工的功能與操作

❶ 在「PROGRAM」資料夾點擊滑鼠右鍵→「插入」→「工序」，類型選擇「mill_planar」，子工序選取「槽銑削 GROOVE_MILLING」。如圖 6-7-1。

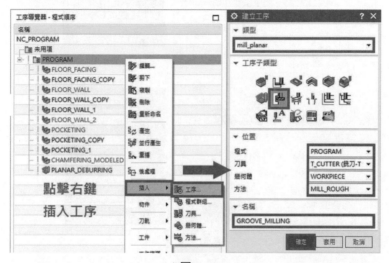

▲圖 6-7-1

❷ 確定後，點擊「指定槽幾何體」 圖示，點選槽特徵的其中一面，軟體隨即會辨識此槽特徵的尺寸，並幫使用者完成選取。如圖 6-7-2。

▲圖 6-7-2

❸ 在特徵幾何體的視窗中,「切削參數」中的「底層 / 頂層餘量」及「壁餘量」各別設置 1mm 及 0.5mm。如圖 6-7-3。

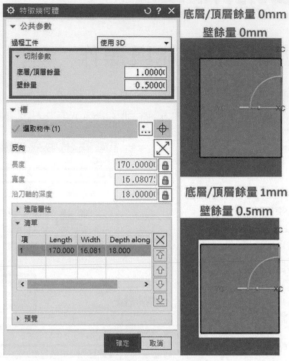

▲圖 6-7-3

❹ 確定後,在「主要」→「切削層」 ▤ 圖示中把「層排序」調整成中間層到頂層再到底層,「每刀切削深度」設定為刀路數,並在「刀路數」欄位設定 5。如圖 6-7-4。

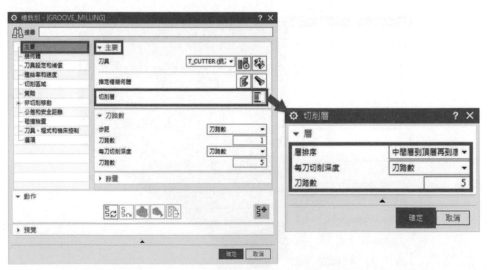

▲圖 6-7-4

❺ 「刀路數」→「步距」為設定側向分刀,可將「刀路數」設定為 3,而「每刀切削深度」則與「切削層」 ![icon] 圖示中所設置的「每刀切削深度」是一樣的,設定完後點擊 ![icon] 產生路徑。如圖 6-7-5。

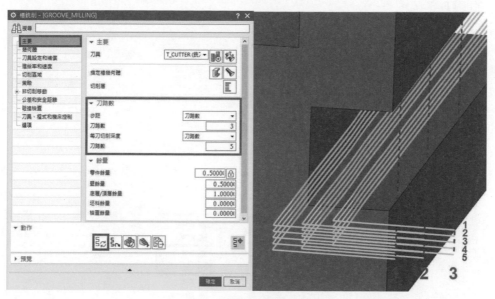

▲圖 6-7-5

❻ 而進退刀目前是轉一個 90 度進刀,可將「刀具設定和補償」中的「刀具補償位置」設定為無,並把「輸出接觸 / 跟蹤資料」取消勾選,調整完畢後點擊 ![icon] 產生路徑。如圖 6-7-6。

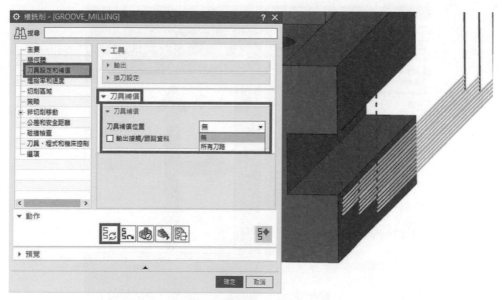

▲圖 6-7-6

槽銑削加工的精加工切削

❶ 將上一個槽銑削「GROOVE_MILLING」工法點擊滑鼠右鍵複製並貼於下方。
如圖 6-7-7。

▲圖 6-7-7

❷ 進入貼上的工法後，點擊「指定槽幾何體」 ⬚ 圖示重新選取槽特徵的其
中一個面，並將「底層/頂層餘量」及「壁餘量」皆設定為0。如圖 6-7-8。

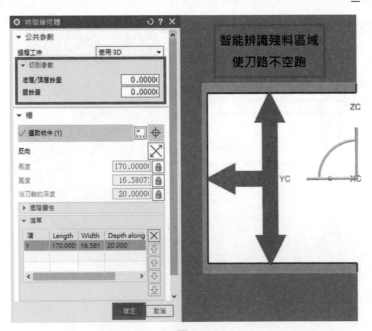

▲圖 6-7-8

❸ 確定後，在「刀路數」欄位中將「步距」→「刀路數」及「每刀切削深度」
→「刀路數」皆設定為 2，並將「餘量」欄位中的「零件餘量」設定為 0。
如圖 6-7-9。

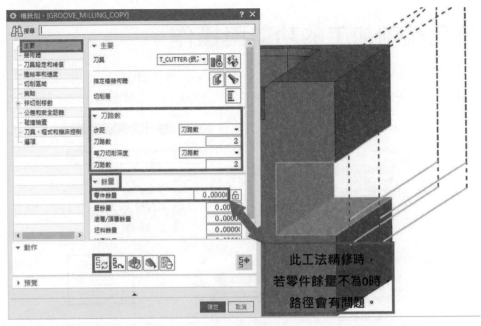

▲圖 6-7-9

❹ 在「動作」欄位中的「顯示所得的 IPW」 圖示，也可快速查看工法結
果。如圖 6-7-10。

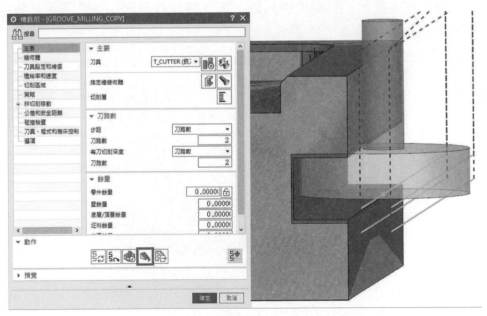

▲圖 6-7-10

孔銑削加工

學習孔銑削加工的功能與操作

❶ 在「PROGRAM」點擊滑鼠右鍵→「插入」→「工序」，類型選擇「mill_planar」，子工序選取「孔銑 HOLE_MILLING」。如圖 6-8-1。

▲圖 6-8-1

❷ 確定後，在「主要」的欄位中點擊「指定特徵幾何體」 圖示，並選取範例中兩個沉頭孔特徵。如圖 6-8-2。

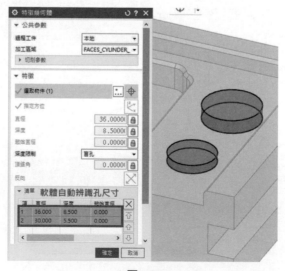

▲圖 6-8-2

❸ 在「刀軌設定」的欄位中，將「切削模式」設置為螺旋，並點擊 [🔁] 產生
路徑，即可完成頂部大徑孔銑。如圖 6-8-3。

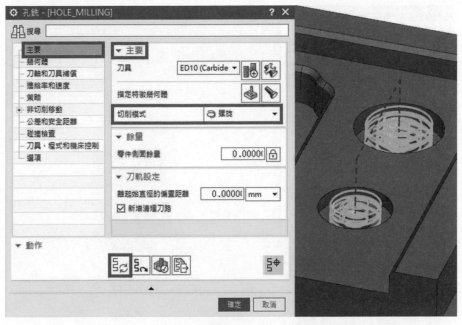

▲圖 6-8-3

❹ 將上一個孔銑「HOLE_MILLING」點擊滑鼠右鍵複製，並貼於該工法下方。
如圖 6-8-4。

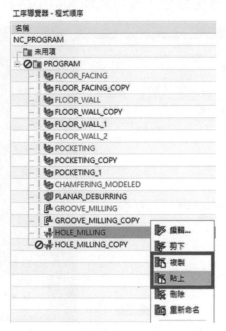

▲圖 6-8-4

221

❺ 進入工法，在「主要」欄位點擊「指定特徵幾何體」 🕹 圖示，「加工區域」換成 FACES_CYLINDER_2。如圖 6-8-5。

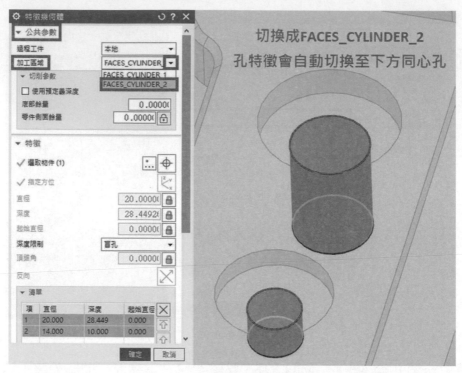

▲圖 6-8-5

❻ 確定後，點擊 🔄 產生路徑，即可完成底部小徑孔銑。如圖 6-8-6。

▲圖 6-8-6

222

❼ 計算後會發現右下角有警報,可至「公差和安全距離」分頁中,「餘隙」
欄位將「刀頸」設定為 0mm,點擊 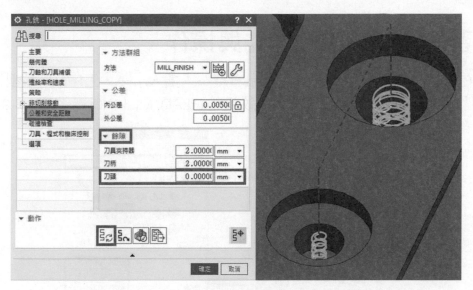 產生路徑警報即會消除。
如圖 6-8-7。

▲圖 6-8-7

❽ 此工法預設補正是**開啟的**,無須補正則到「刀軸和刀具補償」分頁,將
「刀具補償位置」選項切成無。如圖 6-8-8。

▲圖 6-8-8

● 詳細的孔銑削加工參數將於孔加工類型中介紹。

6-9 螺紋銑加工

▌學習螺紋銑加工的功能與操作

❶ 在「PROGRAM」資料夾點擊滑鼠右鍵→「插入」→「工序」，類型選「mill_planar」，子工序選「螺紋銑 THREAD_MILLING」。如圖 6-9-1。

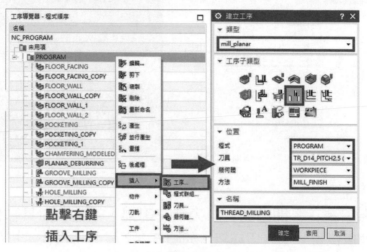

▲圖 6-9-1

❷ 在「主要」的欄位點擊「指定特徵幾何體」 圖示，並選取右上角底部小徑的孔特徵，並把「加工區域」切換為 FACES_CYLINDER_2。如圖 6-9-2。

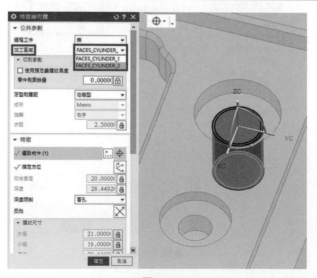

▲圖 6-9-2

❸ 確定後，將分頁切換至「策略」，在「策略」欄位中把「連續切削」勾選，並點擊 ⟳ 產生路徑，即為螺紋銑加工。如圖 6-9-3。

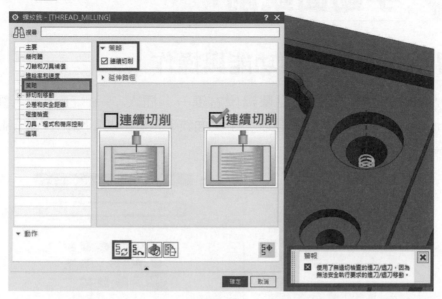

▲圖 6-9-3

❹ 計算後會發現右下角有警報，可至「公差和安全距離」分頁中，「餘隙」欄位將「刀頸」設定為 0mm，點擊 ⟳ 產生路徑警報即會消除。如圖 6-9-4。

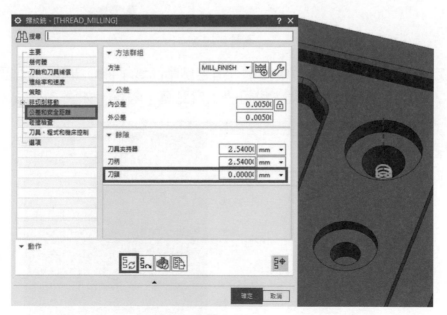

▲圖 6-9-4

● 詳細的螺紋銑加工參數將於孔加工類型中介紹。

6-10 手動面銑削

學習手動面銑削的功能與操作

❶ 在「PROGRAM」資料夾點擊滑鼠右鍵→「插入」→「工序」，類型選擇「mill_planar」，子工序選取「手動面銑 FACE_MILLING_MANUAL」。如圖 6-10-1。

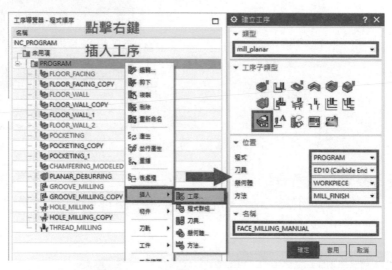

▲圖 6-10-1

❷ 確定後，在「主要」欄位中點擊「指定切削區域」🗆 圖示，選取圖中兩個面，切削的底面如有側壁，也可將「自動壁」勾選。如圖 6-10-2。

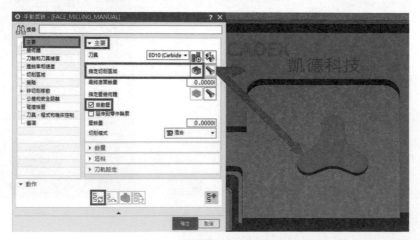

▲圖 6-10-2

226

❸ 點擊 5⟳ 按鈕產生刀軌路徑，此時會跳出手動選取切削模式的對話框，使用者可依照選取的面區域，各別進行切削模式的設定。如圖 6-10-3。

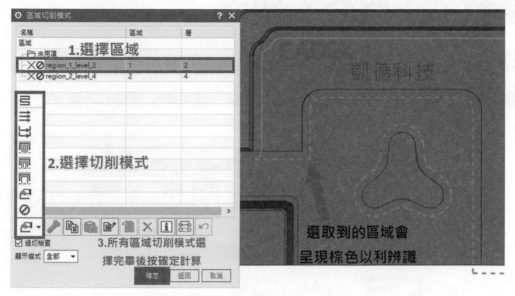

▲圖 6-10-3

❹ 將選取的兩個區域，按照順序分別設定為「往復」以及「跟隨零件」的兩種切削模式。並點擊「確定」，路徑即會生成。如圖 6-10-4。

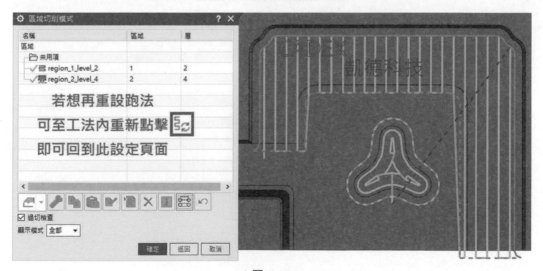

▲圖 6-10-4

6-11 平面文字加工

▌學習平面文字建立及移動擺放位置

❶ 將功能區切換至「幾何體」分頁，找到「幾何體」欄位的「點」 圖示下拉選擇，選取「註釋」指令。如圖 6-11-1。

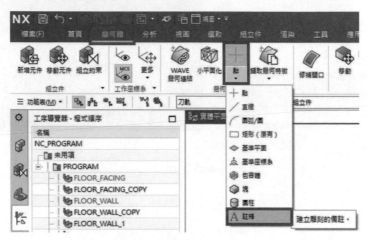

▲圖 6-11-1

❷ 進入指令後，在「文字輸入」中的「格式設定」欄位將字體調整 SERomans，下方空白處則輸入 NX CAM。如圖 6-11-2。

▲圖 6-11-2

● NX CAM 中的單線字型如下。（此表僅適用於 1926 版本）。如圖 6-11-3。

NX CAM單線字型		
blockfont	ideas_iges1001	kristen ITC
blockfont_v1	ideas_iges1002	iatin_extended
blockfont_v2	ideas_iges1003	leroy
blockmod1	ideas_ios	leroy_v2
blockvar	ideas_kanji	pwfont
cadds4	ideas_korean	schemfont
chinesef	ideas_light	SEGDT
chinesef_fs	ideas_military	SEMonotxt
chinesef_kt	ideas_new_iges1001	SERomans
chineset	ideas_new_iges1003	SESimplex
Eras Light ITC	ideas_prc	SETxt
Fastfont	ideas_roc	slimfont
Full_leroy	ideas_simplex	spocfont
ge_font5	IGES 1001	Wingdings2
ge_font6	IGES 1003	Wingdings3
helios_con_lt	ios-1	Yu Gothic
hershey-sans	ios_font	細明體
ideas_din	kanji	細明體-ExtB
ideas_greek	kanji2	微軟正黑體 Light
ideas_helvetica	korean	標楷體

▲圖 6-11-3

❸ 輸入完後，可在「設定」中點擊 圖示，在「文字參數」欄位設定「高度」8 及更改字體顏色，設定完畢後關閉。如圖 6-11-4。

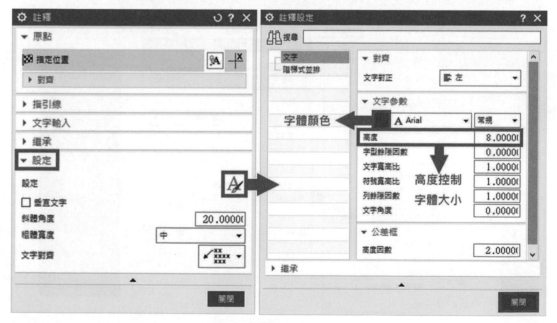

▲圖 6-11-4

❹ 關閉後，字體會吸附在滑鼠上，將字體放至圖中線段中點，若找不到中點可利用「對齊選項」⊕ 圖示中開啟。如圖 6-11-5。

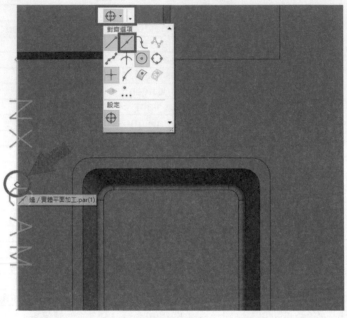

▲圖 6-11-5

❺ 點擊滑鼠左鍵將文字放置後，在「功能表」→「編輯」→「移動物件」並將文字選取。如圖 6-11-6。

● 如選不到註釋文字，請將篩選區調整為無選取篩選器或註釋。

▲圖 6-11-6

❻ 利用文字上的方向盤,滑鼠點擊「XC-YC」之間的按鈕一下,並在「角度」
欄位輸入 <u>90</u> 度並按下「套用」。如圖 6-11-7。

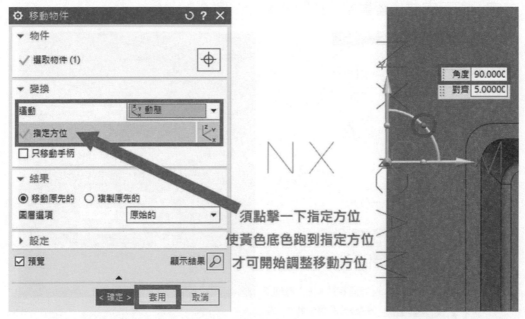

須點擊一下指定方位
使黃色底色跑到指定方位
才可開始調整移動方位

▲圖 6-11-7

❼ 套用後再重新選取文字,並點擊「YC」箭頭一下後,「距離」欄位輸入
<u>40mm</u> 後,將「結果」選項調整成「複製原先的」,並按下套用。
如圖6-11-8。

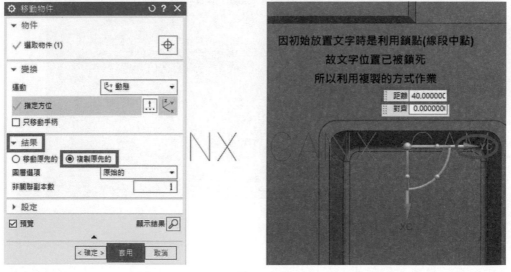

因初始放置文字時是利用鎖點(線段中點)
故文字位置已被鎖死
所以利用複製的方式作業

▲圖 6-11-8

❽ 套用後，最後再選取一次文字，並點擊「XC」箭頭一下後，「距離」欄位
輸入 <u>-20mm</u>，並將「結果」選項改回成「移動原先的」設定完後，點擊確
定，即可完成位置調整。如圖 6-11-9、圖 6-11-10。

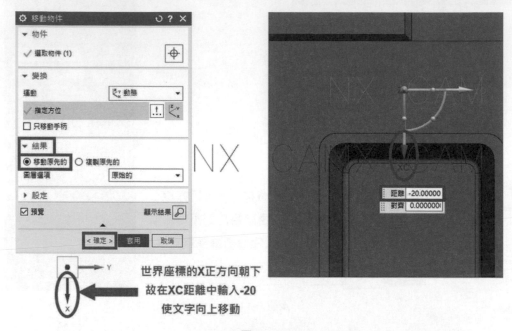

世界座標的**X**正方向朝下
故在**XC**距離中輸入**-20**
使文字向上移動

▲圖 6-11-9

選取後**Delete**即可

▲圖 6-11-10

學習平面文字加工工法的功能與操作

❶ 對「PROGRAM」資料夾點擊滑鼠右鍵→「插入」→「工序」，類型選擇「mill_planar」，子工序選取「平面文字 PLANAR_TEXT」。如圖 6-11-11。

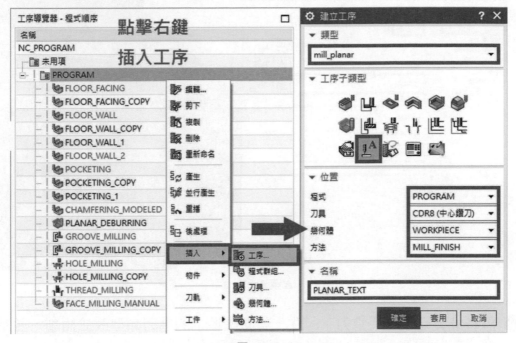

▲圖 6-11-11

❷ 進入工法後，在「主要」欄位點擊「指定製圖文字」 A 圖示，進入 A 後，將「NX CAM」選取。如圖 6-11-12。

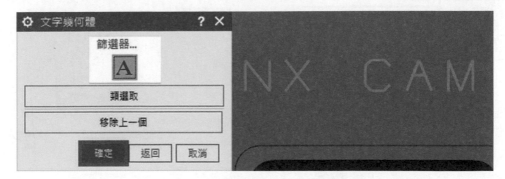

▲圖 6-11-12

❸ 確定後,利用「指定底面」 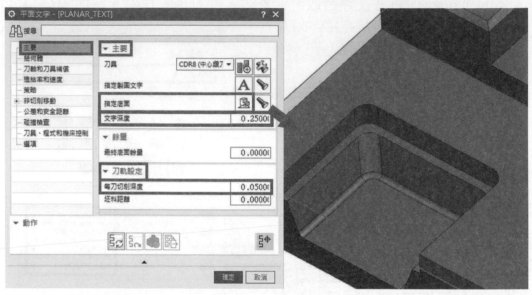 圖示,選取放置文字的平面,在「文字深度」欄位設定 0.25mm,也可在「刀軌設定」的欄位將「每刀切削深度」設定 0.05mm。如圖 6-11-13。

▲圖 6-11-13

❹ 再將分頁切換至「進刀」,在「封閉區域」的進刀類型改成插削,並點擊 產生路徑。如圖 6-11-14。

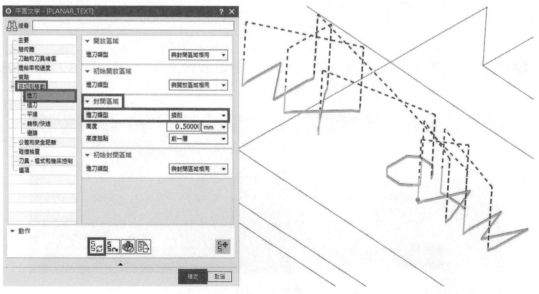

▲圖 6-11-14

6-12 平面輪廓銑加工

▌學習平面輪廓銑加工的功能與操作 (2D 線段加工)

此工法可使用 3D 實體邊線加工，亦可認 2D Auto CAD 線段加工

▌開啟非 NX 檔案類型操作

❶ 在「首頁」→「開啟」→「NX CAM 三軸課程」→「第 6 章」→「2D 輪廓加工.dwg」→「OK」。如圖 6-12-1。

● 開啟非 NX 檔案，需在「檔案類型 (T)」中去篩選檔案格式，或直接選擇「所有檔案 (*.*)」。

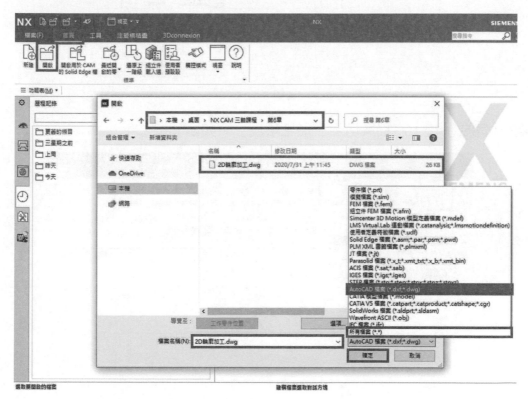

▲圖 6-12-1

❷ 「OK」後會跳出轉檔選項設定，使用者可依照需求調整選項，亦可利用「預覽」查看檔案，設定完後點擊完成。如圖 6-12-2。

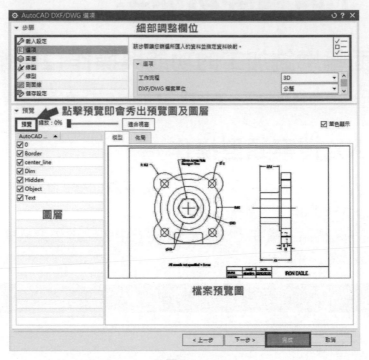

▲圖 6-12-2

❸ 「完成」後，將檔案切至「加工環境」。如圖 6-12-3。

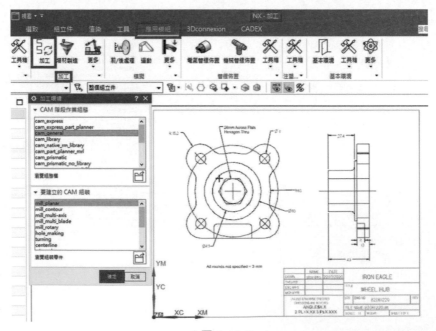

▲圖 6-12-3

幾何視圖設定 -MCS_MAIN

❶ 將視圖切至「幾何視圖」，進入 MCS_MAIN 設置加工座標。如圖 6-12-4。

1為G54
2為G55
以此類推

▲圖 6-12-4

❷ 將座標放置俯視圖中六角形的「內切圓」中心。如圖 6-12-5。
  ● 抓取圓心技巧：可點擊圓或圓弧線段，系統會自動判定抓取圓心。
  ● 若抓不到關鍵點可查看「抓點」→「圓弧中心」功能是否開啟。

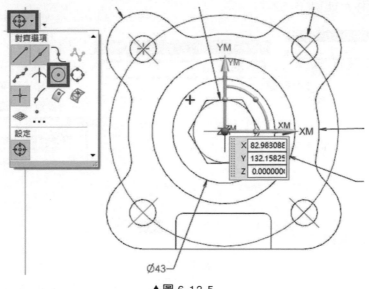

▲圖 6-12-5

❸ 左鍵點擊一下「ZM」方向的箭頭,並在「距離」輸入 43mm。如圖 6-12-6。

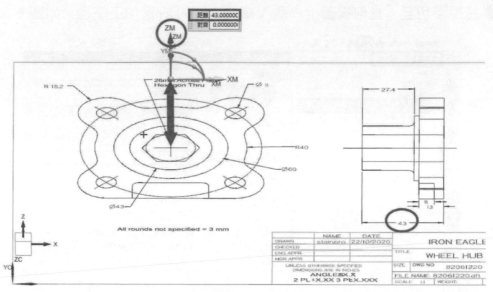

▲圖 6-12-6

幾何體設定 -WORKPIECE

❶ 如須使用工法內「3D 動態」進行殘料模擬動畫,必須在「WORKPIECE」中設定「坯料」,但因此範例是「2D 線架構圖檔」,故無法指定「零件」,在沒有指定零件情況下,「指定坯料」中的包容塊、包容圓柱體…等等將不能使用。如圖 6-12-7。

▲圖 6-12-7

❷ 可將功能區切至「幾何體」分頁→「幾何體」欄位中→「點」下拉→「圓柱」，利用此功能製作坯料。如圖 6-12-8。

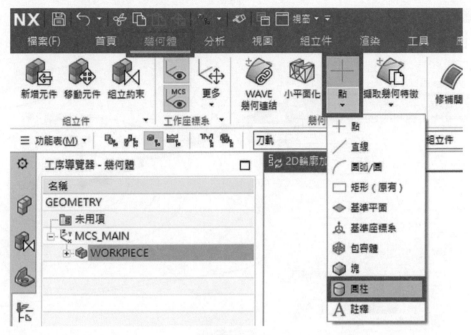

▲圖 6-12-8

❸ 進入「圓柱」功能後，方法選用「軸、直徑和高度」，而「指定向量」選擇 Z 軸朝上。如圖 6-12-9。

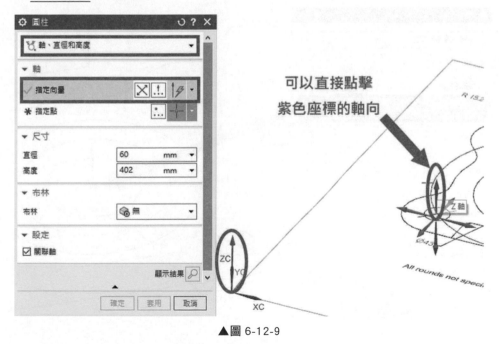

▲圖 6-12-9

❹ 設定完向量後,手動點擊「指定點」欄位,並利用「自動判斷點」選取六角形內切圓心上。如圖 6-12-10。

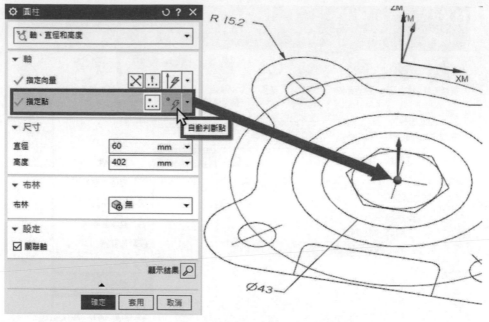

▲圖 6-12-10

❺ 在下方「尺寸」欄位「直徑」給予 130mm、「高度」給予 43mm,設定完後可利用 🔍 圖示查看設定結果,沒問題即可按確定。如圖 6-12-11。

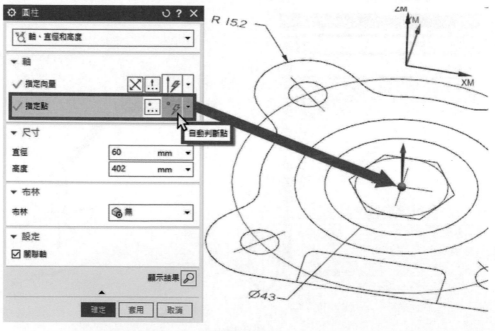

▲圖 6-12-11

❻ 確定後即可回到「WORKPIECE」中利用「指定坯料」 圖示→「幾何體」
將剛所繪製出的圓柱選取起來，並按下確定，即可完成 WORKPIECE 設定。
如圖 6-12-12。

▲圖 6-12-12

圖層設定

❶ 將功能區分頁切到「視圖」，在「層」的欄位中點選「移動至圖層」，並
將剛所繪製的圓柱點選後按「確定」。如圖 6-12-13。

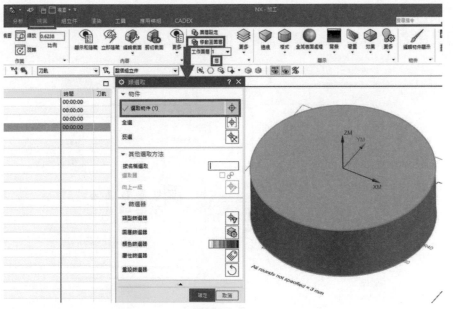

▲圖 6-12-13

❷ 確定後，在「目標圖層或類別」輸入 <u>256</u>，並點擊確定，即可完成移動。如圖 6-12-14。

▲圖 6-12-14

刀具設定

❶ 將視圖切換為「機床視圖」，在「GENERIC_MACHINE」點擊滑鼠右鍵→「插入」→「刀具」，選擇類型「mill_planar」，子類型選取「MILL」，刀具命名「ED30」後點擊確定。如圖 6-12-15。

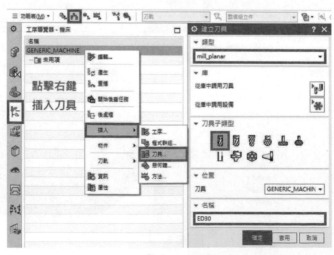

▲圖 6-12-15

❷ 確定後,在「直徑」輸入 30,並點擊確定。如圖 6-12-16。

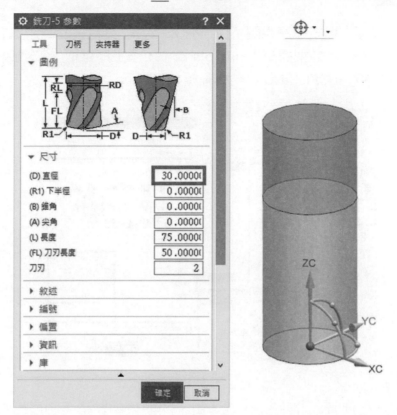

▲圖 6-12-16

❸ 再按照上述步驟建立一把 ED10、一把 ED6 的端銑刀。如圖 6-12-17。

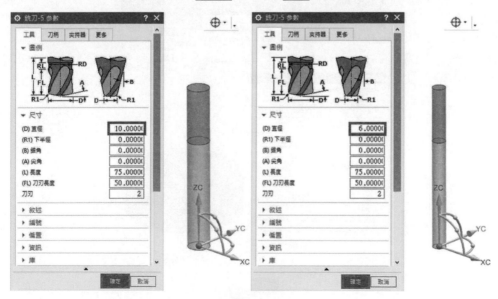

▲圖 6-12-17

工序設定

❶ 將視圖切換至「程式順序視圖」在「PROGRAM」資料夾點擊滑鼠右鍵→「插入」→「工序」，類型選擇「mill_planar」，子工序選取「2D 線架構平面輪廓銑 PLANAR_PROFILEING」。如圖 6-12-18。

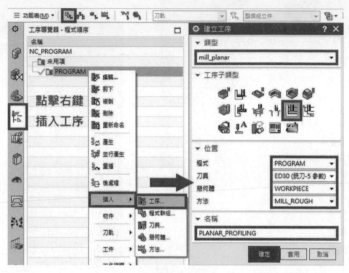

▲圖 6-12-18

❷ 將功能區分頁切到「視圖」，在「層」的欄位中點選「圖層設定」，並將剛剛的 256 圖層打勾重新顯示。如圖 6-12-19。

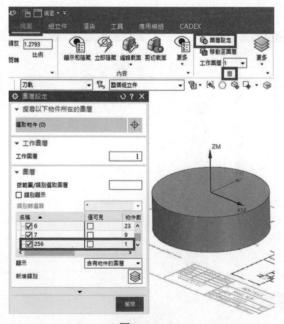

▲圖 6-12-19

❸ 關閉後回到工法中,先將分頁切至「幾何體」並點擊「指定坯料邊界」 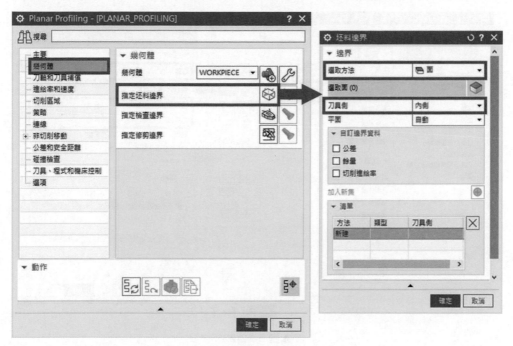 圖示,「選取方法」切為面,「刀具側」切換成內側。如圖 6-12-20。

▲圖 6-12-20

❹ 設定完後,點選圓柱最高平面,將「平面」選項調為指定,將「指定平面」選取類型改成自動判斷再點擊圓柱最高平面後按下確定。如圖 6-12-21。

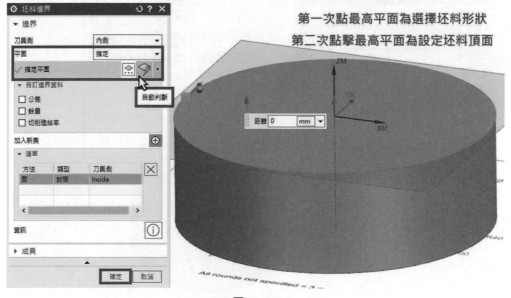

▲圖 6-12-21

❺ 將分頁切回「主要」，點擊「指定零件邊界」 📦 圖示，「選取方式」改為曲線，「邊界類型」改為封閉，「刀具側」改為外側。如圖 6-12-22。

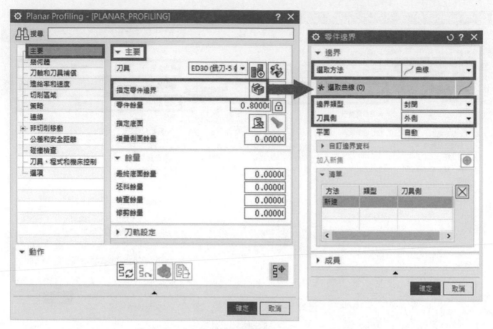

▲圖 6-12-22

❻ 設定完成後，選取下圖曲線時，可以將 「曲線規則」調整成相切曲線，使線段能快速全部選取。如圖 6-12-23。

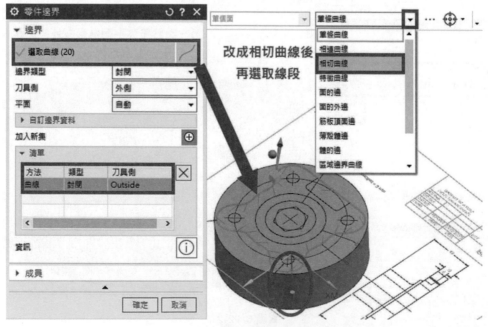

▲圖 6-12-23

❼ 將「平面」切換成指定，點擊為坯料最高平面。如圖 6-12-24。

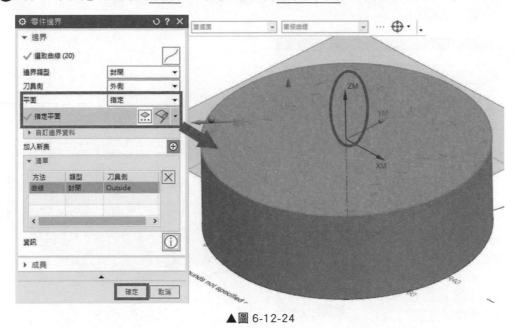

▲圖 6-12-24

❽ 確定後，點擊「指定底面」 🔲 圖示，選擇模式為自動判斷，平面選取為坯料底面。如圖 6-12-25。

▲圖 6-12-25

❾ 在「刀軌設定」,「公共」設定 1mm,點擊 ⬒ 按鈕產生路徑,即可完成分層。如圖 6-12-26。

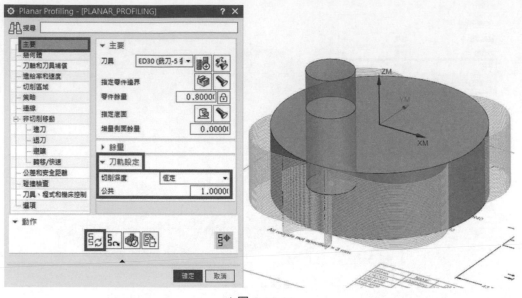

▲圖 6-12-26

● 分層可以成功是因為「指定底面」與「指定零件邊界」的**平面**有**高低落差**,但因指定零件邊界的平面預設是自動,常常會抓取曲線所在高度,故當曲線所在高度與指定底面高度一致,分層則會失效。如圖 6-12-27。

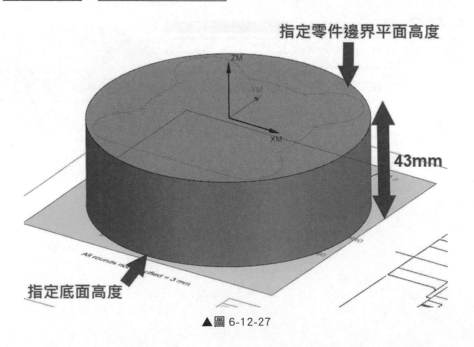

▲圖 6-12-27

⑩ 將坯料利用「圖層設定」隱藏後,回到工法中在「動作」欄位點擊「確認」
圖示,並使用「3D 動態」,點擊 ▶ 按鈕即可觀察殘料切削。
如圖 6-12-28。

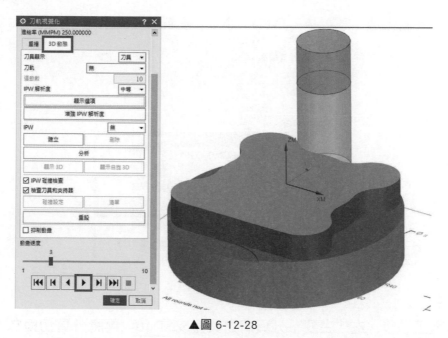

▲圖 6-12-28

●「WORKPIECE」中,若沒有「指定坯料」,則無法利用「3D 動態」查看
殘料切削。如圖 6-12-29。

▲圖 6-12-29

2D 線架構平面輪廓銑細部設定 - 邊界封閉的刀具側的內側 / 外側

❶ 將上一個工法「PLANAR_PROFILING」複製並貼於下方。如圖 6-12-30。

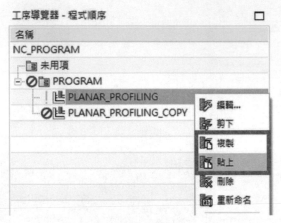

▲圖 6-12-30

❷ 進入工法後,在「主要」分頁將刀具換成 ED10,再將分頁切換為「公差和安全距離」,並把方法換成 MILL_FINISH。如圖 6-12-31。

▲圖 6-12-31

❸ 將分頁切回「主要」,點擊「指定零件邊界」 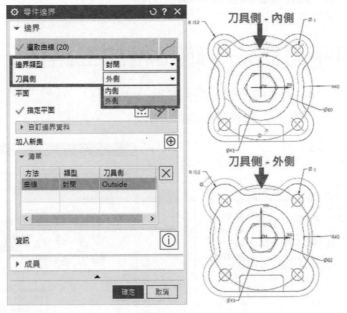 圖示,「邊界類型」若選擇封閉,下方「刀具側」選項則會變成內側與外側。如圖 6-12-32。

▲圖 6-12-32

❹ 此工法補正預設是開啟的,若無需補正則至「刀軸和刀具補償」分頁,將補正關閉。如圖 6-12-33。

▲圖 6-12-33

251

6-13 平面銑加工

學習利用平面銑法，跑出粗加工路徑

❶ 在「PROGRAM」資料夾點擊滑鼠右鍵→「插入」→「工序」，類型「mill_planar」，子工序「平面銑 PLANAR_MILL」。如圖 6-13-1。

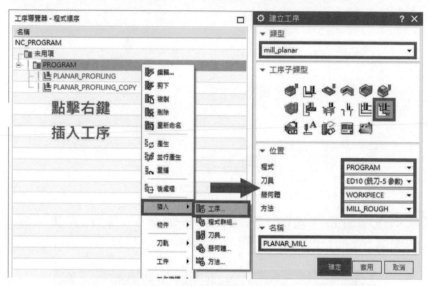

▲圖 6-13-1

❷ 進入工法後，點選「指定底面」 🖳 圖示，將選取方式從「自動判斷」切換成XC-YC 平面，並輸入13.2mm後，按下確定。如圖 6-13-2。

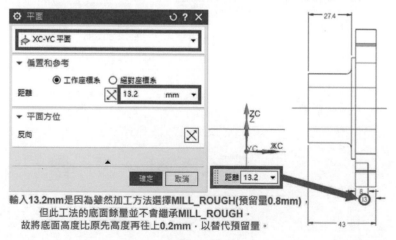

輸入13.2mm是因為雖然加工方法選擇MILL_ROUGH(預留量0.8mm)，
但此工法的底面餘量並不會繼承MILL_ROUGH，
故將底面高度比原先高度再往上0.2mm，以替代預留量。

▲圖 6-13-2

❸ 確定後，點擊「指定零件邊界」 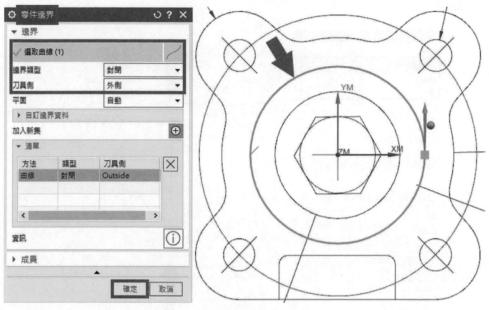 圖示，「選取方式」改成曲線，選擇
內部大徑圓輪廓，「刀具側」為外側。如圖 6-13-3。

▲圖 6-13-3

❹ 「平面」欄位切換為指定，選取方式切為「XC-YC 平面」 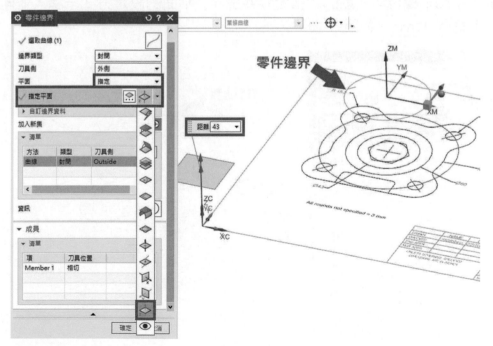 圖示，並向上
輸入 43mm。如圖 6-13-4。

▲圖 6-13-4

❺ 確定後，將工法分頁切換為「幾何體」，點擊「指定坯料邊界」 按鈕，「選取方式」調為曲線，將外形曲線選取，並將「刀具側」設為內側。如圖 6-13-5。

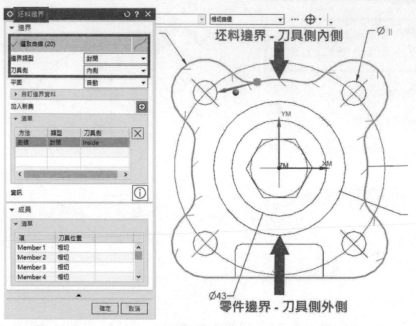

▲圖 6-13-5

❻ 「平面」欄位與剛剛的「指定零件邊界」平面的設定方式一樣，並同樣向上輸入 43mm。如圖 6-13-6。

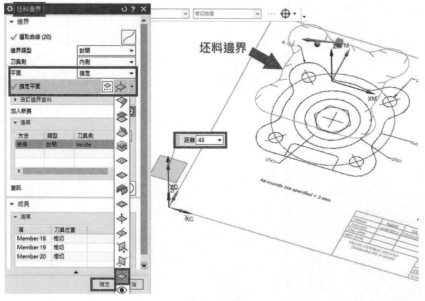

▲圖 6-13-6

❼ 確定後，切回「主要」分頁後，在「主要」欄位中將「切削模式」改為跟隨周邊，而在「刀軌設定」欄位中設置「公共」1mm，並點擊 🔁 按鈕產生路徑。如圖 6-13-7。

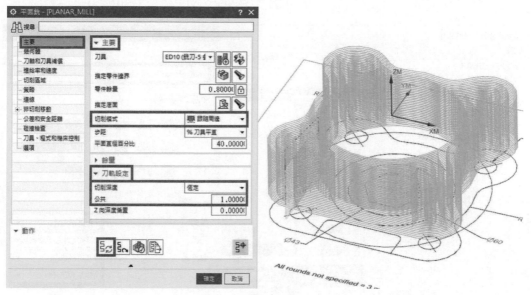

▲圖 6-13-7

❽ 若進刀不想由內朝外螺旋下刀，可在「策略」分頁，將「刀路方向」改成向內。如圖 6-13-8。

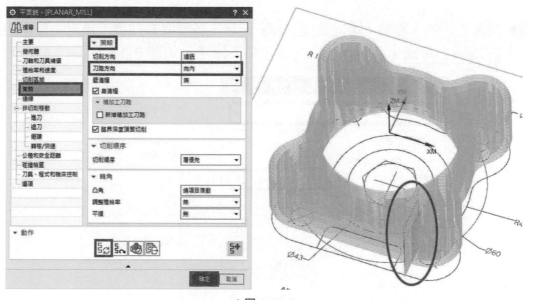

▲圖 6-13-8

255

學習利用平面銑精修平面

❶ 在「PROGRAM」資料夾滑鼠點擊右鍵→「插入」→「工序」，類型選擇「mill_planar」，子工序「平面銑 PLANAR_MILL」。如圖 6-13-9。

▲圖 6-13-9

❷ 進入工法後，點選「指定底面」 圖示，將選取方式從「自動判斷」切換成 XC-YC 平面，並輸入 13mm 後，按下確定。如圖 6-13-10。

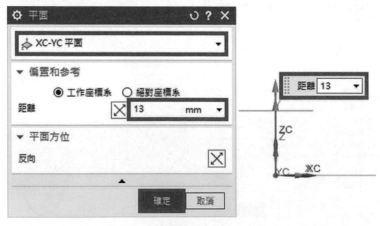

▲圖 6-13-10

❸ 確定後，點擊「指定零件邊界」 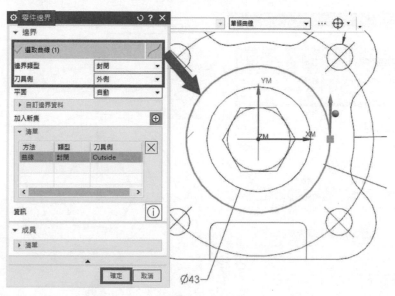 圖示，「選取方式」改為曲線，將內部
大徑圓輪廓選取，「刀具側」設為外側。如圖 6-13-11。

▲圖 6-13-11

❹ 確定後，點擊 按鈕產生刀軌路徑，此時會跳警報。如圖 6-13-12。
- 刀具側在內，圓形輪廓內有範圍，故能生成路徑。
- 刀具側在外，圓形輪廓外範圍無限大，故無法生成路徑。

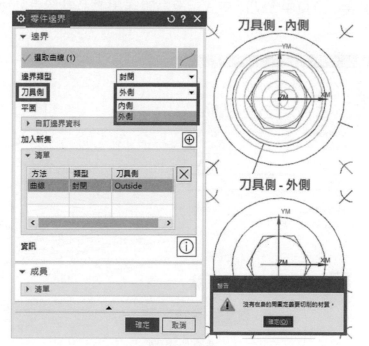

▲圖 6-13-12

❺ 此時可以利用「幾何體」分頁中的「指定坯料邊界」 ⊗ 圖示來設定坯料邊界，使零件邊界及坯料邊界能圍成一個有限範圍。如圖 6-13-13。

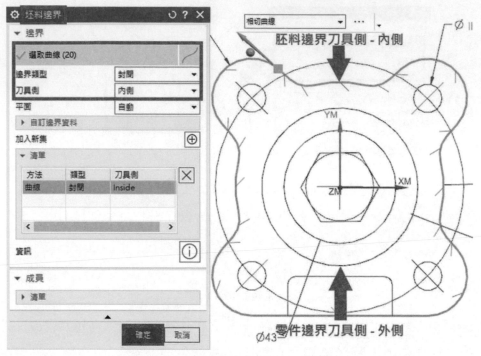

▲圖 6-13-13

❻ 回到「主要」分頁中「切削模式」改為跟隨周邊並點擊 🔄 按鈕產生路徑。如圖 6-13-14。

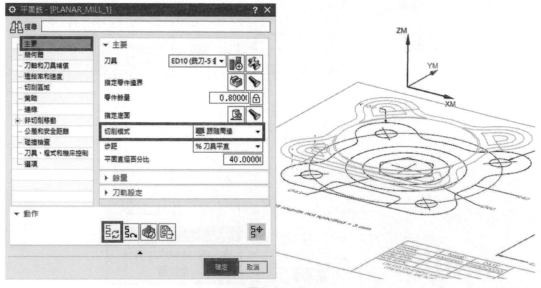

▲圖 6-13-14

平面銑細部設定

切削模式與選取線段技巧

❶ 在「PROGRAM」點擊滑鼠右鍵→「插入」→「工序」，類型選擇「mill_planar」，子工序「平面銑 PLANAR_MILL」。如圖 6-13-15。

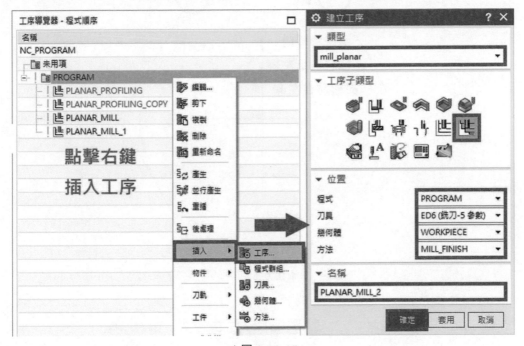

▲圖 6-13-15

❷ 進入工法後，點選「指定底面」 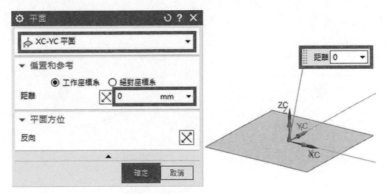 圖示，將選取方式從「自動判斷」切換成 XC-YC 平面後，按下確定。如圖 6-13-16。

▲圖 6-13-16

❸ 點擊「指定零件邊界」 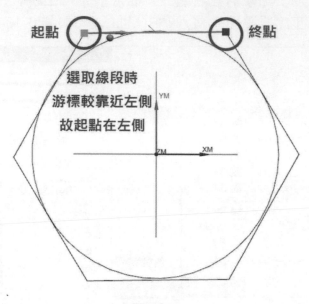 圖示,「選取方式」切為曲線,選取六角形邊,
選取時滑鼠游標靠近的端點為「起點」,「綠色方框」為起點,「紅色方
框」為終點,**點選時的方向或順序若錯誤會導致路徑形狀異變**。
如圖 6-13-17、圖 6-13-18。

▲圖 6-13-17

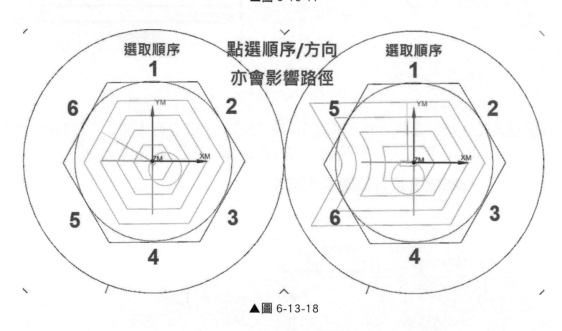

▲圖 6-13-18

❹ 正確的選取完線段後，「刀具側」設定<u>內側</u>，按下確定。如圖 6-13-19。

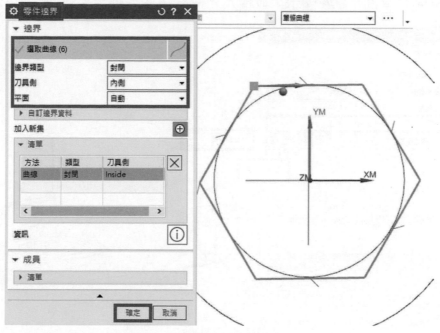

▲圖 6-13-19

❺ 在「主要」欄位，將「切削模式」切換成<u>輪廓</u>，並在下方「刀軌設定」欄位中「切削深度 – 恆定」設定「公共」<u>1mm</u>，最後透過 按鈕產生刀軌路徑。如圖 6-13-20。

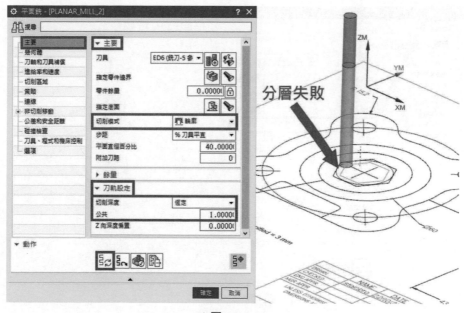

▲圖 6-13-20

❻ 回到「指定零件邊界」 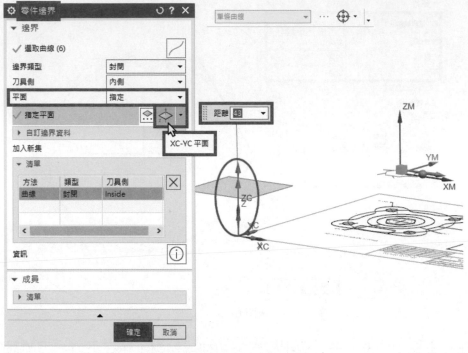 圖示，「平面」的欄位切為指定，選取方式切成
「XC-YC 平面」 ◇ 圖示，並輸入 43mm 後按下確定。如圖 6-13-21。

▲圖 6-13-21

❼ 點擊 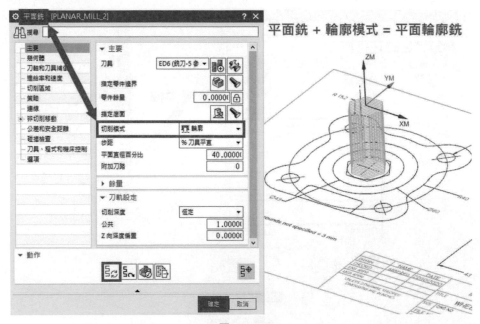 按鈕產生路徑，其結果與「平面輪廓銑」雷同。如圖 6-13-22。

平面銑 + 輪廓模式 = 平面輪廓銑

▲圖 6-13-22

平面銑細部設定

封閉區域選取線段小技巧

❶ 在「PROGRAM」資料夾點擊滑鼠右鍵→「插入」→「工序」，類型「mill_planar」，子工序「平面銑 PLANAR_MILL」。如圖 6-13-23。

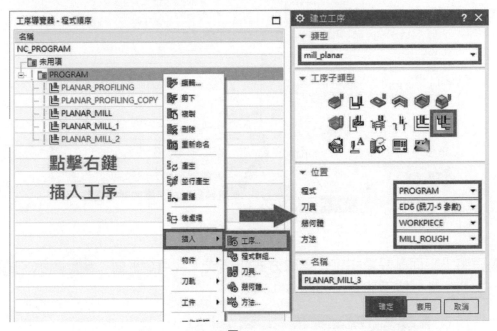

▲圖 6-13-23

❷ 進入工法後，點選「指定底面」 🖳 圖示，將選取方式從「自動判斷」切換成 XC-YC 平面後，並往上移動 5mm，按下確定。如圖 6-13-24。

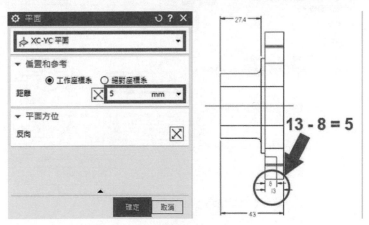

▲圖 6-13-24

❸ 確定後,點擊「指定零件邊界」 🖽 圖示,「選取方式」切為曲線,選取冂字型邊,「邊界類型」使用封閉,而「刀具側」為內側。如圖 6-13-25。

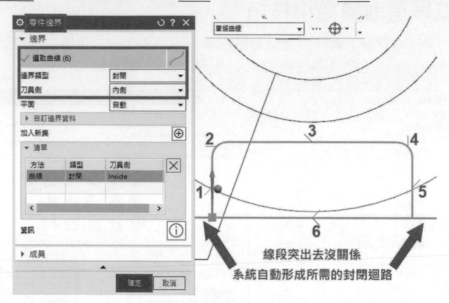

▲圖 6-13-25

❹ 再將「平面」設置指定,選取方式切換成「XC-YC 平面」 ◇ 圖示,並輸入 13mm 後,按下確定。如圖 6-13-26

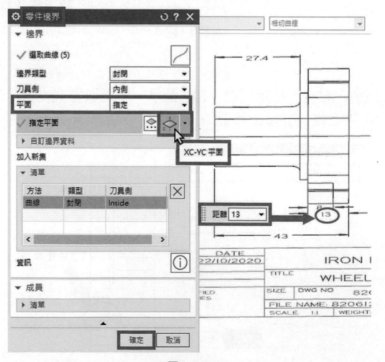

▲圖 6-13-26

❺ 確定後，在「主要」→「切削模式」選擇跟隨周邊，「平面直徑百分比」輸入 50%，最後在「刀軌設定」→「公共」輸入 1mm，並點擊 按鈕產生路徑。如圖 6-13-27。

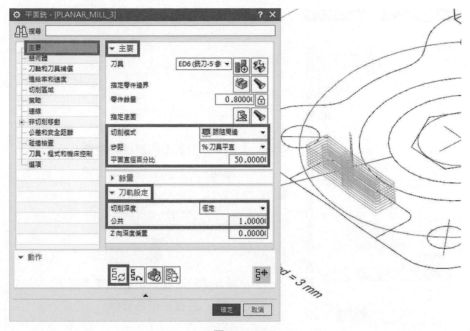

▲圖 6-13-27

❻ 利用「動作」→「確認」→「3D 動態」播放後，會發現**粗銑不完全**。如圖 6-13-28。

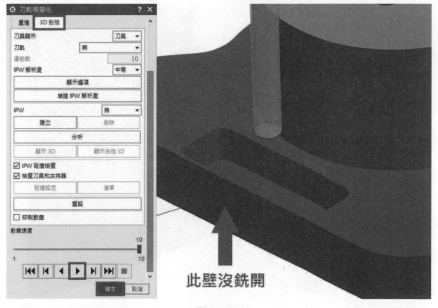

此壁沒銑開

▲圖 6-13-28

❼ 確定後，回到「指定零件邊界」 圖示，在下方的「成員」→「清單」內有所選取的 6 條線段，點選「Member 6」，並於上方「刀具位置」將選項改為**開**。如圖 6-13-29。

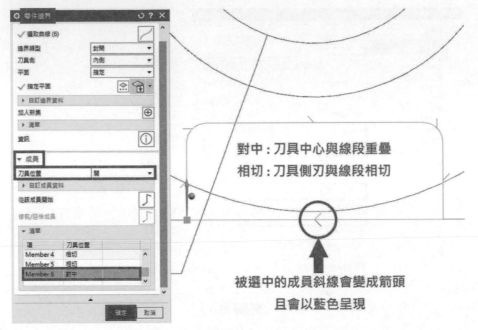

對中：刀具中心與線段重疊
相切：刀具側刃與線段相切

被選中的成員斜線會變成箭頭
且會以藍色呈現

▲圖 6-13-29

❽ 確認後，點擊 按鈕產生路徑，並再次利用「3D 動態」查看殘料結果。如圖 6-13-30。

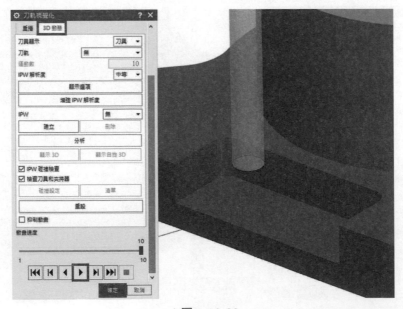

▲圖 6-13-30

266

❾ 而「底面餘量」也可以利用「主要」→「餘量」→「最終底面餘量」設定 0.2mm，效果與將「指定底面」高度進行預留一致。如圖 6-13-31。

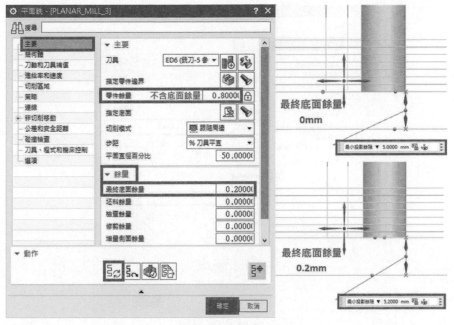

▲圖 6-13-31

開放邊界運用與路徑延伸技巧

❶ 將上個工法「PLANAR_MILL_3」複製並貼於此工法下方。如圖 6-13-32。

▲圖 6-13-32

267

❷ 進入工法後，將「零件餘量」與「最終底面餘量」皆設定為 0mm，並把「切削模式」改為輪廓。如圖 6-13-33。

▲圖 6-13-33

❸ 隨後進入「指定零件邊界」 圖示，將原先的邊界刪除。如圖 6-13-34。

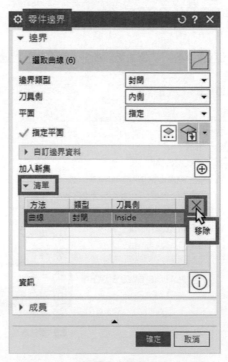

▲圖 6-13-34

❹ 利用「曲線」方式選擇∏字形輪廓,「邊界類型」改成開放,此時「刀具側」選擇右側。如圖 6-13-35。

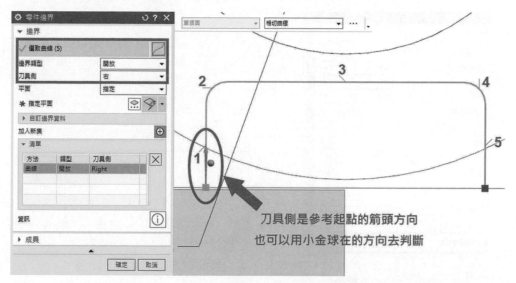

刀具側是參考起點的箭頭方向
也可以用小金球在的方向去判斷

▲圖 6-13-35

❺「平面」一樣利用「XC-YC 平面」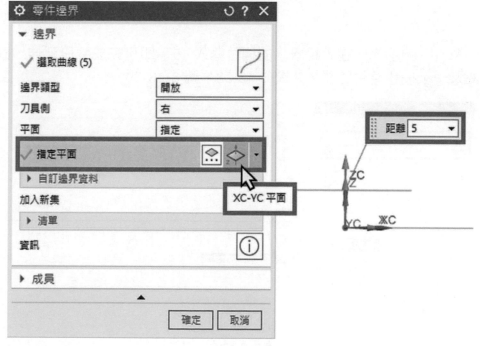 圖示向上設定 5mm。如圖 6-13-36。

▲圖 6-13-36

❻ 下方的「成員」欄位中「清單」點擊成員後，可以利用 ♪ 圖示去修剪 / 延伸成員線段，使路徑進行延伸。如圖 6-13-37。

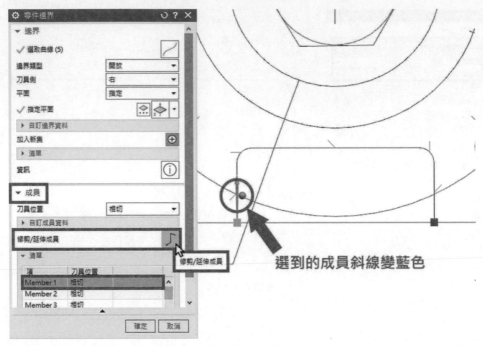

選到的成員斜線變藍色

▲圖 6-13-37

❼ 點擊 ♪ 圖示後，在「距離」的欄位輸入 15，即可完成線段延伸，確定後點擊 按鈕產生路徑。如圖 6-13-38、圖 6-13-39。

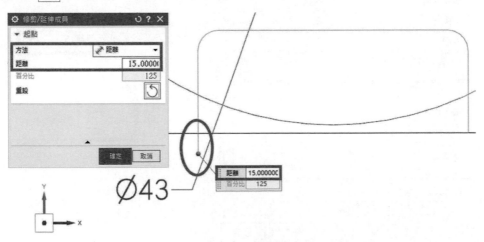

Ø43

▲圖 6-13-38

270

延伸前

延伸後

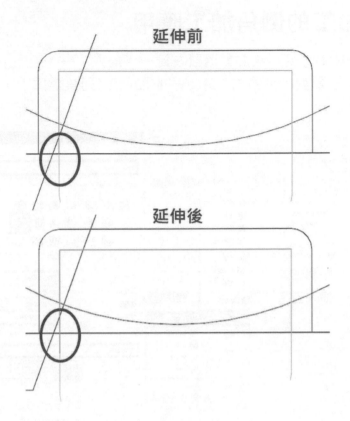

▲圖 6-13-39

❽ 再點擊成員 5（Member5），將其也進行延伸至 15。如圖 6-13-40。

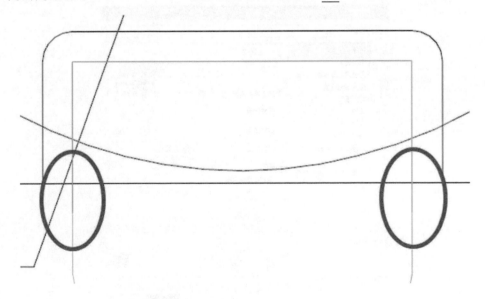

▲圖 6-13-40

平面銑加工的倒角加工應用

❶ 在「PROGRAM」資料夾點擊滑鼠右鍵→「插入」→「工序」，類型「mill_
planar」，子類型「平面銑 PLANAR_MILL」，刀具選擇「NONE」。
如圖 6-13-41。

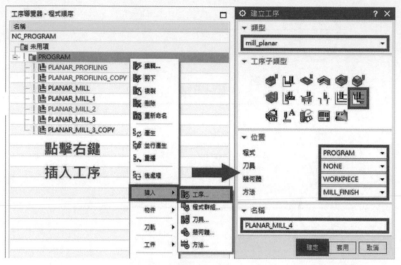

▲圖 6-13-41

❷ 進入工法後，在「主要」→「刀具」欄位點擊新增 圖示進行刀具新增。
如圖 6-13-42。

▲圖 6-13-42

❸ 「類型」選擇 <u>mill_planar</u>，「子類型」選擇 <u>CHAMFER_MILL</u>(倒斜銑刀)。
如圖 6-13-43。

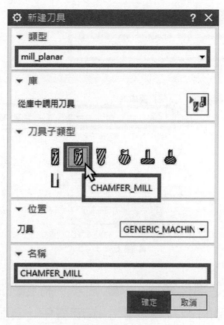

▲圖 6-13-43

❹ 「直徑」設定 <u>10</u>，「倒斜角長度」設定 <u>5</u>，按下確定。如圖 6-13-44。

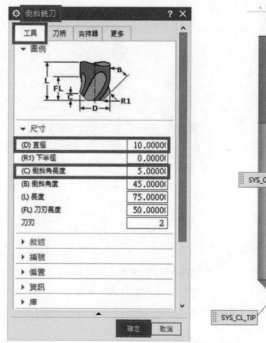

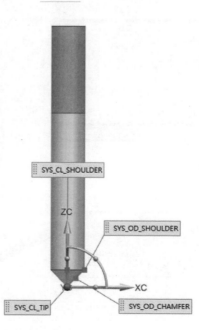

▲圖 6-13-44

❺ 在「主要」分頁中設定「指定底面」 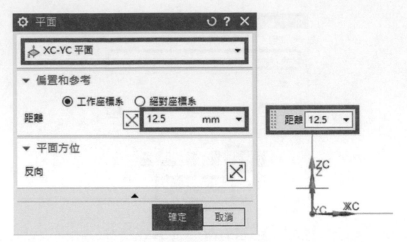圖示,高度向上設定 12.5mm。如圖 6-13-45。

▲圖 6-13-45

❻ 確定後,利用「指定零件邊界」 圖示,將範例最大外型曲線選取起來,並將 20 個成員全部的「刀具位置」改成對中。如圖 6-13-46。

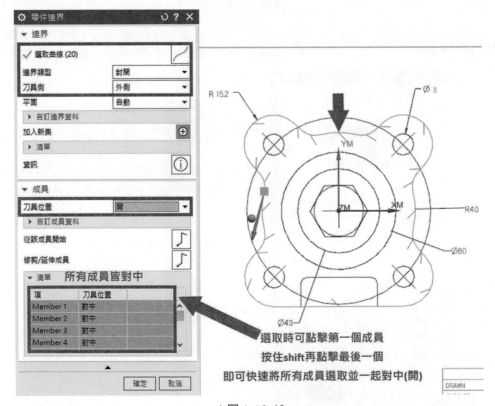

▲圖 6-13-46

❼ 確定後，將「切削模式」換成輪廓，點擊 🔄 按鈕產生路徑。
如圖 6-13-47。

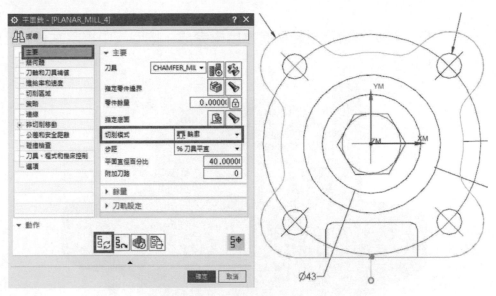

▲圖 6-13-47

❽ 也可利用「動作」欄位的「確認」 🔧 圖示進行「3D 動態」模擬。
如圖 6-13-48。

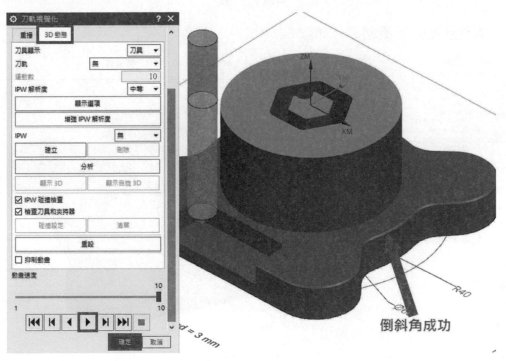

▲圖 6-13-48

練習

① 「3D 動態」模擬後會發現範例有**幾處未完成**，按照圖中提示試著將此範例完成。如圖 6-13-49。

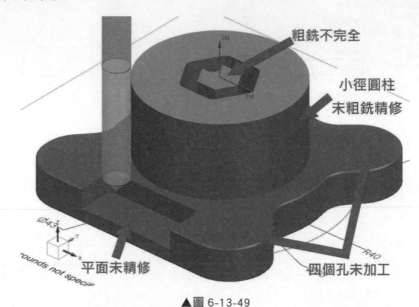

粗銑不完全

小徑圓柱
未粗銑精修

平面未精修

四個孔未加工

Ø43

R40

rounds not specif

▲圖 6-13-49

② 調整過後的模擬結果。如圖 6-13-50。

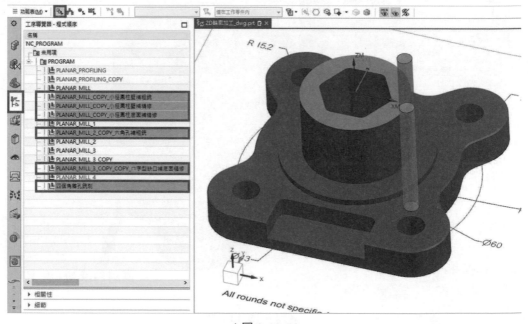

▲圖 6-13-50

CHAPTER

7

孔辨識加工

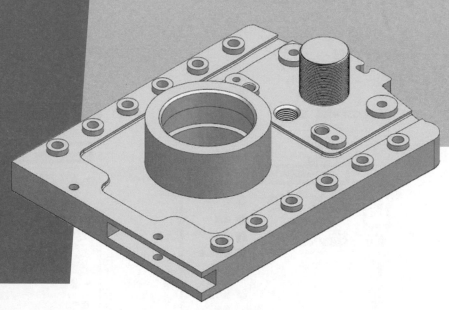

章節介紹

藉由此課程，您將會學到：

7-1　孔辨識加工介紹

7-2　孔辨識加工基本設定

7-3　孔辨識加工細部設定

7-4　孔辨識加工鑽孔工序

7-5　孔辨識加工銑孔銑柱工序

7-6　孔辨識加工 T 型溝工序

7-7　孔辨識加工銑牙工序

7-8　孔辨識加工倒角工序

7-9　孔辨識加工特殊工序

7-10　孔辨識搜尋孔特徵

孔辨識加工介紹

孔工法概述

　　孔加工依據孔的實體特徵進行辨識直徑與深度，直接進行鑽孔路徑規畫，主要針對鑽孔執行中心鑽、鑽孔、攻牙、銑牙、銑孔…等進行聰慧設置，一般用於零件或模具孔加工以及精確孔配合加工為主。

孔辨識類型

　　孔加工工法在我們進入加工環境後，進入程式順序視圖中對 PROGRAM 滑鼠點擊右鍵→「插入」→「工序」，選擇類型「hole_making」的工序子類型所有工法。如圖 7-1-1。

▲圖 7-1-1

孔加工敘述介紹：

孔加工工法		
孔加工	工法名稱	工法敘述
↡	定心鑽加工	執行中心孔鑽，鑽孔至表面深度以利鑽孔準確 (G81)
↺	鑽孔加工	執行鑽孔，鑽孔至模型深度或指定距離 (G81)
↥	鑽深孔加工	單節移動，鑽孔至模型深度或指定距離 (G00、G01)
↥	順序鑽加工	單節移動，每次啄鑽至 Q 值距離退至 R 值 (G00、G01)
↟	埋頭孔加工	執行鑽孔，針對某一直徑進行鑽孔銑削加工 (G82)
⛏	銑削柱加工	執行銑柱，依圓柱大小移動 X、Y、Z 軸 3D 銑削 (G01)
⛏	銑槽孔加工	執行銑槽孔，依槽孔大小移動 X、Y、Z 軸 3D 銑削 (G01)
⛏	沉頭孔加工	執行鑽孔，針對某一距離進行鑽孔銑削加工 (G82)
⛏	背倒角加工	執行銑削，針對背部銑削倒角，減少加工誤差 (G01)
⛏	攻牙加工	執行攻牙，依牙大小順時針銑削，逆時針退刀 (G84)
⛏	銑內牙加工	執行銑內牙，依銑牙徑大小、螺距加工螺牙 (G01)
⛏	銑削孔加工	執行銑孔，依孔大小移動 X、Y、Z 軸 3D 銑削 (G01)
⛏	倒角銑加工	執行倒角，針對倒角範圍進行圓弧銑削加工 (G01)
⬇	鑽孔加工	執行鑽孔循環指令、斷屑、啄鑽、鏜孔、鉸孔各類型加工
⛏	銑刀鑽孔加工	執行銑刀鑽孔，切削到孔底時可設定暫停秒數 (G82)
⛏	銑外牙加工	執行銑外牙，依銑牙徑大小、螺距加工螺牙 (G01)

7-2 孔辨識加工基本設定

▌學習孔加工的基本設定

❶ 於「檔案」→「開啟」→「NX CAM 三軸課程」→「第 7 章」→「孔辨識加工 .prt」→「OK」。如圖 7-2-1。

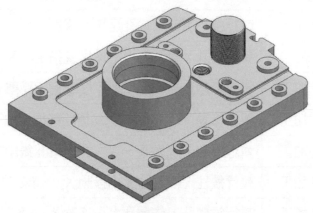

▲圖 7-2-1

❷ 對「PROGRAM」資料夾點擊滑鼠右鍵→「插入」→「工序」，選擇類型「hole_making」，選取子工序「定心鑽孔加工 SPOT_DRILLING」。如圖 7-2-2。

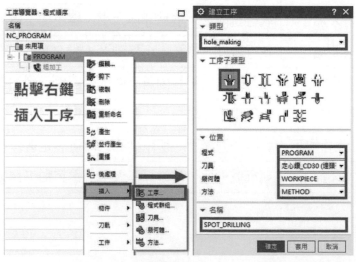

▲圖 7-2-2。

❸ 點選確定後,鑽孔的任何一種類型都需要選擇幾何體,必須選擇幾何體對話框中的「指定特徵幾何體」  按鈕進入「特徵幾何體」的對話框。如圖 7-2-3。

▲圖 7-2-3

❹ 在特徵幾何體的對話框中,選擇方式以實體為主,可以直接針對孔特徵進行選取,此時軟體就會辨識到深度與數量,定心鑽深度也可自定義。如圖 7-2-4。

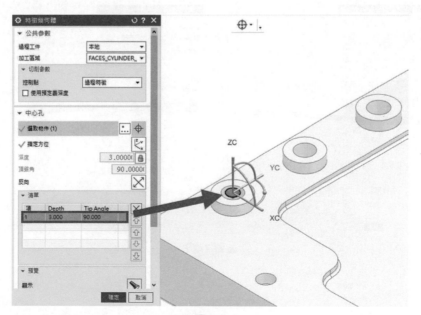

▲圖 7-2-4

❺ 孔的選取方式如下圖,「面」點擊方式。如圖 7-2-5。

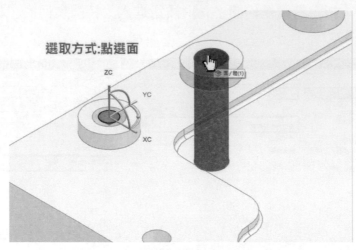

▲圖 7-2-5

❻ 孔選取後在「清單」裡,可以看到孔數量與排序,此時孔順序也是鑽孔的
順序,對於需要調整順序的孔,點擊欄位可以在下圖調整順序。

如圖 7-2-6。

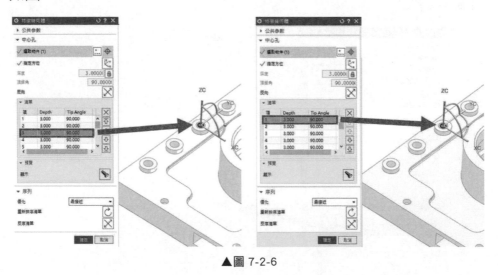

▲圖 7-2-6

❼ 調整清單內容。圖 7-2-7。

❌ ：刪除孔

⬆ ：移動到最前

↑ ：移動到前一個

↓ ：移動到後一個

⬇ ：移動到最後

項	Depth	Tip Angle	
1	3.000	90.000	
2	3.000	90.000	
3	3.000	90.000	
4	3.000	90.000	
5	3.000	90.000	

▲圖 7-2-7

❽ 優化的選項功能中「最接近」是依據孔與孔之間自動判別最接近的距離為主。
「最短刀軌」是以全數孔自動判別最短距離為主。
「主方向」是設置軸向由使用者給予執行方向為主。調整完如圖 7-2-8。
選定需要的設定後，請點擊「重新排序清單」 ↻ 。
如要鑽孔順序反向計算，請點擊「反序清單」 ✕ 。

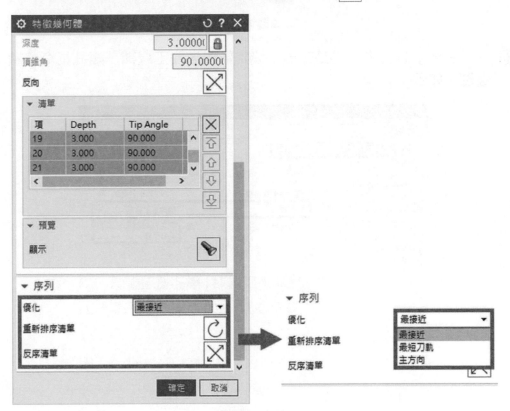

▲圖 7-2-8

⑨ 點選確定後，也可以點擊 ⬚ 按鈕，預覽檢視所選取的孔。如圖 7-2-9。

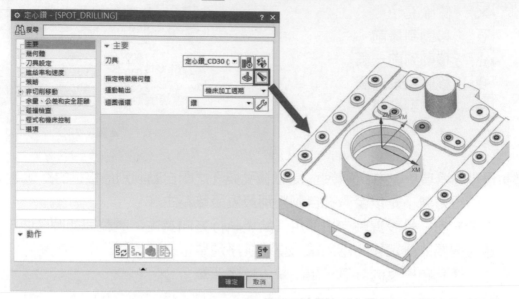

▲圖 7-2-9

⑩ 在「主要」分頁中「運動輸出」設定為<u>機床加工週期</u>，鑽孔指令將**輸出循環碼**。如圖 7-2-10。

▲圖 7-2-10

284

⓫ 編輯「迴圈循環」 🔧 按鈕為鑽孔類型調整參數，此項的內容可以調整為「駐留模式」預設關，程式輸出時為 **G81**，調整為秒，循環碼就會更換為 **G82**。如圖 7-2-11。

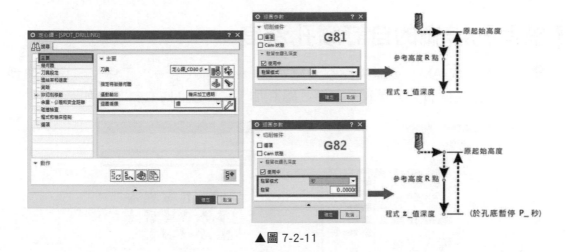

▲圖 7-2-11

⓬ 在「進給率和速度」分頁，設定進給率以及主軸速度，輸入「主軸速度(rpm)」與「切削」，記得按下 ⊞ 計算表面速度後，點擊產生 🔁 按鈕。如圖 7-2-12。

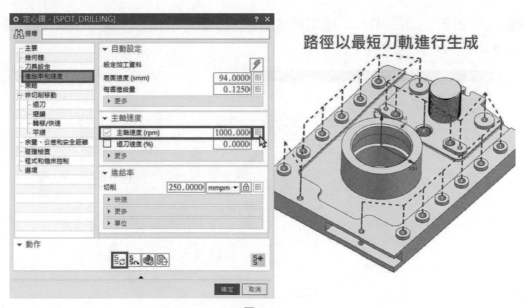

▲圖 7-2-12

孔辨識加工細部設定

學習孔辨識的自訂鑽孔深度

❶ 對「PROGRAM」資料夾點擊滑鼠右鍵→「插入」→「工序」，選擇類型「hole_making」，選取子工序「鑽孔加工 DRILLING-G81」。如圖 7-3-1。

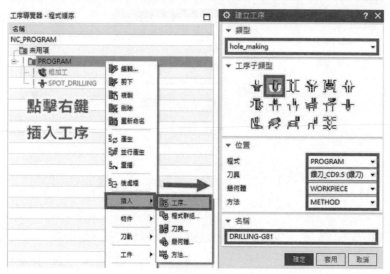

▲圖 7-3-1

❷ 在「主要」分頁中，「指定特徵幾何體」點擊指定孔 ，選取面上**直徑 9.5** 的孔。如圖 7-3-2。

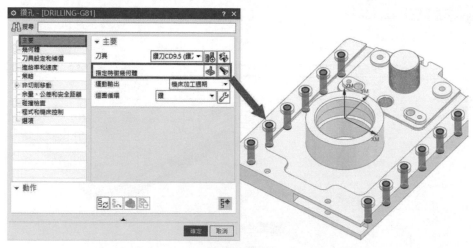

▲圖 7-3-2

❸ 選取到孔後，NX會自動判斷特徵孔的「深度」，使用者如要更改鑽孔深度，在「特徵」的深度 按鈕，可選擇更改單一或多孔的深度。如圖 7-3-3。

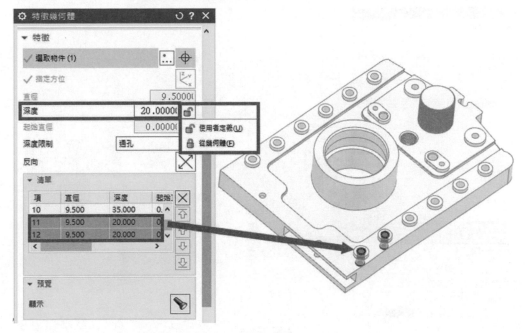

▲圖 7-3-3

❹ 可以看到下圖，更改過後的二孔深度為 20mm，其餘的孔都保留在原始深度。如圖 7-3-4。

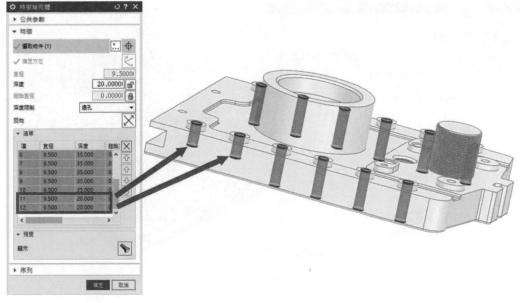

▲圖 7-3-4

❺ 如果之後的操作需要再還原回來特徵深度,透過「深度」的從幾何體 🔒 按
鈕,深度將會恢復為原本特徵深度。如圖 7-3-5。

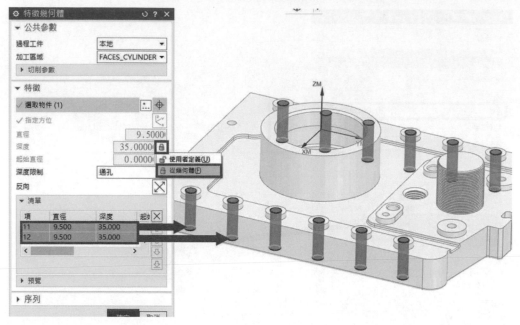

▲圖 7-3-5

❻ 確定後,透過 🔁 按鈕產生刀軌路徑。如圖 7-3-6。

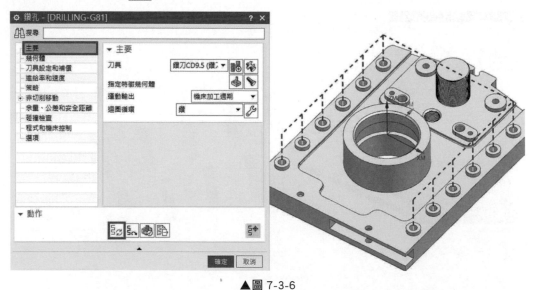

▲圖 7-3-6

288

學習孔辨識的鑽孔安全高度設定

❶ 在「策略」分頁中的「延伸路徑」欄位，「頂偏置」跟「底偏置」分別代表鑽孔前的高度、鑽孔後的通孔深度。如圖 7-3-7。

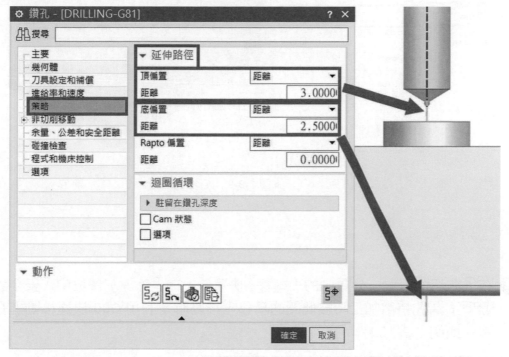

▲圖 7-3-7

❷ 頂偏置為「刀尖」到鑽孔平面的高度距離，預設值為往上 <u>3mm</u> 位置。如圖 7-3-8。

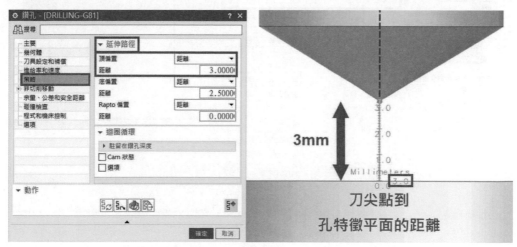

▲圖 7-3-8

❸ 底偏置為「刀肩」到鑽孔通孔後的深度往下 2.5mm 位置。如圖 7-3-9。

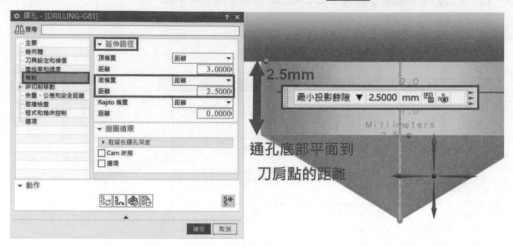

▲圖 7-3-9

❹ 在「非切削移動」分頁中的「轉移/快速」，在「餘隙」欄位中「安全設定選項」為孔特徵加工時彼此間的橫移，移動時是利用 **G00** 快速移動進行作業。如圖 7-3-10。

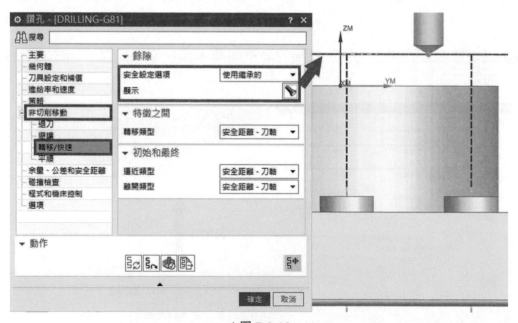

▲圖 7-3-10

❺ 「使用繼承的」平面也就是使用「MCS 的安全平面」高度，下圖可以看到「安全距離」10mm 的位置，剛好就是刀軌橫移的高度。如圖 7-3-11。

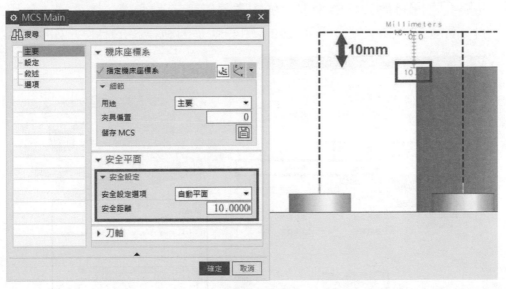

▲圖 7-3-11

❻ 「特徵之間」的轉移類型「安全距離 - 刀軸」，可以看到孔與孔之間的高度也是參考「使用繼承的」高度，輸出後處理 NC 代碼是宣告 **G98** 動作，安全高度 **G43 Z10.**。如圖 7-3-12。

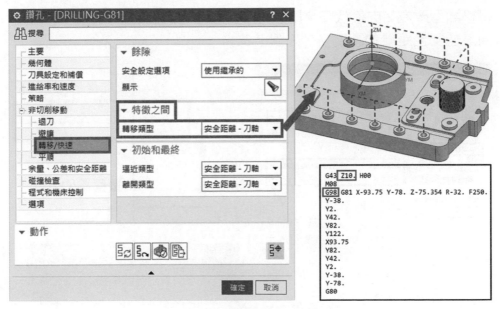

▲圖 7-3-12

❼ 將「特徵之間」的轉移類型改為<u>直接</u>，移動方式會變成使用「頂偏置」的高度，鑽完孔直接橫移到下一孔，所以下圖可以看到前後兩段 **G99** 的宣告。孔與孔之間移動如特徵干涉會依據實體辨識自動避讓，將透過「使用繼承的」高度來抬高到安全平面 **G98**，剛好就是刀軌橫移的高度。如圖 7-3-13。

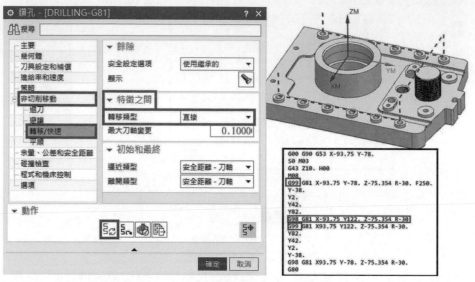

▲圖 7-3-13

❽ 轉移類型改為 <u>Z 向最低安全距離</u>時，移刀時的安全距離則為「頂偏置」+「Z向最低安全距離的高度」。如圖 7-3-14。

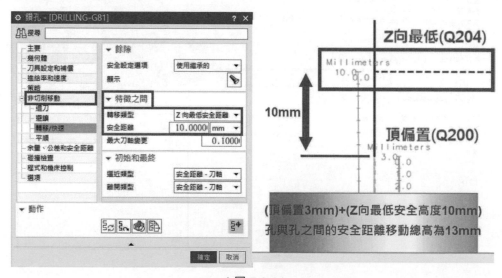

▲圖 7-3-14

❾ 如搭配海德漢控制器的功能來使用，看到下圖 NC 代碼輸出，透過海德漢鑽孔圖示來說明位置。圖 7-3-15。

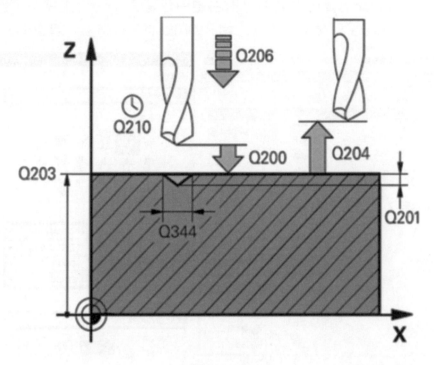

▲圖 7-3-15

❿ 在「初始和最終」可以分別調整**切削起點的起始高度**與**切削終點的提刀高度**。如圖 7-3-16。

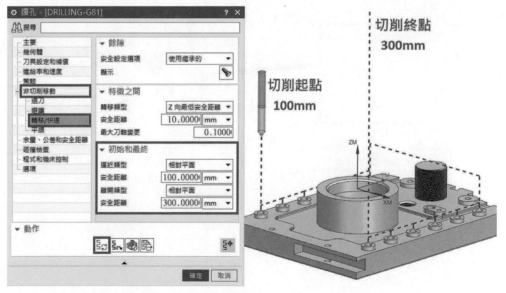

▲圖 7-3-16

學習孔加工的各種類型設定 – 斷屑鑽 G73

❶ 對「PROGRAM」資料夾點擊滑鼠右鍵→「插入」→「工序」，選擇類型「hole_making」，選取子工序「鑽孔 DRILLING-G73」。如圖 7-3-17。

▲圖 7-3-17

❷ 選擇圖上的孔，軟體會自動判斷這 4 孔特徵鑽孔深度。如圖 7-3-18。

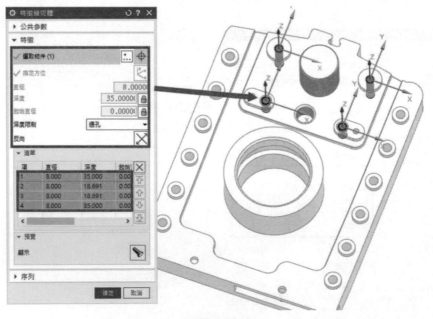

▲圖 7-3-18

❸ 在「主要」功能區，「運動輸出」選擇機床加工週期，「迴圈循環」選擇
鑽，深孔，斷屑。如圖 7-3-19。

▲圖 7-3-19

❹ 若希望鑽孔時有個「Q 值」進行排屑，可以到「迴圈循環」中的 🔧 按鈕，
「深度增量」選擇**精確**，下方距離設定 2mm。如圖 7-3-20。

▲圖 7-3-20

❺ 確定後，透過 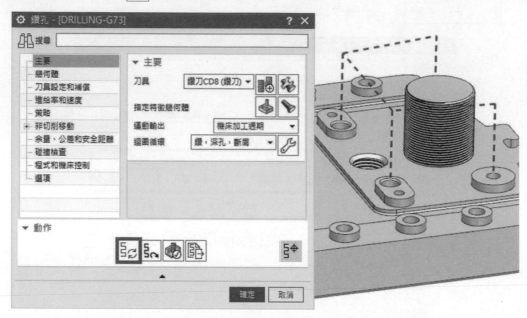 按鈕產生刀軌路徑。如圖 7-3-21。

▲圖 7-3-21

❻ 後處理輸出的鑽孔循環代碼為 **G73**，**Q2.** 值。如圖 7-3-22。

▲圖 7-3-22

學習孔加工的各種類型設定 – 深孔鑽 G83

❶ 針對「PROGRAM」資料夾點擊滑鼠右鍵→「插入」→「工序」，選擇類型「hole_making」，選取子工序「鑽孔 DRILLING-G83」。 如圖 7-3-23。

▲圖 7-3-23

❷ 選擇圖上的孔，軟體會自動判斷這 2 孔特徵鑽孔深度。如圖 7-3-24。

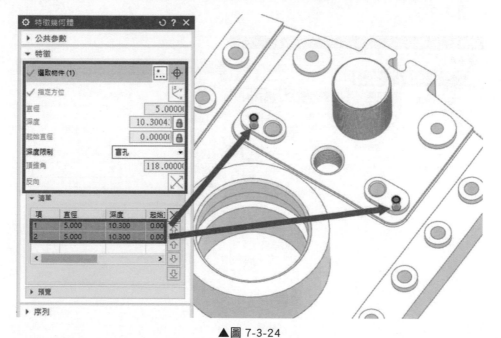

▲圖 7-3-24

❸ 在「主要」功能區,「運動輸出」調整機床加工週期,「迴圈循環」選擇鑽,深孔。如圖 7-3-25。

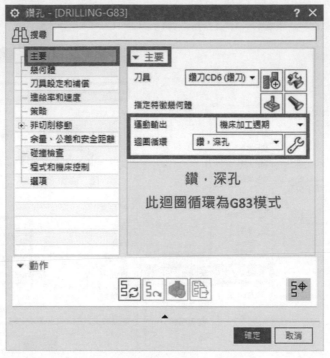

▲圖 7-3-25

❹ 點擊「迴圈循環」設定 🔧 按鈕,「深度增量」設為**精確**,距離設定 3mm。如圖 7-3-26。

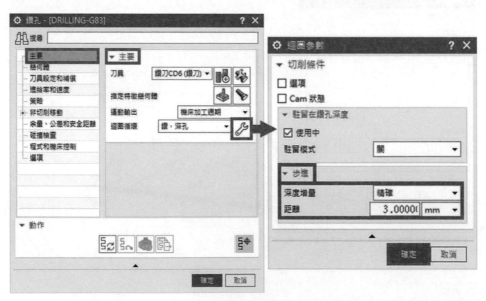

▲圖 7-3-26

❺ 確定後，透過 按鈕產生刀軌路徑。如圖 7-3-27。

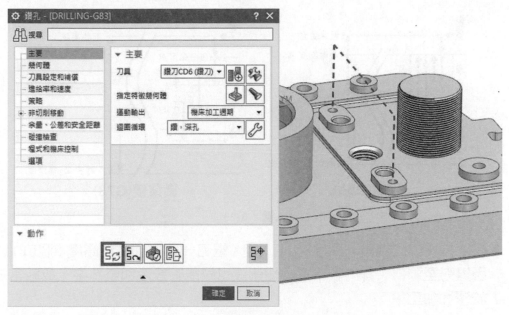

▲圖 7-3-27

❻ 後處裡輸出的 NC 代碼為 **G83**，**Q3.** 值。如圖 7-3-28。

▲圖 7-3-28

鑽孔循環碼 G83 & G73 差異。如圖 7-3-29。

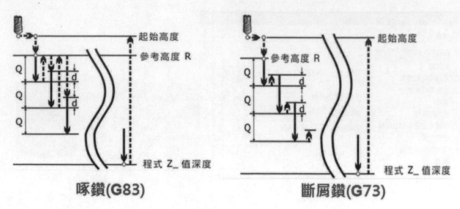

啄鑽(G83)　　　　　　　斷屑鑽(G73)

▲圖 7-3-29

- G83 排屑模式為鑽一深度 (Q 值) 後，退刀一律退到參考高度 (洞口)。
  因退刀至洞口，排屑較確實，切削液也較能有效冷卻至孔中，故較常運用於深孔加工。
- G73 排屑模式為鑽一深度 (Q 值) 後，退刀僅退一高度 (d 值)。
  d 值會因控制器不同，退刀高度也會有所不同，一般日系控制器為內部設定，歐系控制器則可利用代碼控制高度。

學習孔加工的各種類型設定 – 攻絲 G84

❶ 對「PROGRAM」資料夾點擊滑鼠右鍵→「插入」→「工序」，選擇類型「hole_making」，選取子工序「鑽孔 DRILLING_G84」。如圖 7-3-30。

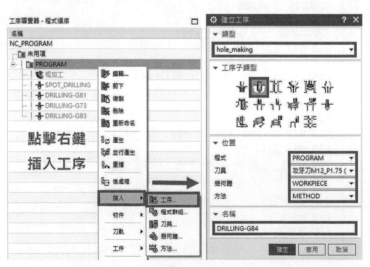

▲圖 7-3-30

❷ 選擇圖上的孔,軟體會自動判斷這 2 孔特徵鑽孔深度。如圖 7-3-31。

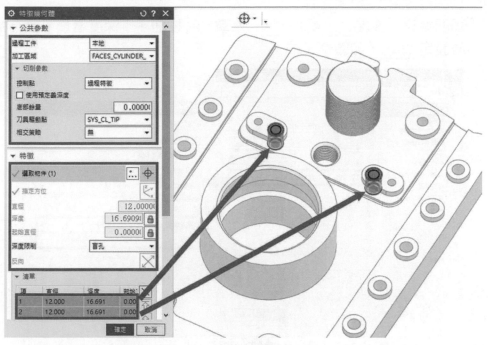

▲圖 7-3-31

❸ 在「主要」功能區,「運動輸出」設置機床加工週期,「迴圈循環」設置鑽,攻絲,並點擊 按鈕產生路徑。如圖 7-3-32。

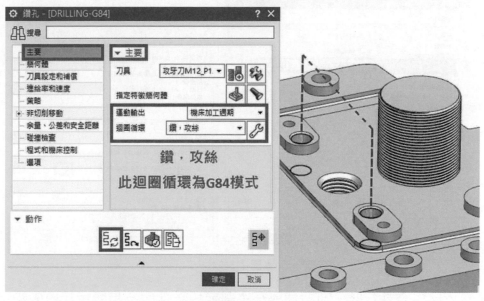

▲圖 7-3-32

攻絲增加 Q 值方式

❶ 「迴圈循環」改為鑽，攻絲，深，點擊 🔧 按鈕，「深度增量」設為**精確**，距離設定 3mm。如圖 7-3-33。

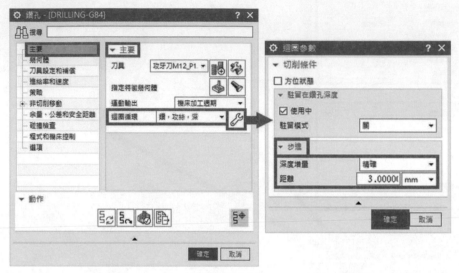

▲圖 7-3-33

❷ 確定後將分頁切至「進給率和速度」給予主軸轉速100，並點擊 🔁 按鈕產生路徑。後處理輸出後的代碼為 **G84**，**Q3.** 值。如圖7-3-34

▲圖 7-3-34

備註 當攻絲指令執行時，可依據機台控制器的特性進行相關攻絲參數設置，例如轉數與進給需搭配攻牙刀的 Pitch，或者有些控制器的功能還可以加上 Q 值的動作，在攻絲的動作上會更加安全。

7-4 孔辨識加工鑽孔工序

▌學習孔加工的各種類型設定 – 鑽深孔 (G00、G01)

❶ 對「PROGRAM」資料夾點擊滑鼠右鍵→「插入」→「工序」，選擇類型
「hole_making」，選取子工序「鑽深孔 DEEP_HOLE_DRILLING」。
如圖 7-4-1。

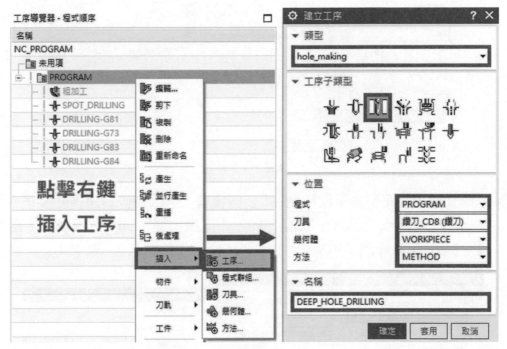

▲圖 7-4-1

❷ 選擇圖上的孔，深度請調整「使用者定義」改成 <u>30mm</u>。如圖 7-4-2。

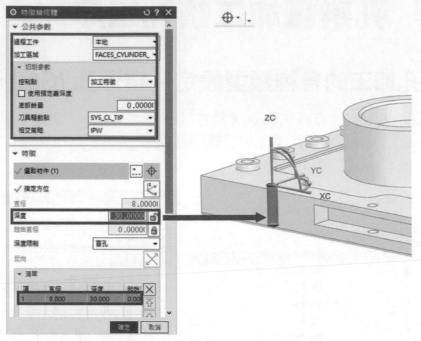

▲圖 7-4-2。

❸ 「運動輸出」類型為單節移動，「迴圈循環」選擇帶排屑鑽後點擊後方 🔧 按鈕，「步距安全設定」設置 <u>2mm</u>，「深度增量」調整成**精確**，「距離」設定為 <u>6mm</u>。如圖 7-4-3。

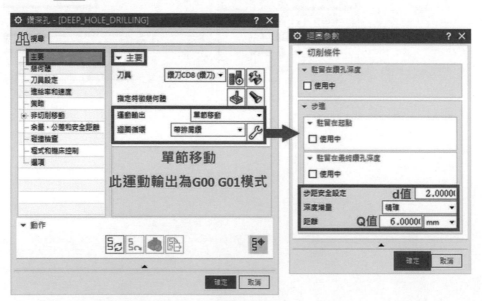

▲圖 7-4-3

❹ 確定後，點擊 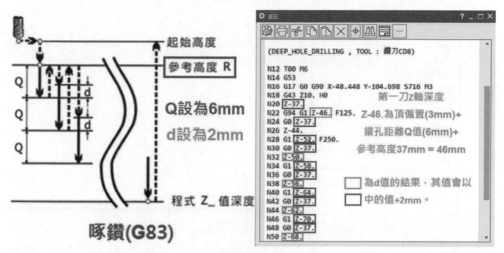 按鈕產生路徑。可以觀察到輸出後處理動作為 G00、G01 模式，此項動作與循環代碼的 **G83** 很接近。如圖 7-4-4。

起始高度

參考高度 R

Q設為6mm

d設為2mm

程式 Z_ 值深度

啄鑽(G83)

```
(DEEP_HOLE_DRILLING , TOOL : 鑽刀CD8)

N12 T00 M6
N14 G53
N16 G17 G0 G90 X-48.448 Y-104.698 S716 M3
N18 G43 Z10. H0            第一刀z軸深度
N20 Z-37.
N22 G94 G1 Z-46. F125. Z-46.為頂偏置(3mm)+
N24 G0 Z-37.
N26 Z-44.                  鑽孔距離Q值(6mm)+
N28 G1 Z-52. F250.
N30 G0 Z-37.               參考高度37mm = 46mm
N32 Z-50.
N34 G1 Z-58.
N36 G0 Z-37.       □ 為d值的結果，其值會以
N38 Z-56.
N40 G1 Z-64.       □ 中的值+2mm。
N42 G0 Z-37.
N44 Z-62.
N46 G1 Z-70.
N48 G0 Z-37.
N50 Z-68.
```

▲圖 7-4-4

學習孔加工的各種類型設定 – 順序鑽

❶ 對「PROGRAM」資料夾點擊滑鼠右鍵→「插入」→「工序」，選擇類型「hole_making」，選取子工序「順序鑽 SEQUENTIAL_DRILLING」。如圖 7-4-5。

▲圖 7-4-5

❷ 選擇圖上的孔，對於這種中間有除料特徵的孔，NX 會自動判斷到鑽孔深度。如圖 7-4-6。

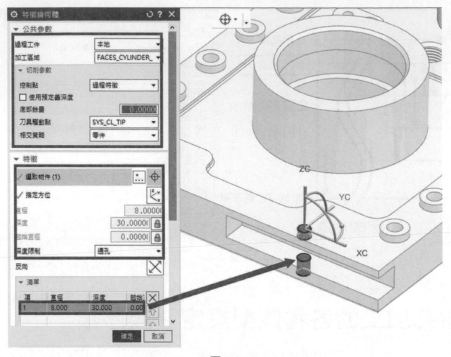

▲圖 7-4-6

❸ 「運動輸出」設為單節移動，「迴圈循環」設置帶斷屑中斷，並點擊 🔧 按鈕，將「步進退刀狀態」勾選後即可設定「步進退刀」為 1.2mm，「深度增量」設為**精確**，設置距離為 3mm。如圖 7-4-7。

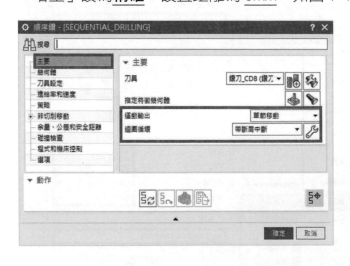

▲圖 7-4-7

❹ 確定後,將分頁切到「策略」,當中的「迴圈循環」欄位與「首頁」→
「迴圈循環」後方 🔧 按鈕中的設定一樣。點擊 🔧 按鈕產生路徑,輸出
後處理,可以發現順序鑽在使用上,可以在鑽孔時遇到需要快速過渡深度
時,可以直接移動到下一個深度。如圖 7-4-8。

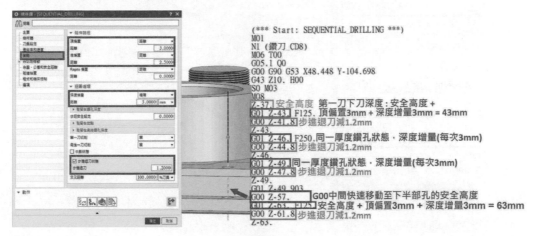

▲圖 7-4-8

▌學習孔加工的各種類型設定 – 鑽埋頭孔 G82

❶ 對「PROGRAM」資料夾點擊滑鼠右鍵→「插入」→「工序」,選擇類型
「hole_making」,選取子工序「鑽埋頭孔 COUNTERSINKING」。
如圖 7-4-9。

▲圖 7-4-9

❷ 選擇圖上孔，「加工區域」切換成 FACES_BOTTOM_CHAMFER_2，並將 Z
軸方向調整為朝上。如圖 7-4-10。

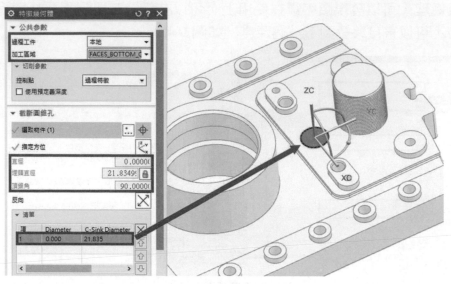

▲圖 7-4-10

❸ 在「主要」功能區，「運動輸出」選擇機床加工週期，「迴圈循環」選擇
鑽，埋頭孔後，點擊 🔧 按鈕，將「駐留模式」上方「使用中」選項打勾，
並設定駐留秒數為 2 秒。如圖 7-4-11。

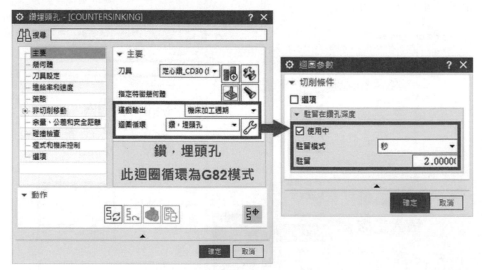

▲圖 7-4-11

④ 確定後，透過  按鈕產生刀軌路徑。可以看到後處理輸出的 NC 代碼為 **G82**，**P2000** 值。如圖 7-4-12

▲圖 7-4-12

學習孔加工的各種類型設定 – 鏜孔、鉸孔

鏜孔屬於鑽孔的精修加工，使準確度提升，標準有五種操作方式。

標準鏜：與標準鑽相同，刀具類型不同，退刀以進給率方式退刀。

標準鏜，快退：與標準鑽相同，刀具類型不同，退刀停止轉速，快速退刀。

標準鏜，橫向偏置後快退：與標準鏜，快退相同，差在需指定 X、Y 軸距離退刀。

標準背鏜：與標準鏜，橫向偏置後快退動作逆向操作。

標準鏜，手動退刀：與標準鏜相同，差在結束前可設定暫停 P 值，再手動退刀。

鏜孔加工中，與其他設定較為不同為標準鏜，橫向偏置後快退，由於選擇迴圈類型不同，會自動跳出快退距離對話框，接下來可以設置 Q 值為快退距離，快退時 X 軸向與 Y 軸向須由機台中設置。如圖 7-4-13

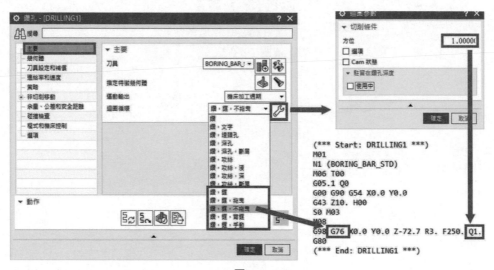

▲圖 7-4-13

備註 鉸孔屬於鑽孔的精修加工，使光滑度提高，用於磨孔或研孔的預加工。由於鉸孔方式與鑽孔相同，故在此不另外做解說。

7-5 孔辨識加工銑孔銑柱工序

學習孔辨識加工的銑柱工序

❶ 對「PROGRAM」資料夾點擊滑鼠右鍵→「插入」→「工序」，選擇類型「hole_making」，選取子工序「凸台銑 BOSS_MILLING」。如圖 7-5-1。

▲圖 7-5-1

❷ 選擇圖上的孔,選取孔的做法與之前的步驟都相同,軟體會自動判斷孔特徵銑孔深度及直徑。如圖 7-5-2。

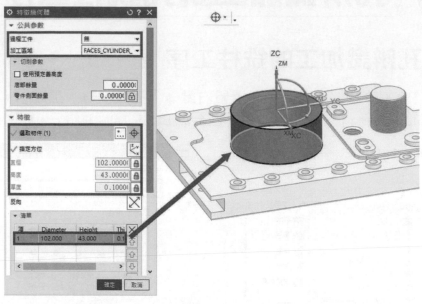

▲圖 7-5-2。

❸ 「切削模式」選擇螺旋,「每轉深度」使用距離,「螺距」輸入刀具 25%,「軸向步距」選擇刀路數,「刀路數」設定為 1。如圖 7-5-3。

▲圖 7-5-3

④ 透過 🔄 按鈕產生刀軌路徑。刀具使用直徑 **20mm 平銑刀**，當螺距使用**刀具 25%**，在銑削的結果可以觀察到每轉一圈的深度 **5mm**。如圖 7-5-4。

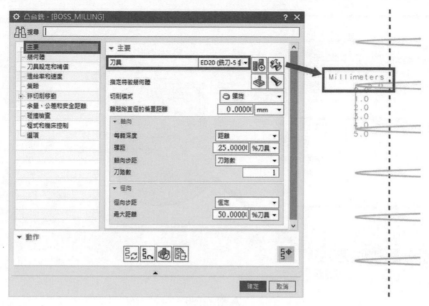

▲圖 7-5-4

學習孔辨識加工的銑孔工序

❶ 對「PROGRAM」資料夾點擊滑鼠右鍵→「插入」→「工序」，選擇類型「hole_making」，選取子工序「孔銑 HOLE_MILLING」。如圖 7-5-5。

▲圖 7-5-5

❷ 選擇圖上的孔，並注意 Z 軸方向須朝上。如圖 7-5-6。

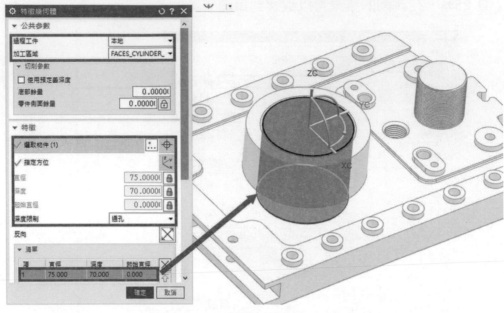

▲圖 7-5-6

❸ 在「主要」功能區，「切削模式」選擇螺旋 / 平面螺旋。如圖 7-5-7。

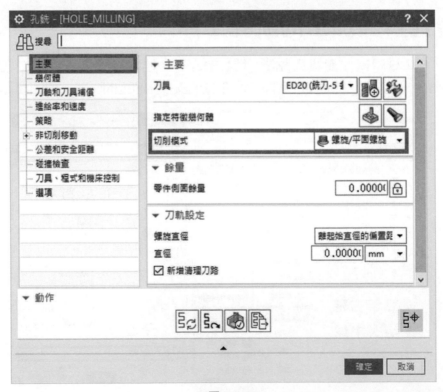

▲圖 7-5-7

❹ 在「策略」分頁,「軸向」欄位「每轉深度」使用距離,「螺距」使用 25% 刀具直徑,「軸向步距」選擇刀路數,「刀路數」設為 3 後,透過 [圖示] 按鈕產生路徑。如圖 7-5-8。

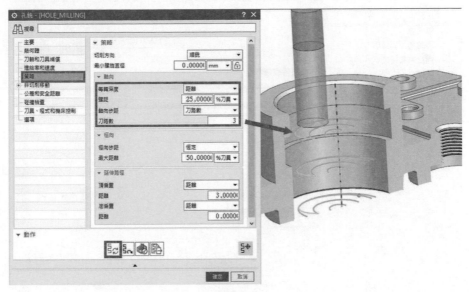

▲圖 7-5-8

備註 使用「螺旋 / 平面螺旋」選項時,一般都是在之前已經有**預先鑽好孔的條件下使用**,先完成第一個 Z 軸深度的 X. Y. 螺旋銑削後,再到下一個 Z 值執行切削,直至 Z 值深度完成。

❺ 調整徑向功能區設定「徑向步距」選擇恆定,「最大距離」設為 50% 刀具直徑。如圖 7-5-9。

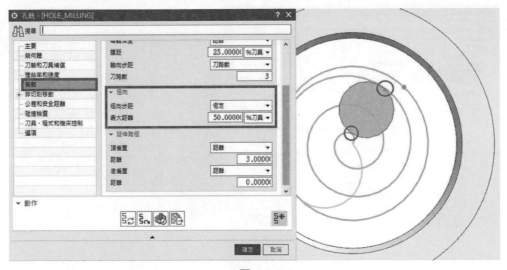

▲圖 7-5-9

❻ 在「主要」功能區,切削模式選擇「螺旋」。如圖 7-5-10。

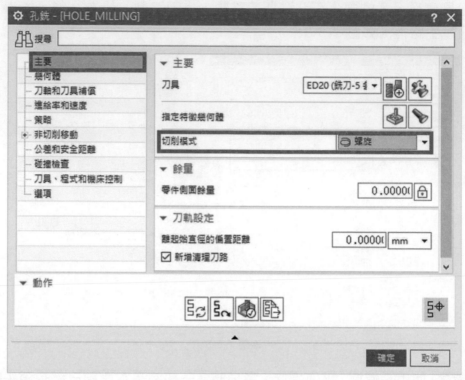

▲圖 7-5-10

❼ 在「策略」分頁,「軸向欄位設定「每轉深度」選擇<u>距離</u>,「螺距」使用 <u>25% 刀具直徑</u>,「軸向步距」選擇<u>刀路數</u>,「刀路數」設為 <u>1</u> 後,透過 🔄 按鈕產生刀軌路徑。如圖 7-5-11。

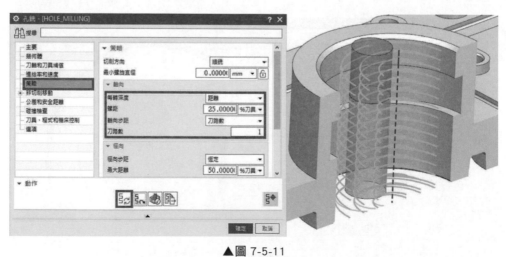

▲圖 7-5-11

備註 使用「螺旋」選項時,單純靠銑刀,由中心進刀往下切削到指定Z值
的深度位置後,在執行徑向功能區設定徑向步距「恆定」,最大距
離「50%刀具直徑」,由內向外銑削,直至外徑完成。

❽ 在「主要」設定的對話框中,孔銑削的切削模式有四種類型,可依照需求
設置孔銑削路徑。如圖 7-5-12。

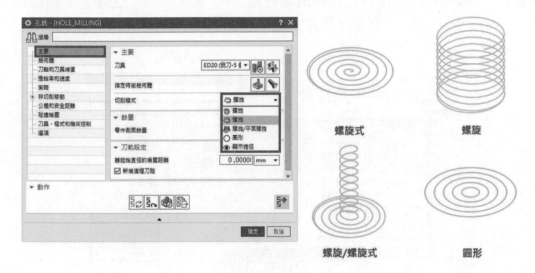

▲圖 7-5-12

7-6 孔辨識加工 T 型溝工序

學習孔辨識加工的 T 型溝設定

❶ 對「PROGRAM」資料夾點擊滑鼠右鍵 →「插入」→「工序」，選擇類型「hole_making」，選取子工序「徑向槽銑 RADIAL_GROOVE_MILLING」。如圖 7-6-1。

▲圖 7-6-1

❷ 選擇圖上的孔，軟體會自動判斷圓槽孔特徵深度及直徑。如圖 7-6-2。

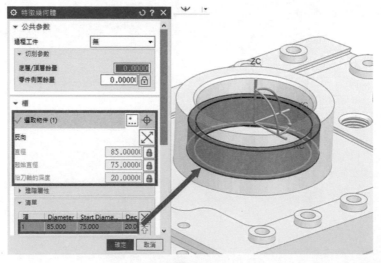

▲圖 7-6-2

❸ 在「軸向」欄位中，「層排序」設置頂層到底層，「軸向步距」設置刀路數，「刀路數」為 5。確定後，透過 🔁 按鈕產生刀軌路徑。如圖 7-6-3。

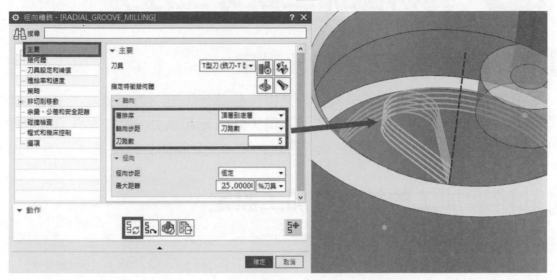

▲圖 7-6-3

❹ 在「主要」設定的對話框中，T 型刀銑削的切削模式有六種類型，可依照需求設置孔銑削路徑。如圖 7-6-4。

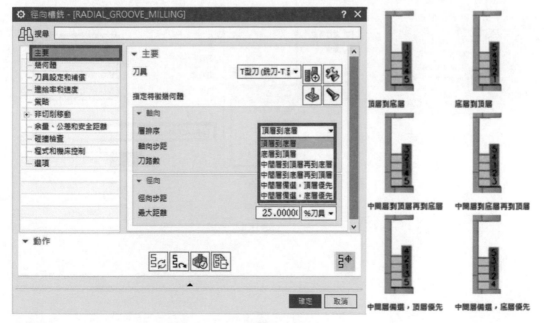

▲圖 7-6-4

7-7 孔辨識加工銑牙工序

學習孔辨識加工的銑牙設定

孔辨識加工的銑牙加工分為銑內牙以及銑外牙，唯一差別是在於孔特徵點選與圓柱特徵點選的不同，由於特徵不同，銑內牙和銑外牙加工的工序必須各自分開設置，不能用於同一工法執行路徑選擇，概念等同於螺旋銑。

孔辨識加工的銑內牙加工設定

❶ 對「PROGRAM」資料夾點擊滑鼠右鍵→「插入」→「工序」，選擇類型「hole_making」，選取子工序「螺紋銑 THREAD_MILLING」。如圖 7-7-1。

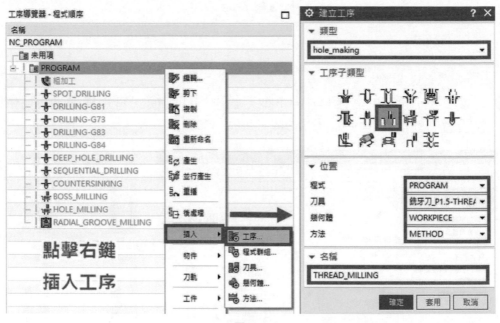

▲圖 7-7-1

❷ 選擇圖上的孔，加工方式可以依照「螺旋銑削深度」與素材設置「大徑」
與「小徑」。注意 Z 軸方向。如圖 7-7-2。

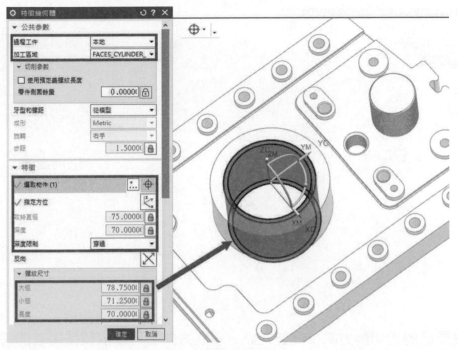

▲圖 7-7-2

❸ 在使用螺紋銑的刀軌計算 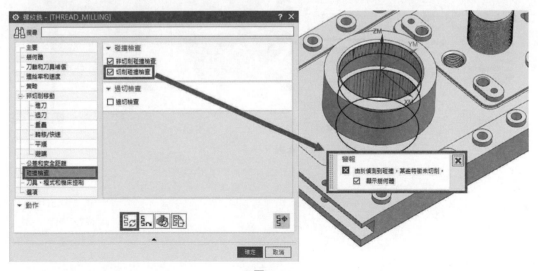 後，會跳出「偵測到碰撞」，因為實體上並無
這個特徵，解決的方式在「碰撞檢查」區，「切削碰撞檢查」必須關閉此
功能，刀軌才會順利計算。如圖 7-7-3。

▲圖 7-7-3

❹ 「策略」設定的「連續切削」必須**打勾此選項**，在銑削內螺紋時不會產生斷差的現象。確定後，透過 [⟳] 按鈕產生刀軌路徑。如圖 7-7-4。

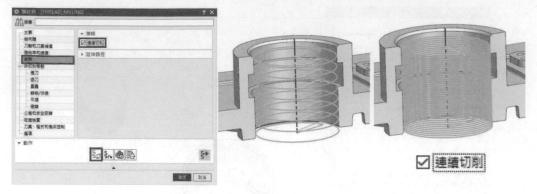

▲圖 7-7-4

❺ 主要區的「切削方向」調整逆銑、順銑方向，可以依照使用者的需求設定進刀位置。如圖 7-7-5。

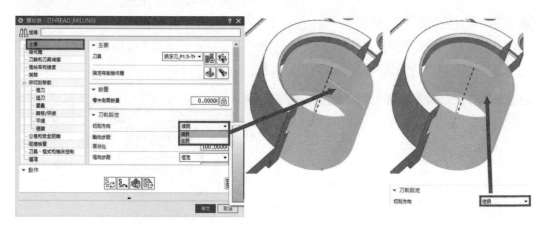

▲圖 7-7-5

孔辨識加工的銑外牙加工設定

❶ 對「PROGRAM」資料夾點擊滑鼠右鍵→「插入」→「工序」，選擇類型「hole_making」，選取子工序「凸台螺紋銑 BOSS_THREAD_MILLING」。如圖 7-7-6。

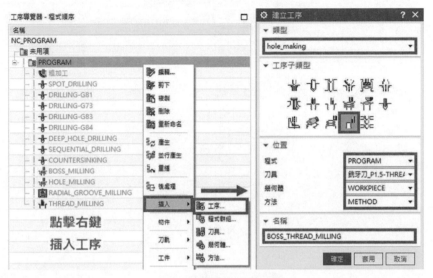

▲圖 7-7-6

❷ 在幾何體的對話框中，設置「過程工件」選取使用3D。「牙距和螺距」選取從表內容。加工方式可以依照表格類型選取**公制M40_x_1.5**的螺紋孔，螺紋長度調整為 36mm。如圖7-7-7。

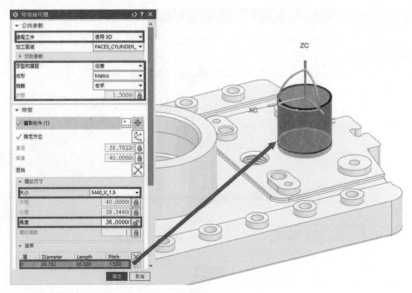

▲圖 7-7-7

❸ 使用者可依據「從表」類型選取相關規範的螺牙類型。如圖 7-7-8。

▲圖 7-7-8

❹ 刀軌設定的「連續切削」也建議勾選此選項，確定後，透過 ⬚ 按鈕產生刀軌路徑，在銑削外螺紋時不會產生斷差的現象。如圖 7-7-9。

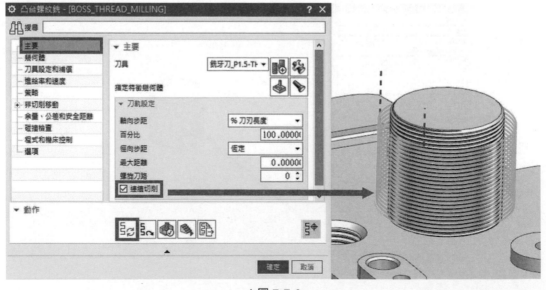

▲圖 7-7-9

孔辨識加工倒角工序

學習孔加工倒角工序

❶ 對「PROGRAM」資料夾點擊滑鼠右鍵→「插入」→「工序」，選擇類型「hole_making」，選取子工序「孔倒斜銑 HOLE_CHAMFER_MILLING」。如圖 7-8-1。

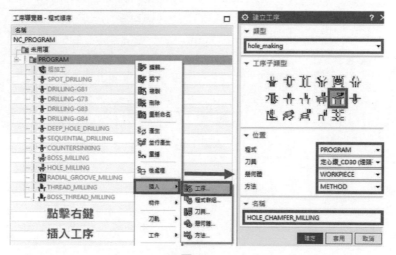

▲圖 7-8-1

❷ 選擇圖上的孔，「加工區域」請選擇 FACES_TOP_CHAMFER。如圖 7-8-2。

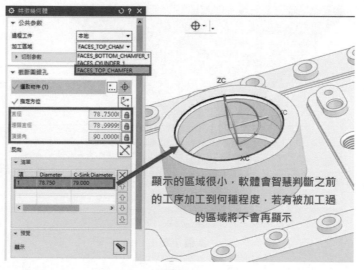

顯示的區域很小，軟體會智慧判斷之前的工序加工到何種程度，若有被加工過的區域將不會再顯示

▲圖 7-8-2

❸ 驅動跟蹤點選擇「SYS_CL_TIP」,「倒斜角」選擇最小直徑,「深度偏置」
輸入 3mm,確定後,透過 🔁 按鈕產生刀軌路徑。如圖 7-8-3。

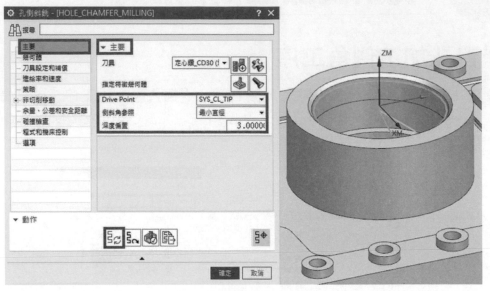

▲圖 7-8-3

❹ 可以看到倒斜角刀會沿著孔內,並且深度在 **3mm** 的地方銑削倒斜角。
如圖 7-8-4。

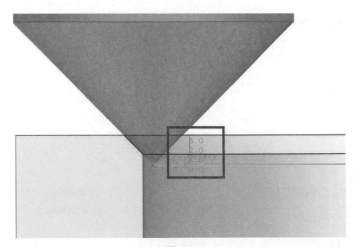

▲圖 7-8-4

❺ 切換到「非切削移動」分頁內的「重疊」，在「距離」功能設置 <u>3mm</u>，可
  以讓切削處的進刀／退刀更加美觀。如圖 7-8-5。

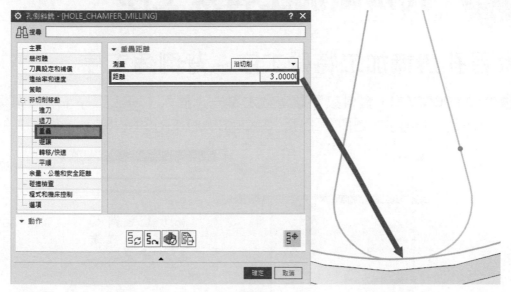

▲圖 7-8-5

7-9 孔辨識加工特殊工序

學習孔辨識加工特殊工序 – 背倒角工序

❶ 對「PROGRAM」資料夾點擊滑鼠右鍵→「插入」→「工序」，選擇類型「hole_making」，選取子工序「BACK_COUNTER_SINKING」。如圖 7-9-1。

▲圖 7-9-1

❷ 選擇圖上的孔，「加工區域」請選擇 FACES_BOTTOM_CHAMFER_1，軟體會自動判斷到背面倒角特徵的**直徑**與**角度**。如圖 7-9-2。

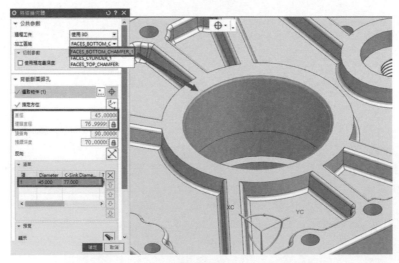

▲圖 7-9-2。

328

❸ 在「主要」區的「刀具」對話框中,可以從編輯/顯示 🔧 按鈕,看到刀具形狀及相關參數。如圖 7-9-3。

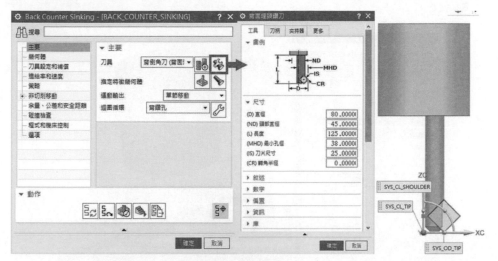

▲圖 7-9-3

❹ 確定後,點擊 🔁 按鈕產生路徑,可以看到刀軌為偏心式的移動。如圖 7-9-4。

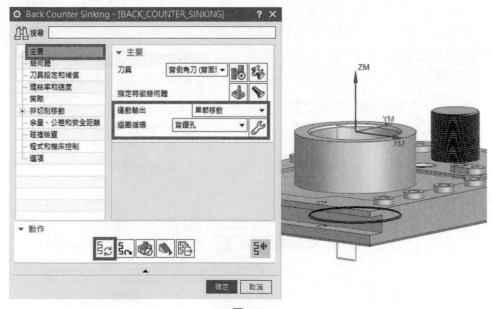

▲圖 7-9-4

❺ 在確認 [圖] 刀軌按鈕中，可以移動到刀軌視覺化的視窗，進行「重播」刀軌模擬，在 [▶] 按鈕中，就可以預覽到此刀具移動後旋轉的效果。
如圖 7-9-5。

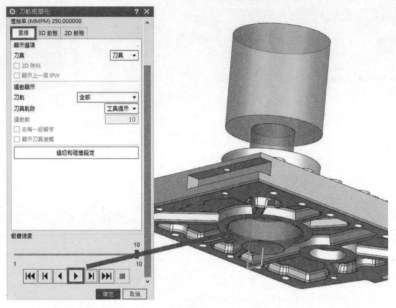

▲圖 7-9-5

學習孔辨識加工特殊工序 – 螺紋銑

❻ 對「PROGRAM」資料夾點擊滑鼠右鍵→「插入」→「工序」，選擇類型「hole_making」，選取子工序「凸台銑 BOSS_MILLING_1」。如圖 7-9-6。

▲圖 7-9-6

❼ 選擇圖上的孔，「直徑」調整為 100mm 與「高度」調整為 40mm。
如圖 7-9-7。

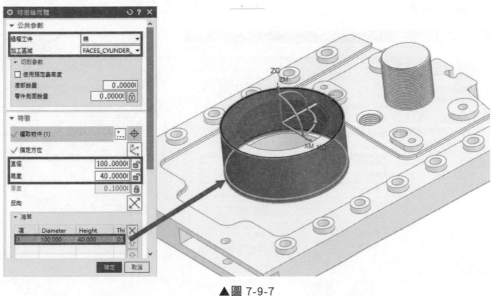

▲圖 7-9-7

❽ 在「主要」分頁的「主要」欄位，「刀具」後方的編輯 / 顯示 🔧 按鈕，看
到刀具形狀及相關參數。如圖 7-9-8。

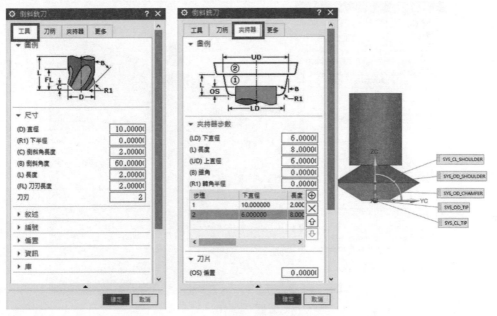

▲圖 7-9-8

❾ 在「主要」區的軸向內,「每轉深度」設定為距離,「螺距」設為 2mm,確定後,點擊 🔄 按鈕產生路徑,即可看到刀軌繞著圓柱銑削。如圖 7-9-9。

▲圖 7-9-9

❿ 點擊 🔘 確認按鈕,先設置「IPW 解析度」為「精細」,進行「3D 動態」切削 ▶ 按鈕,切削完成後再 IPW 列點擊「建立」IPW 殘料。如圖 7-9-10。

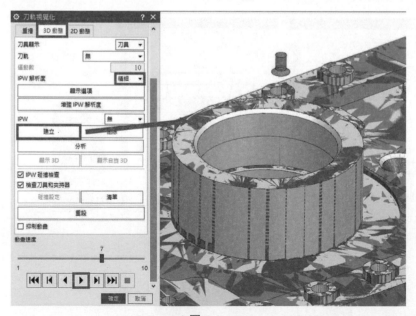

▲圖 7-9-10

⑪ 在視圖功能區，「立即隱藏」選取物件「實體」。如圖 7-9-11。

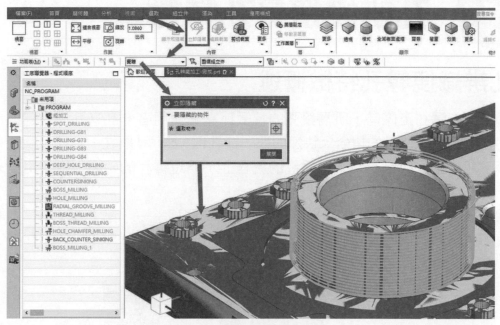

▲圖 7-9-11

⑫ 可以看到 IPW 的模擬上會有螺紋的效果。如圖 7-9-12。

▲圖 7-9-12

7-10 孔辨識搜尋孔特徵

孔辨識搜尋孔特徵概述

一般在鑽孔工序時,所需鑽孔的特徵都需靠使用者一孔一孔慢慢選取,這時就能使用搜尋特徵的指令,快速的把一樣孔徑 / 倒角 / 圓柱…這些特徵快速的搜尋出來,並且成為群組,再鑽孔的流程上,縮短編程的時間,對使用者來說是一個很方便的功能。

❶ 於「檔案」→「開啟」→「NX CAM 三軸課程」→「第 7 章」→「搜尋孔特徵 .prt」→「OK」。如圖 7-10-1。

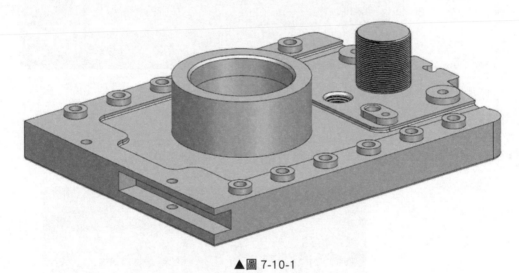

▲圖 7-10-1

❷ 在「首頁」功能區→「特徵」區→「搜尋特徵」指令，勾選「映射特徵」選單中僅需勾選「Recognition」，設置「加工進刀方向」，係指「加工刀具」的 Z 軸方向。如圖 7-10-2。

▲圖 7-10-2。

❸ 當搜尋特徵 指令亮起時，點擊「搜尋特徵」按鈕，即可對整個實體進行特徵的篩選，可以看到「已辨識的特徵」內新增了很多名稱，點擊「確定」按鈕。如圖 7-10-3。

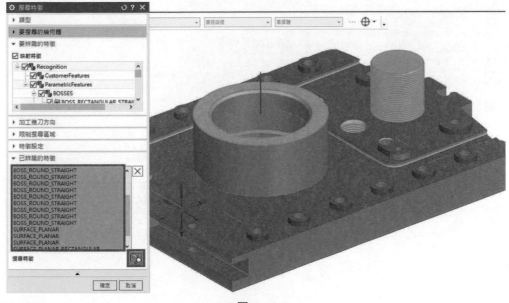

▲圖 7-10-3

❹ 在畫面最左邊「資源列」選項，點擊「加工特徵導覽器」 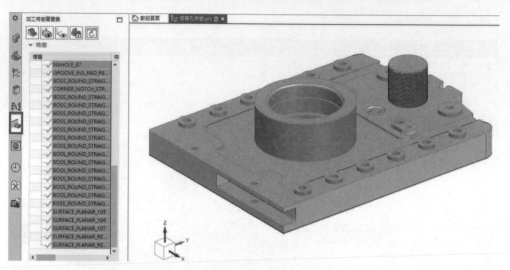 ，顯示以辨識完成的加工孔特徵，模型也會亮顯相關的孔特徵。如圖 7-10-4

▲圖 7-10-4

❺ 在「加工特徵導覽器」 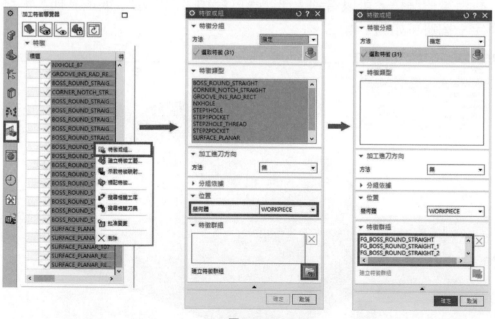 ，這裡所有名稱全選後，點擊右鍵→「特徵成組」→在特徵成組選單，位置「幾何體」將孔特徵群組設置在「WORKPIECE」中，點擊「建立特徵群組」 按鈕。如圖 7-10-5。

▲圖 7-10-5

❻ 切換至「工序導覽器」→「幾何體視圖」環境下的「WORKPIECE」，即可看到已經建立好的各自相同類型的孔特徵群組。如圖 7-10-6。

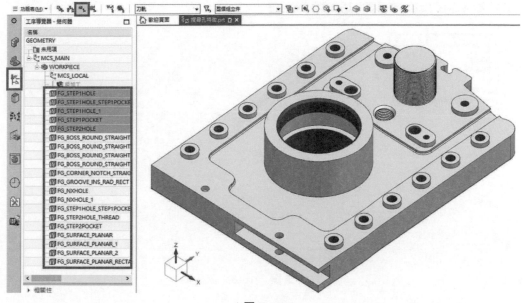

▲圖 7-10-6

❼ 進入程式順序視圖對「PROGRAM」資料夾點擊滑鼠右鍵→「插入」→「工序」，選擇類型「hole_making」，選取子工序「定心鑽 SPOT_DRILLING」，幾何體選擇「FG_STEP1HOLE」。如圖7-10-7。

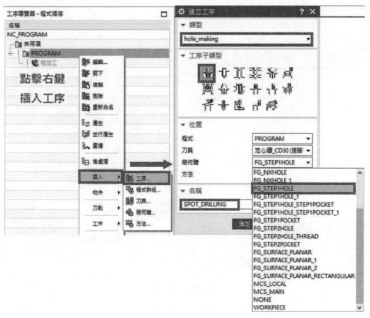

▲圖 7-10-7

❽ 在「主要」區的設定中，「指定特徵幾何體」已經可以直接預覽到孔特徵。如圖 7-10-8。

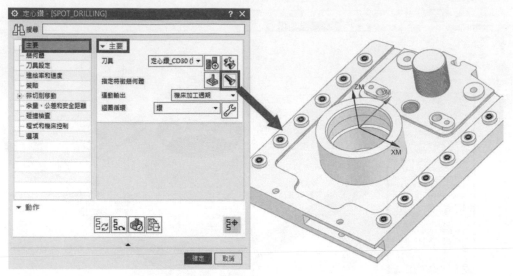

▲圖 7-10-8

❾ 在「幾何體」對話框中，也可以看到我們辨識出來的群組名稱，代表有使用到孔特徵群組，確定後，透過 按鈕產生刀軌路徑。如圖 7-10-9。

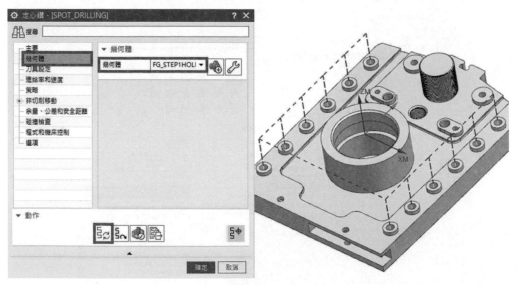

▲圖 7-10-9

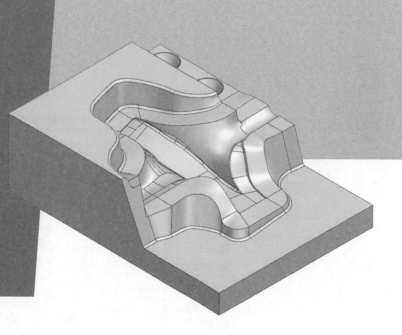

CHAPTER

8

投影式工法

章節介紹

藉由此課程,您將會學到:

8-1 投影式工法介紹

▌投影式工法概述

投影式加工屬於 3D 加工工法，加工時能夠依照 X、Y、Z 三軸向同時移動，進行曲面路徑規劃，主要針對曲面、複雜外型執行聰慧設置，一般用於 3D 曲面精加工以及模具輪廓外型精加工為主。

▌投影式加工類型

投影式加工工法在我們進入加工環境後，進入程式順序視圖中對 PROGRAM 滑鼠點擊右鍵→「插入」→「工序」，選擇類型「mill_contour」的工序子類型第二、三排工法。如圖 8-1-1。

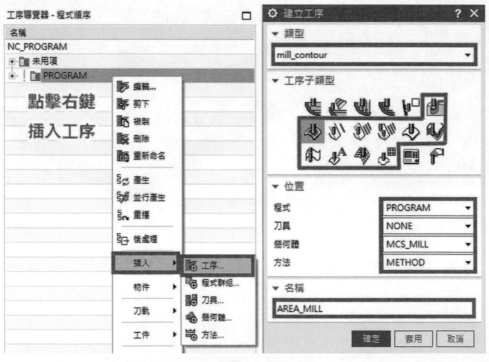

▲圖 8-1-1

投影式加工工法敘述介紹：

投影式加工工法		
投影式工法	工法名稱	工法敘述
	固定軸引導曲線	透過引導曲線參考幾何體進行投影加工
	區域輪廓銑	透過幾何體外型進行區域性的投影加工
	單刀路清角	依照幾何體外型進行單一路徑的角落式加工
	多刀路清角	依照幾何體外型進行水平垂直分層路徑的角落式加工
	參考刀具清角	依照參考刀具大小設定區域角落式加工
	曲線驅動	依照 3D 線段進行投影加工
	實體 3D 輪廓加工	選取零件表面進行修邊曲線加工
	邊界 3D 輪廓加工	選取輪廓邊界進行修邊曲線加工
	3D 曲面文字加工	選取曲面進行單線體或輪廓體文字加工
	流線加工	透過引導曲線以及交叉曲線設置驅動面進行投影加工
	曲面加工	選取曲率連續性的曲面進行投影加工

8-2 區域加工

▌學習區域加工的功能與操作

❶ 由「檔案」→「開啟」→「NX CAM 三軸課程」→「第 8 章」→「投影加工 .prt」→「OK」。如圖 8-2-1。

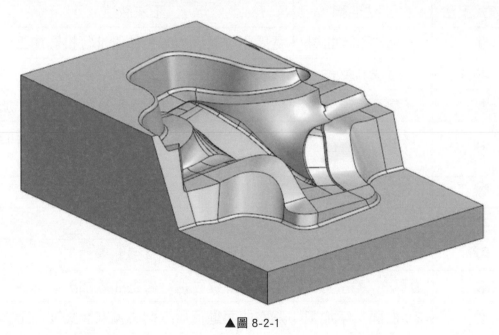

▲圖 8-2-1

❷ 對「PROGRAM」資料夾點擊滑鼠右鍵→「插入」→「工序」，選擇類型「mill_contour」，選取子工序「區域加工 AREA_MILL」。如圖 8-2-2。

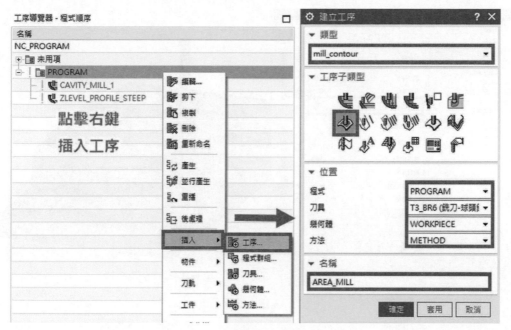

▲圖 8-2-2

❸ 確定後，透過 按鈕產生刀軌路徑。如圖 8-2-3。

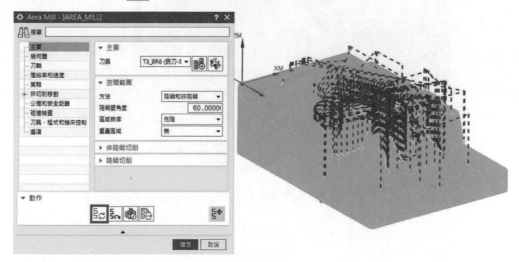

▲圖 8-2-3

❹ 將分頁切至「幾何體」，點擊「指定切削區域」 按鈕，將圖中輪廓面
選取後，如圖 8-2-4。點擊 按鈕產生路徑。如圖 8-2-5。

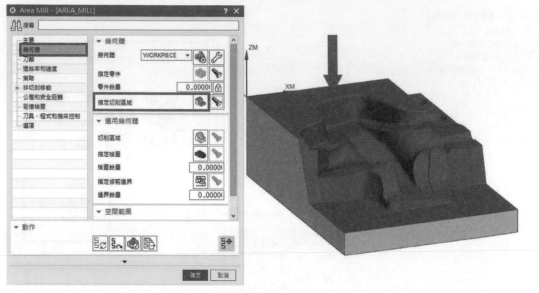

▲圖 8-2-4

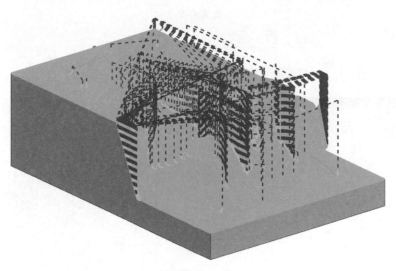

▲圖 8-2-5

區域加工進階設置介紹

❶ 在「主要」分頁中,「空間範圍」欄位,主要是利用「陡峭」與「非陡峭」進行加工區域劃分。如圖 8-2-6。

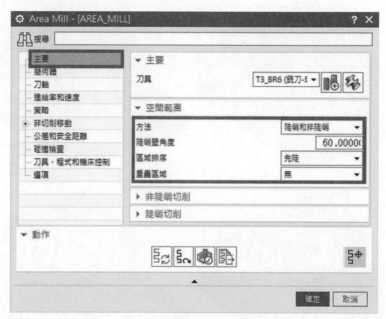

▲圖 8-2-6

❷ 在「方法」功能列的對話框中,「非陡峭」、「陡峭和非陡峭」、「陡峭」的設定方式依照設定如下(隱藏非切削移動)。如圖 8-2-7。

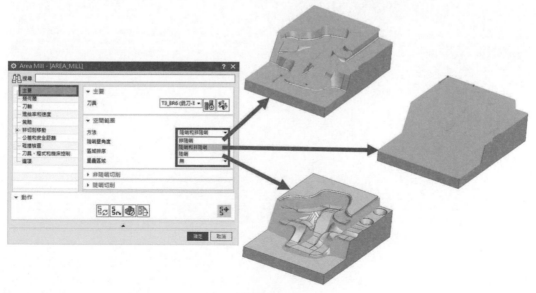

▲圖 8-2-7

❸ 「空間範圍」欄位中「方法」設為**非陡峭**,加工路徑僅會生成於較平坦的面,利用下方「陡峭壁角度」設定一值,所判定的範圍也會有所不同。如圖 8-2-8。

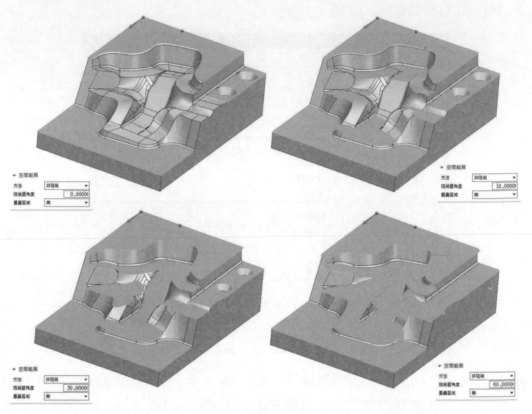

▲圖 8-2-8

❹ 「空間範圍」欄位中「方法」設為**陡峭和非陡峭**,下方會多「區域排序」
功能可以調整。如圖 8-2-9。

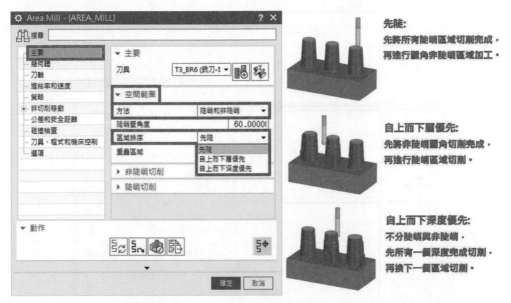

先陡:
先將所有陡峭區域切削完成,
再進行圓角非陡峭區域加工。

自上而下層優先:
先將非陡峭圓角切削完成,
再進行陡峭區域切削。

自上而下深度優先:
不分陡峭與非陡峭,
先所有一個深度完成切削,
再換下一個區域切削。

▲圖 8-2-9

❺ 而「重疊區域」功能主要在設定**陡峭**與**非陡峭**區域之間的路徑重疊量,可
選擇「距離」後給予 2mm,路徑即會重疊,避免產生殘料。如圖 8-2-10。

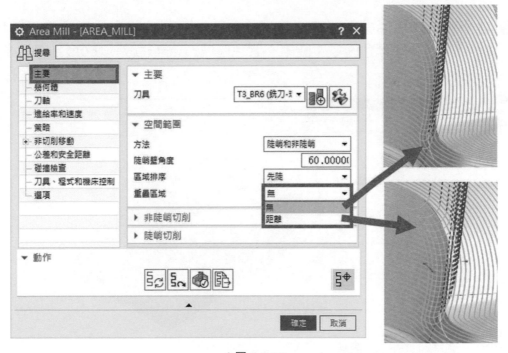

▲圖 8-2-10

加工區域建立介紹

❶ 在「幾何體」的對話框中，點擊切削區域 ，進入切削區域對話框，陡峭空間範圍選擇「陡峭和非陡峭」角度為 50 度，直接點擊建立區域清單 按鈕。如圖 8-2-11。

▲圖 8-2-11

❷ 在切削區域對話框中，建立區域後，可以看到軟體會辨識好幾個區域出來，(非陡峭：藍色區域；陡峭：紫色區域)，分類就是以**50度**為基準。如圖8-2-12。

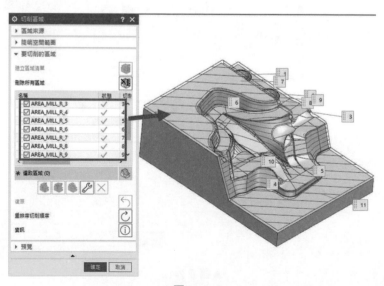

▲圖 8-2-12

❸ 建立區域後，在「主要」分頁有「非陡峭切削」與「陡峭切削」二項選項，可以各別設定**不同的跑法**及**步距**。如圖8-2-13。

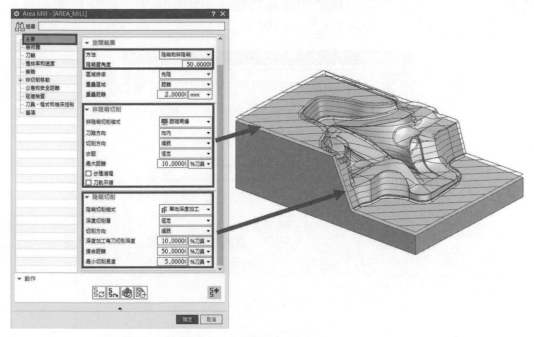

▲圖 8-2-13

❹ 確定後，透過 🔄 按鈕產生路徑。如圖 8-2-14。

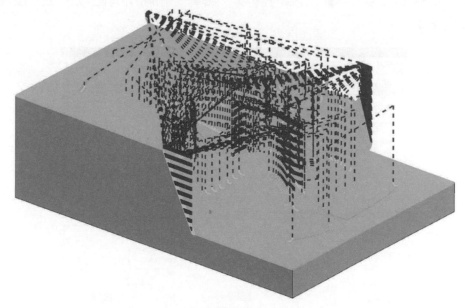

▲圖 8-2-14

349

區域劃分條件修改後的注意事項

❶ 如有更改「空間範圍」欄位的**任意功能**,「切削區域」皆要重新劃分。可將「陡峭壁角度」改為 60 度。如圖 8-2-15。

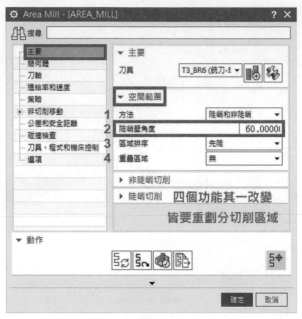

▲圖 8-2-15

❷ 分頁切至「幾何體」後,點擊「切削區域」 🗑 按鈕後,會發現下方清單中狀態欄位會產生 🕐 已過時區域,點擊「刪除所有區域」 🗑 按鈕。如圖 8-2-16。

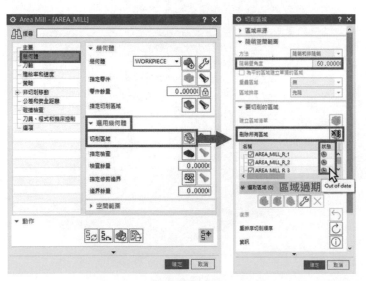

▲圖 8-2-16

❸ 刪除後，再次點擊建立區域清單 按鈕，即會按照新條件進行區域劃分。如圖8-2-17。

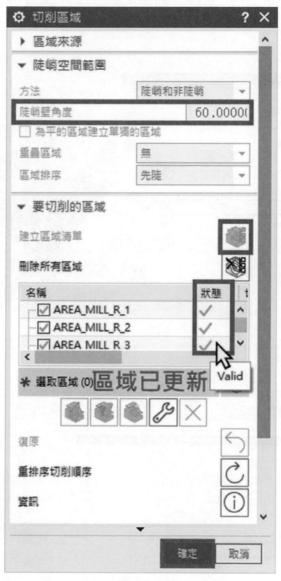

▲圖 8-2-17

區域加工的順序設置與分割結合

❶ 先將剛所建立的「切削區域」利用「刪除所有區域」 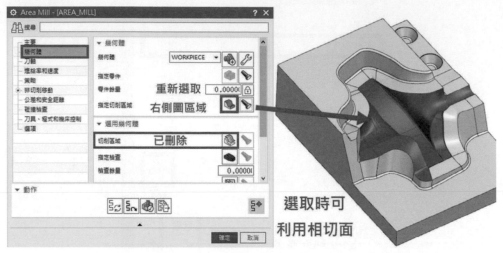 按鈕將其刪除，確定後，再進入「指定切削區域」 按鈕將切削區域改為圖中深綠色範圍。如圖 8-2-18。

▲圖 8-2-18

❷ 再重新利用「切削區域」 按鈕重新建立劃分區域。如圖 8-2-19。

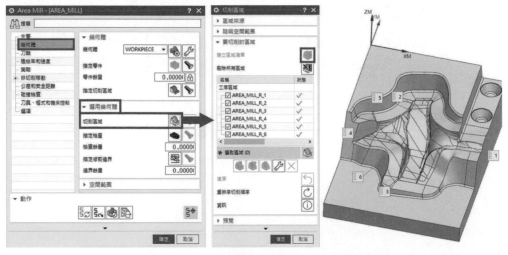

▲圖 8-2-19

352

❸ 區域列表中,目前為預設建立順序,可以點擊到選項編號,所對應的區域將會高亮度顯示。如圖 8-2-20。

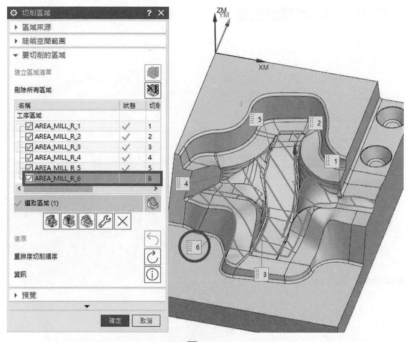

▲圖 8-2-20

❹ 區域列表中,點擊區域即可拖拉順序,比方說將第 6 個區域往上拖拉至第 4 個順序,加工順序即有所改變。如圖 8-2-21。

▲圖 8-2-21

❺ 區域列表中，可以看到經過排序後的加工區域已經產生變化。
如圖8-2-22。

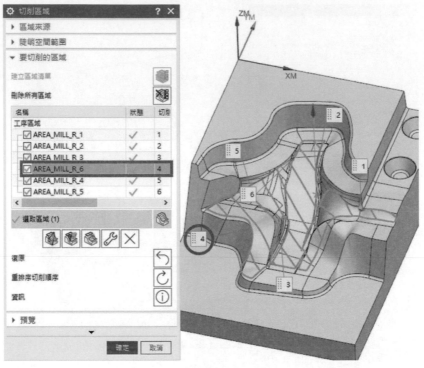

▲圖 8-2-22

❻ 選擇 AREA_MILL_R_6（4 號）區域，再點擊分割 按鈕。如圖 8-2-23。

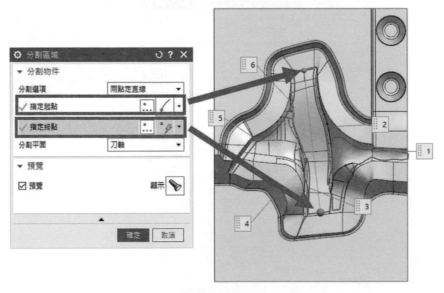

▲圖 8-2-23

❼ 點擊後，利用「兩點定直線」的分割法，選取圖中起點與終點。
如圖 8-2-24。

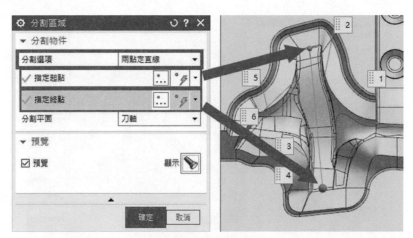

▲圖 8-2-24

●若選取不到曲線的上的點，請到開啟抓點 ⊕ 功能，使用 ⟋ 曲線上的
點。如圖8-2-25。

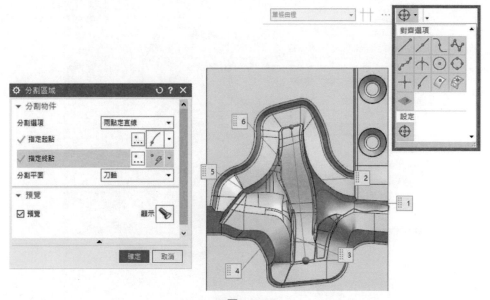

▲圖 8-2-25

❽ 確定後會發現原先的「AREA_MILL_R_6」被分割成 **_1**、**_2** 兩區域。
如圖 8-2-26。

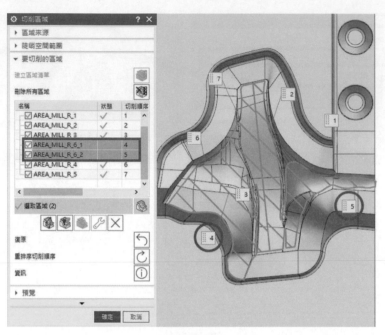

▲圖 8-2-26

❾ 除分割外，可點選「AREA_MILL_R_6_2」後點擊下方刪除 ⊠ 按鈕，可將
此區域移除。如圖 8-2-27。

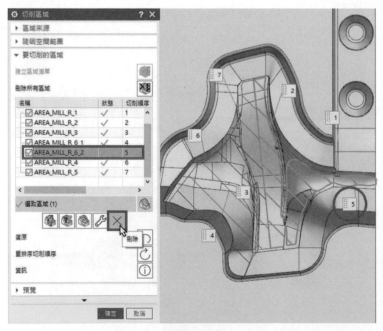

▲圖 8-2-27

⑩ 刪除後，區域劃分曲線隨即消失，退出切削區域功能後，計算路徑後可以得到以下結果。如圖 8-2-28。

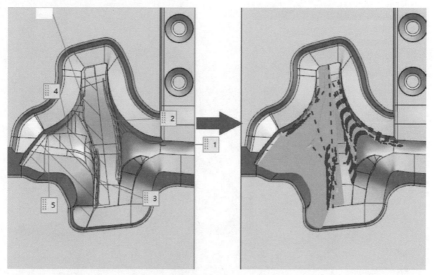

▲圖 8-2-28

⑪ 回到「切削區域」🗀 按鈕中，將圖中區域也利用 ✕ 按鈕刪除。如圖 8-2-29。

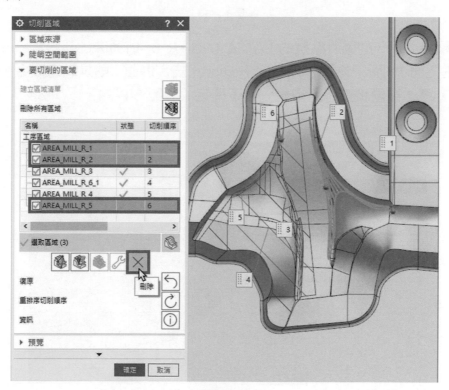

▲圖 8-2-29

⓵ 刪除後區域僅剩 3 個，點選「AREA_MILL_R_6_1」後點擊下方 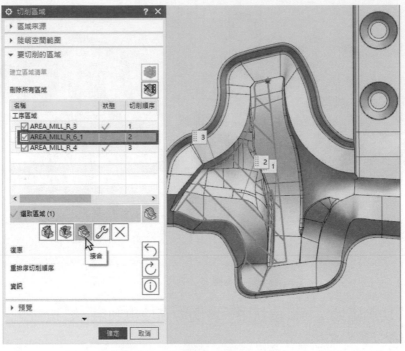 按鈕。如圖 8-2-30。

▲圖 8-2-30

⓭ 點擊接合後，剛剛所點選的「AREA_MILL_R_6_1」即為 Select Target Region（主要面），而下方 Select Tool Regions(被合併面) 則是點選要合併哪個區域，將 **1 號區域**進行選取後，按下確定。如圖 8-2-31。

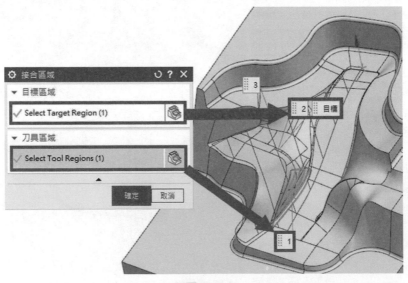

▲圖 8-2-31

⓮ 確定後，1號區域與2號區域會結合成一塊。僅保留「AREA_MILL_R_6_1」區域，並將「AREA_MILL_R_4」區域刪除。如圖 8-2-32。

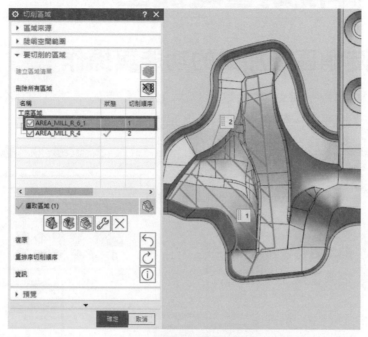

▲圖 8-2-32

⓯ 重新計算後，原先「1號區域」被劃分成**陡峭範圍**，但因1號區域是**被合併**，故加工方式會被主要區的「AREA_MILL_R_6_1」影響，路徑從而變成**非陡峭跑法**。如圖8-2-33。

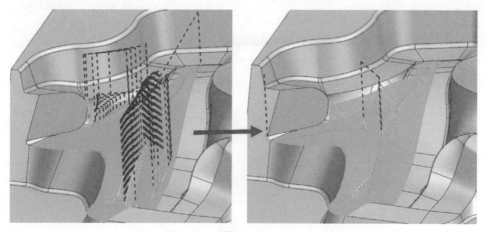

▲圖 8-2-33

8-3 非陡峭區域加工

學習非陡峭區域加工的功能與操作

❶ 對「PROGRAM」資料夾點擊滑鼠右鍵→「插入」→「工序」，選擇類型「mill_contour」，選取子工序「區域加工 AREA_MILL_1」。如圖 8-3-1。

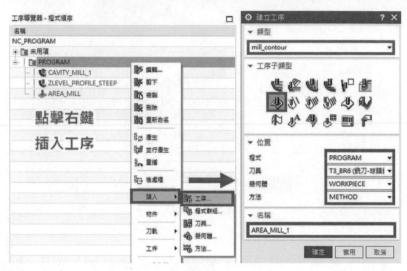

▲圖 8-3-1

❷ 在「幾何體」分頁中，點選「指定切削區域」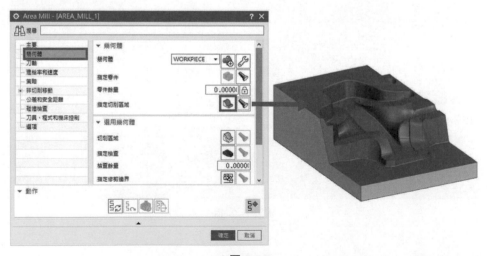 按鈕，將圖中輪廓面選取。如圖8-3-2。

▲圖 8-3-2

❸ 切回「主要」分頁,「空間範圍」欄位中的「方法」選擇非陡峭,「陡峭角度」設定 90 度,並在「非陡峭切削」欄位設定切削模式與步距,並點擊 🔄 按鈕產生路徑。如圖 8-3-3。

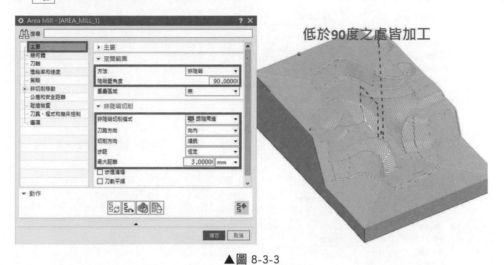

▲圖 8-3-3

❹ 「非陡峭切削」欄位中的「步進清理」功能是指在轉角的地方位置,會再產生一刀接合的刀軌,主要目的是減少轉角時的殘餘料。如圖 8-3-4。

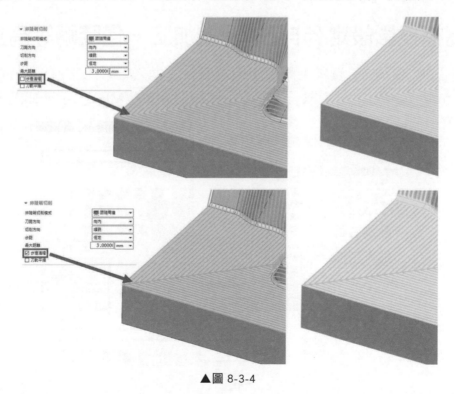

▲圖 8-3-4

❺ 下方「刀軌平順」功能是指在轉角的地方位置，會將刀軌直角的地方調整為**圓角**，可以適當的保護刀具，但須注意殘餘料是否產生。如圖 8-3-5。

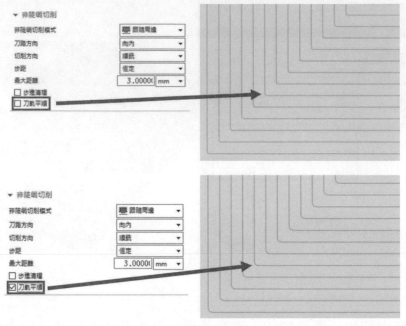

▲圖 8-3-5

等高補投影設定 (非陡峭區域加工 + 僅陡峭等高加工)

❶ 對「PROGRAM」資料夾點擊滑鼠右鍵→「插入」→「工序」，選擇類型「mill_contour」，選取子工序「區域加工 AREA_MILL_2」。如圖 8-3-6。

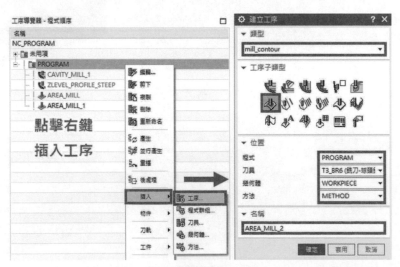

▲圖 8-3-6

❷ 在「主要」的對話框中,「空間範圍」與「非陡峭切削」參數設定如下,
設定完成點擊 按鈕產生路徑。如圖 8-3-7。

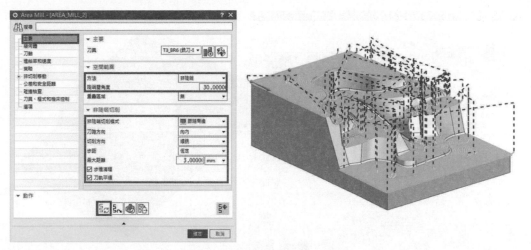

▲圖 8-3-7

❸ 接下來,對「PROGRAM」資料夾點擊滑鼠右鍵→「插入」→「工序」,
選擇類型「mill_contour」,選取子工序「等高加工 ZLEVEL_PROFILE_
STEEP_1」。如圖 8-3-8。

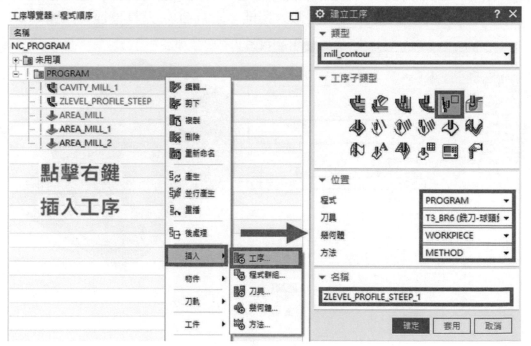

▲圖 8-3-8

❹ 切至「幾何體」分頁，點擊「指定切削區域」 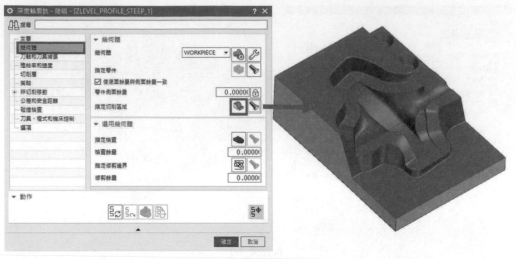 按鈕後，選取下圖輪廓面。如圖8-3-9。

▲圖 8-3-9

❺ 切回「主要」分頁，「刀軌設定」欄位中「陡峭空間範圍」選擇僅陡峭的，下方「角度」設定 28 度，「最大距離」設為 20% 刀具直徑。如圖 8-3-10。

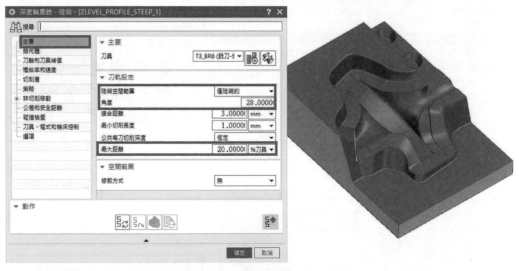

▲圖 8-3-10

⑥ 接下來按照下圖設定後，點擊 ⟳ 按鈕產生路徑。如圖 8-3-11。

「切削層」→「切削層」→優化

「策略」→「切削方向和順序」→「切削方向」→混合

「非切削移動」→「進刀 / 退刀 / 步進」→「取代為平順連線」→勾選

▲圖 8-3-11

⑦ 在程式順序視圖中，點擊「非陡峭區域加工」與「等高加工」兩項工法，即為等高補投影加工，這在需要拆離工序加工時是常使用的手法。

如圖 8-3-12。

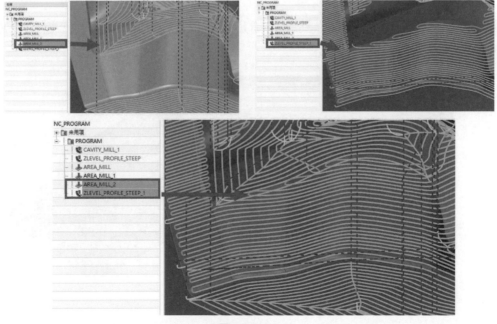

▲圖 8-3-12

8-4 陡峭區域加工

▌學習陡峭區域加工的功能與操作

❶ 對「PROGRAM」資料夾點擊滑鼠右鍵→「插入」→「工序」，選擇類型
「mill_contour」，選取子工序「區域加工 AREA_MILL_3」。如圖 8-4-1。

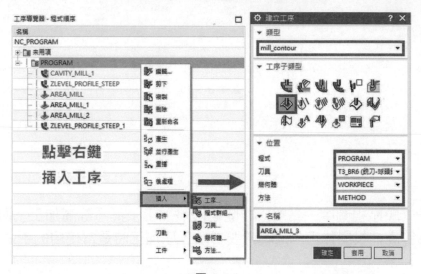

▲圖 8-4-1

❷ 切至「幾何體」分頁，點擊「指定切削區域」 按鈕後，選取下圖輪廓
面。如圖8-4-2。

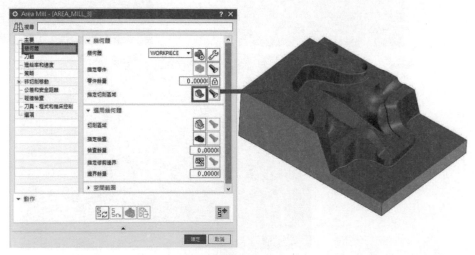

▲圖 8-4-2

❸ 切回「主要」分頁,「空間範圍」欄位「方法」選擇陡峭,陡峭壁角度 30 度,「陡峭切削」欄位的設定如下圖,完成後點擊 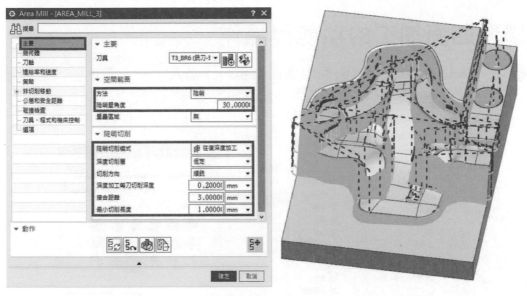 按鈕產生路徑。如圖 8-4-3。

▲圖 8-4-3

❹ 分頁切到「非切削移動」→「平順」,將「取代為平順連線」功能勾選後,使進/退刀的刀軌,可以得到優化,點擊  按鈕產生路徑。如圖8-4-4。

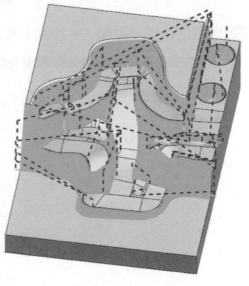

▲圖 8-4-4

8-5 曲面加工

▌學習曲面加工的功能與操作

❶ 在「PROGRAM」資料夾點擊滑鼠右鍵→「插入」→「工序」，選擇類型
「mill_contour」，選取子工序「曲面加工 CONTOUR_SURFACE_AREA」。
如圖 8-5-1。

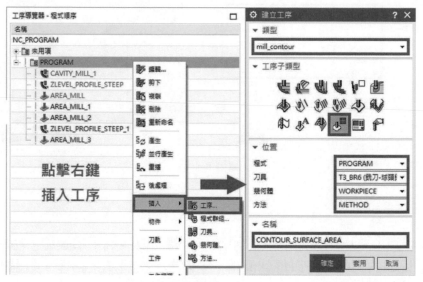

▲圖 8-5-1

❷ 進到工法後，點擊 🔄 按鈕，會顯示未指定驅動幾何體。如圖 8-5-2。

▲圖 8-5-2

❸ 點選確定後，首先需要在「主要」分頁中，在「驅動方法」選擇為曲面區域，並點擊 🔧 按鈕，進入「曲面區域驅動方法」對話框。如圖 8-5-3。

▲圖 8-5-3

❹ 在曲面區域驅動方法的對話框中，點擊「指定驅動幾何體」 🗝 按鈕，選取圖中藍色曲面後確定。如圖 8-5-4。

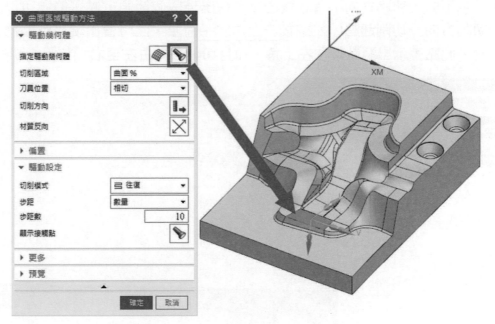

▲圖 8-5-4

❺ 點選曲面作為驅動體,要特別注意黃色座標箭頭方向一定要指向面的外側,若方向有錯可利用「材質反向」 ⨯ 按鈕進行方向切換。如圖 8-5-5。

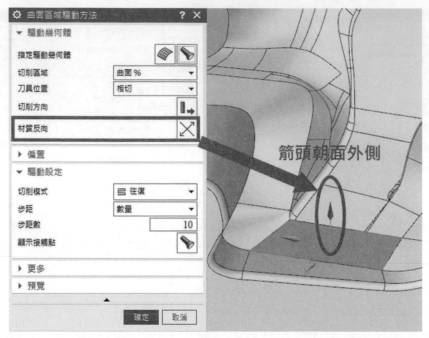

▲圖 8-5-5

❻ 點擊下方「切削方向」 ⬛ 按鈕後,會出現數個箭頭,點選箭頭可以設定**切削方向**及**切削起點**,點選後左上角水平箭頭,此時會出現小圓圈標記符號,此點表示出發點落在**左上角**,並且**切削方向由左至右**。如圖 8-5-6。

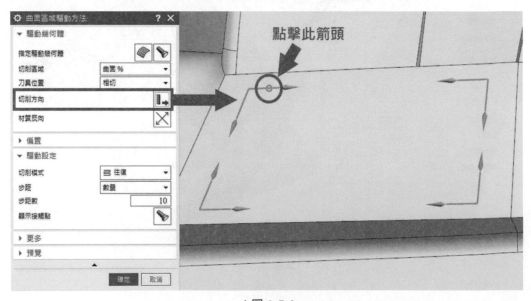

▲圖 8-5-6

❼ 在「切削區域」欄位重新選擇一次<u>曲面 %</u>，即會跳出「曲面百分比方法」對話框。如圖 8-5-7。

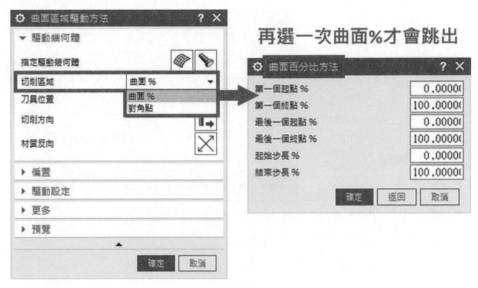

▲圖 8-5-7

❽ 下方六個欄位的依據皆參考剛剛所設定的「切削方向」，當切削方向設定在左上角水平箭頭時，六個欄位定義如下。如圖 8-5-8。

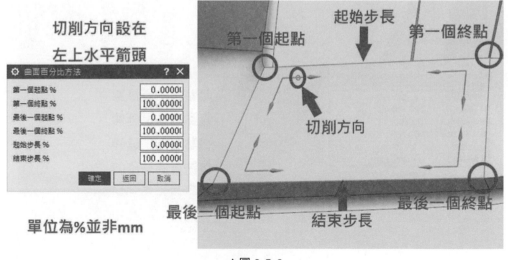

▲圖 8-5-8

❾ 更改「切削方向」，將出發點移動到右下垂直箭頭，六個欄位定義如下。
如圖 8-5-9。

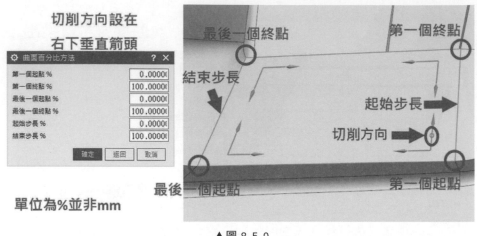

▲圖 8-5-9

❿ 可利用這六個欄位進行曲面**延伸**或**修剪**。如圖 8-5-10。
「起點要延伸」輸入為**負值**，反之「起點要修剪」輸入為**正值**。
「終點要延伸」輸入為**正值**，反之「終點要修剪」輸入為**負值**
設定如下圖，若要預覽變化則須點擊**確定**。

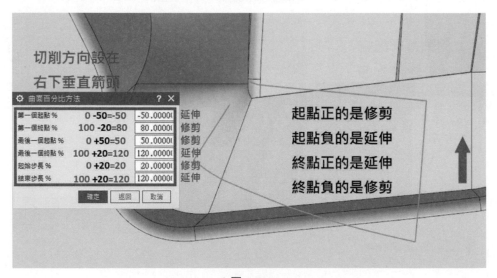

▲圖 8-5-10

⑪ 確定後,點擊 按鈕產生路徑,路徑按照剛剛所延伸 / 修剪的範圍「投影」在幾何模型上。如圖 8-5-11。

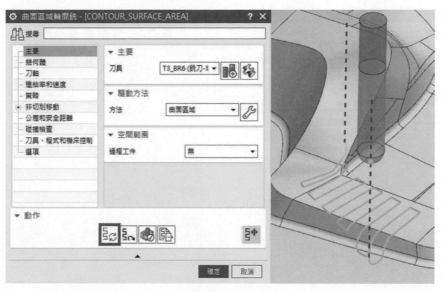

▲圖 8-5-11

曲面加工應用 – 多刀路

❶ 在「策略」分頁中,「多刀路」欄位,勾選多重深度切削,「零件餘量偏置」設定 4mm,「步進方法」選擇增量,並在下方增量欄位輸入 1mm 後,點擊 按鈕產生路徑。如圖 8-5-12。

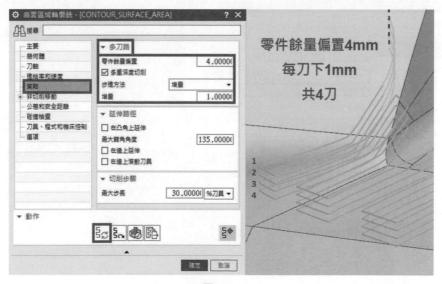

▲圖 8-5-12

❷ 也可將「步進方法」設為刀路數,並在「刀路數」欄位輸入 5,點擊 🔁 按鈕產生路徑。如圖 8-5-13。

▲圖 8-5-13

曲面加工應用 – 不認實體潛在風險與注意事項

❶ 將分頁切至「幾何體」,在「幾何體」欄位中將 WORKPIECE 改為 MCS_ MILL,並將「零件餘量」輸入 1mm,點擊 🔁 按鈕產生路徑。如圖 8-5-14。

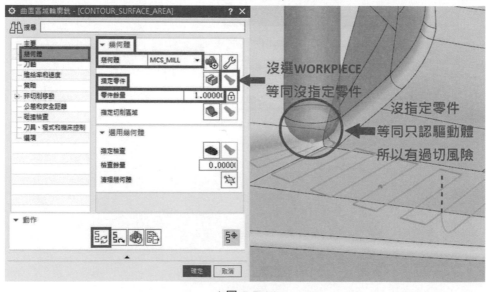

▲圖 8-5-14

❷ **沒有指定零件**除了**有過切風險外**,還會使「零件餘量」、「策略分頁」與「公差和安全距離分頁」內的設定**全部失效**。如圖 8-5-15。

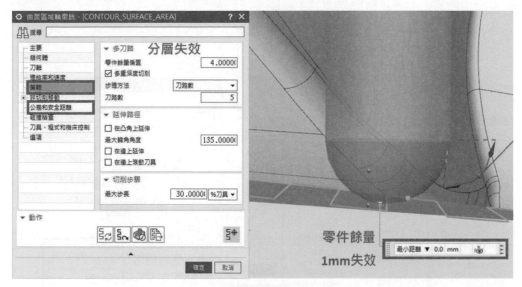

▲圖 8-5-15

❸ 若想有預留量,需透過「曲面區域驅動方法」對話框,設定「曲面偏置」距離為 3mm,同時若要設定**公差**,須在「更多」欄位「切削步長」調整為公差,並於下方輸入內外公差大小,確定後點擊 按鈕產生刀路。如圖 8-5-16。

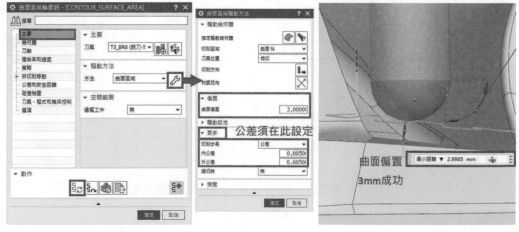

▲圖 8-5-16

曲面加工應用 – 不認實體優化刀軌

❶ 在「PROGRAM」資料夾點擊滑鼠右鍵→「插入」→「工序」，選擇類型「mill_contour」，選取子工序「曲面加工 CONTOUR_SURFACE_AREA_1」。如圖 8-5-17。

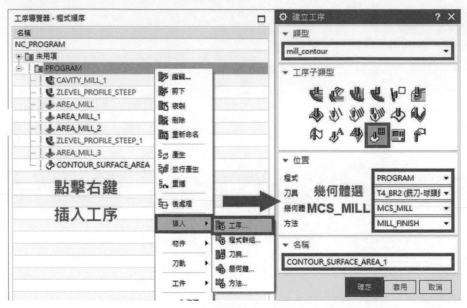

▲圖 8-5-17

❷ 在「主要」分頁→「驅動方法」欄位→「方法」選擇曲面區域，並點擊  按鈕，利用「指定驅動幾何體」按鈕，將圖中面選取。如圖8-5-18。

▲圖 8-5-18

❸ 利用「材質反向」 ⊠ 按鈕使箭頭朝上,再利用「切削方向」欄位→將切削起點定義在左上垂直箭頭。如圖 8-5-19。

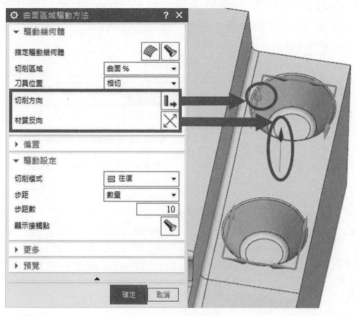

▲圖 8-5-19

❹ 確定後,點擊 🔄 按鈕產生刀路,會發現因選擇 MCS_MILL,所以路徑考慮依據皆以**驅動面為準**,且若此**驅動面內部**若有<u>缺口</u>、<u>孔洞</u>、<u>放電溝槽</u>等特徵,計算時也會一併忽略,可以減少補面時間。如圖 8-5-20。

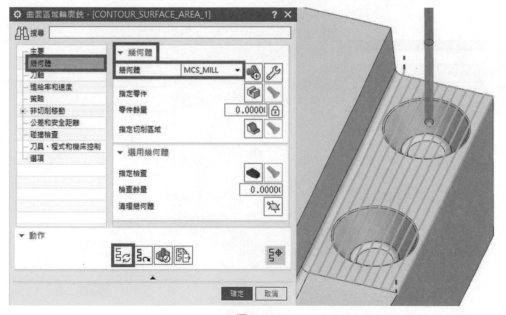

▲圖 8-5-20

曲面加工建構柵格線應用 – UV 面檢測

❶ 曲面區域輪廓的工序應用，需參考面的 U.V 方向來做刀軌的計算。而如何開啟面的方式如下：「功能表」→「編輯」→「物件顯示」→篩選方式選擇「面」。如圖 8-5-21。

▲圖 8-5-21

❷ 將圖中七個面選取後，會跳出「編輯物件顯示」對話窗，在「線架構顯示」欄位中 U 與 V 的數量都設定 10。如圖 8-5-22。

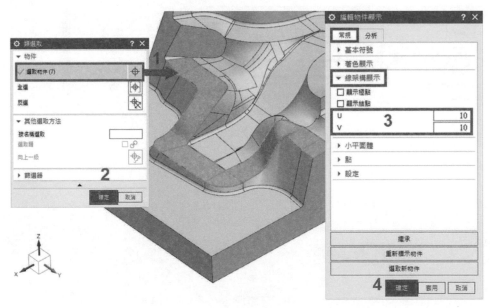

▲圖 8-5-22

❸ 將功能區分頁切到「視圖」→「樣式」→選擇「靜態線架構」，此時即可查看曲面 UV 線的分布狀況及品質。如圖 8-5-23。

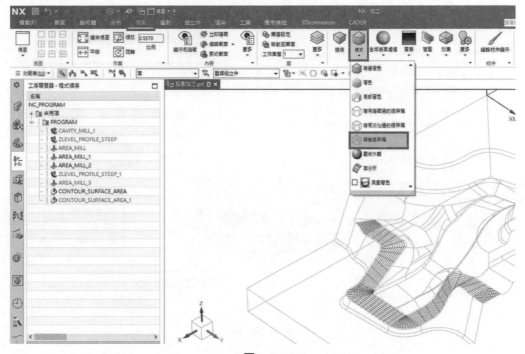

▲圖 8-5-23

● 當使用曲面作為驅動幾何體時，面與面之間的曲率連續就極其重要，就算二面是相鄰面，也會因曲率不連續而導致選取失敗，進而無法一起生成路徑。

● 當使用曲面作為驅動幾何體時，點選曲面時必須按照順序點選，不可跳選、回頭選。

曲面加工建構柵格線應用 – 公差調整

❶ 針對「PROGRAM」資料夾點擊滑鼠右鍵→「插入」→「工序」，選擇類型「mill_contour」，選取子工序「曲面加工 CONTOUR_SURFACE_AREA_2」。如圖 8-5-24。

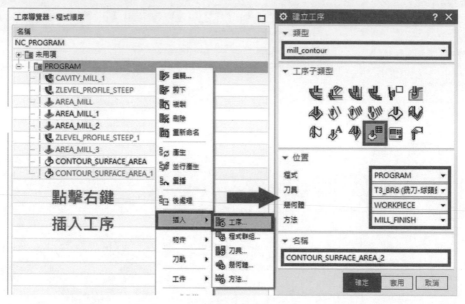

▲圖 8-5-24

❷ 「主要」分頁→「驅動方法」欄位→「方法」選擇曲面後，點擊 🔧 按鈕進入曲面區域驅動方法對話框。如圖 8-5-25。

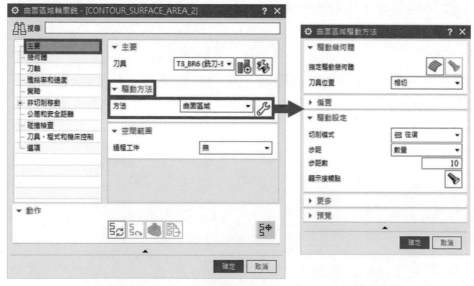

▲圖 8-5-25

❸ 點擊「指定驅動幾何體」 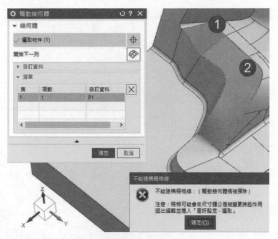 按鈕，開始選取順序 1 曲面與 2 的曲面，這時會出現「不能建構柵格線」報錯提示。如圖 8-5-26。

▲圖 8-5-26

❹ 此時可以在「功能表」→「喜好設定」→「選取」→「成鏈」欄位的「公差」設定為 2mm。如圖 8-5-27。

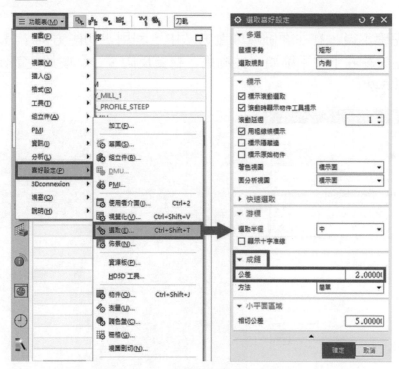

▲圖 8-5-27

● 此公差主要是判斷**面與面之間曲率連續的公差**，公差範圍內，**面與面會被強制接成曲率連續**，可能會導致**與原先的曲率相差太多**，故請適當使用。

⑤ 設置確定後，回到工法內的「驅動幾何體」對話框，開始選取圖中驅動體，此時也不會再跳警報。如圖8-5-28。

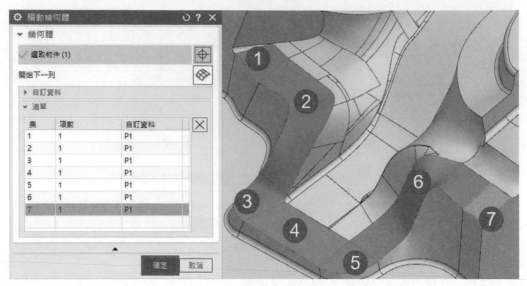

▲圖 8-5-28

⑥ 選擇完確定後，在曲面區域驅動方法中，利用「切削方向」 按鈕將切削起點設在右下水平箭頭，並利用「材質反向」 按鈕使箭頭向上。如圖 8-5-29。

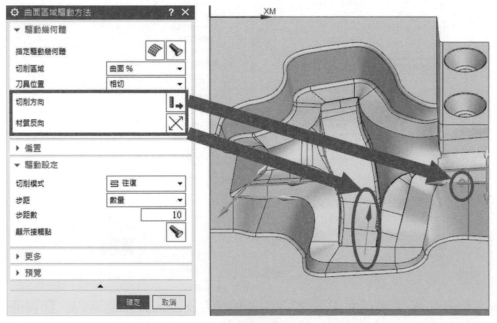

▲圖 8-5-29

❼ 在下方「驅動設定」欄位，將「步距」設為殘餘高度，並在「最大殘餘高度」、「垂直限制」與「水平限制」皆設定為 1mm，設定完畢後可以透過顯示接觸點 📍 按鈕預覽刀軌的間距。如圖 8-5-30。

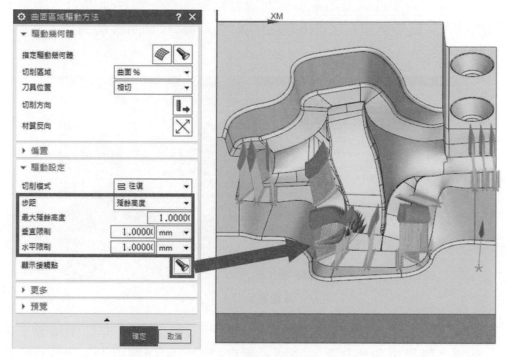

▲圖 8-5-30

❽ 確定後，透過 📇 按鈕產生刀軌路徑，此時會發現路徑不如預期的跑出驅動幾何體範圍外。如圖 8-5-31。

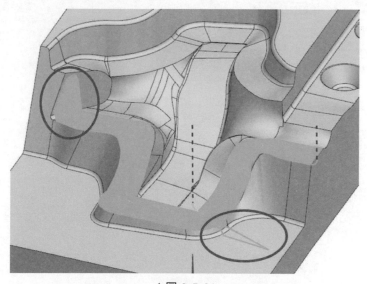

▲圖 8-5-31

曲面加工指定切削區域與平順應用

❶ 由於幾何體分頁中,將「幾何體」選擇 WORKPIECE,所以在計算路徑時會以所指定的零件外型為主,進而導致路徑因參照零件而提刀、爬牆、掉刀的情況,此時可以利用「指定切削區域」 🐱 按鈕將確切的加工面選取。如圖 8-5-32。

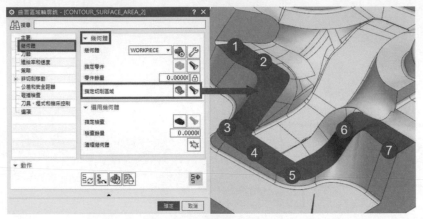

▲圖 8-5-32

❷ 刀軌計算後,可以看到進刀與退刀的部分,可以透過「非切削移動」中的「平順」選單「取代為平順連線」設定打勾,可以將進 / 退刀的部分進行優化。如圖 8-5-33。

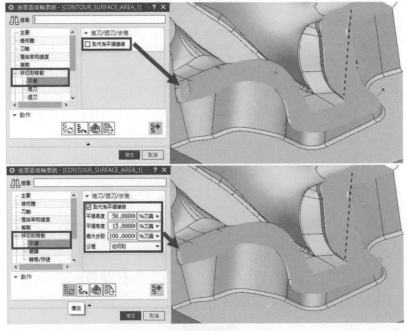

▲圖 8-5-33

多個曲面加工曲面百分比調整設定

❶ 在前面範例得知，若驅動幾何體僅<u>單獨一個面</u>，在曲面百分比方法內有六個控制點，而若驅動幾何體<u>不只一個面</u>時，在曲面百分比方法則僅剩四個<u>控制點</u>。如圖 8-5-34。

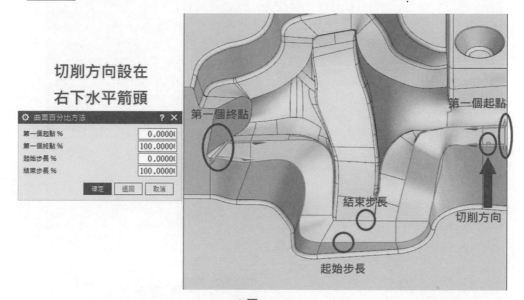

▲圖 8-5-34

❷ 在曲面百分比方法對話窗中，將「起始步長」設定為 5、「結束步長」設定為 99。如圖 8-5-35。

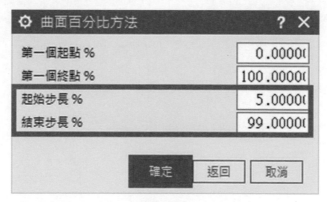

▲圖 8-5-35

❸ 確定後，進行路徑生成，此時會發現路徑與尚未設定曲面百分比方法前更加優化。如圖 8-5-36、圖 8-5-37。

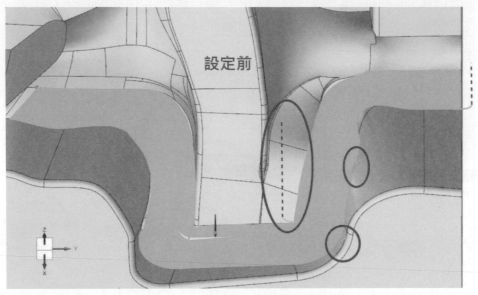

▲圖 8-5-36

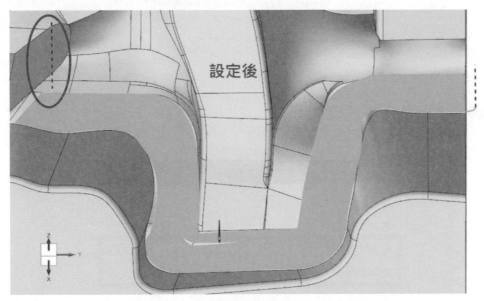

▲圖 8-5-37

曲面加工應用 – 步長設定

❶ 當刀軌計算完成後，輸出後處理 NC 代碼會產生出 X. Y. Z. 各座標點位，如想先觀察，可開啟「首頁」→「更多」→「端點」功能。如圖 8-5-38。

▲圖 8-5-38

❷ 而工法內有兩個選項可以直接影響點群的分布。
(1)「策略」分頁→「切削步驟」欄位→「最大步長」設定 0.1mm。
(2)「公差與安全距離」分頁→「公差」欄位「內外公差」皆設定 0.005mm。
如圖 8-5-39。

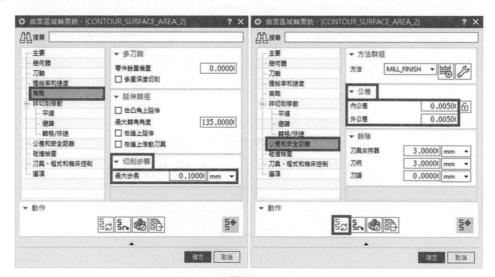

▲圖 8-5-39

❸ 點擊 按鈕產生刀路，端點的數量明顯變多、變密集。如圖 8-5-40。

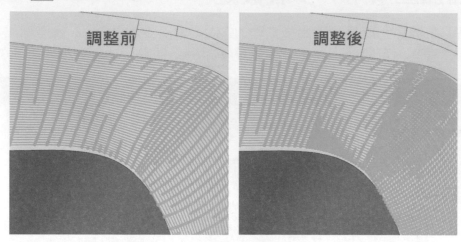

▲圖 8-5-40

● 「最大步長」與「內外公差」的設定值越小，表面品質越漂亮。

● 設定值越小，工法計算時間會越久，且 NC CODE 的字數會越多、檔案越大。

● **若工法不指定零件**時，要使表面品質更好，則要在「曲面區域驅動方法」→「更多」→將「切削步長」改為**公差**，並將「內外公差」設定值調小。如圖 8-5-41。

▲圖 8-5-41

8-6 流線加工

學習流線加工的功能與操作

❶ 對「PROGRAM」資料夾點擊滑鼠右鍵→「插入」→「工序」，選擇類型「mill_contour」，選取子工序「流線加工 STREAMLINE」。如圖 8-6-1。

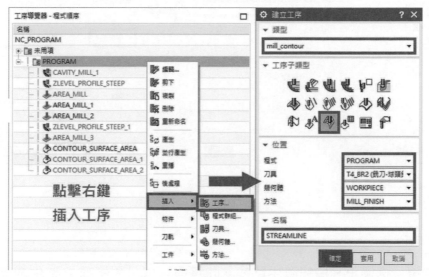

▲圖 8-6-1

❷ 點選確定後，在「幾何體」的分頁中，點擊「指定切削區域」 按鈕，選取圖中加工面。如圖 8-6-2。

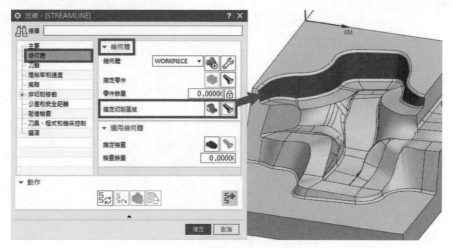

▲圖 8-6-2

❸ 點選確定後,首先需要在驅動方法的對話框中,選擇方法為「流線」,並點擊 🔧 按鈕,隨後會進入「流線驅動方法」對話框,將「驅動設定」設定如下圖。如圖 8-6-3。

▲圖 8-6-3

❹ 確定後,透過 🔄 按鈕產生路徑,此路徑可以針對複雜外型生成流線加工。如圖 8-6-4。

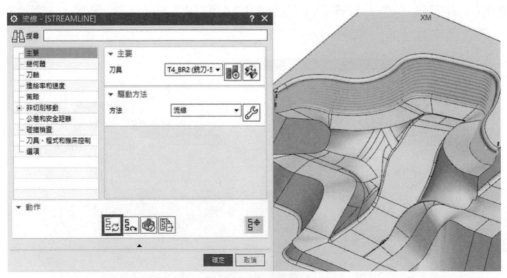

▲圖 8-6-4

流線驅動方法相關設定

❶ 對「PROGRAM」資料夾點擊滑鼠右鍵→「插入」→「工序」，選擇類型「mill_contour」，選取子工序「流線加工 STREAMLINE_1」。如圖8-6-5。

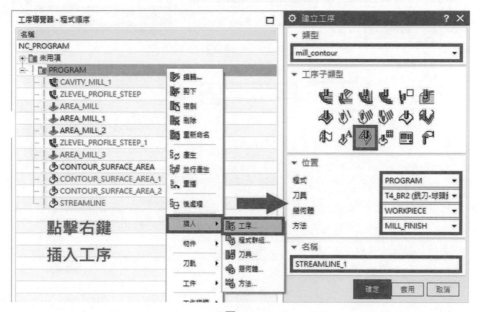

▲圖 8-6-5

❷ 確定後，在「幾何體」分頁中，點擊「指定切削區域」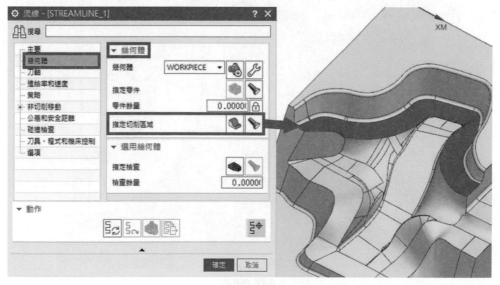 按鈕，選取下圖加工面。如圖 8-6-6。

▲圖 8-6-6

❸ 回到「主要」分頁，在「驅動方法」欄位，方法為「流線」時，若「指定切削區域」有選取切削面，則在後方 🔧 按鈕內的「流線驅動方法」會依據該切削面自動選取**流曲線**與**交叉曲線**。如圖 8-6-7。

▲圖 8-6-7

❹ 不論是流曲線或交叉曲線，線段方向都須一致，且若同時使用兩種曲線時，兩種曲線必須有交點。如圖8-6-8。

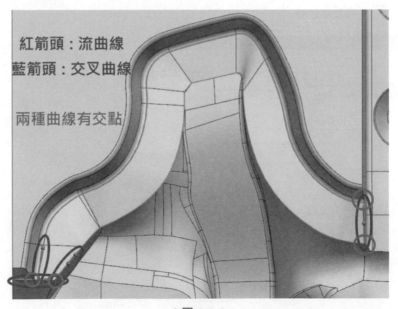

▲圖 8-6-8

392

❺ 「切削方向」欄位，點擊「指定切削方向」 ⬛ 按鈕，可指定進刀方向。
如圖 8-6-9。

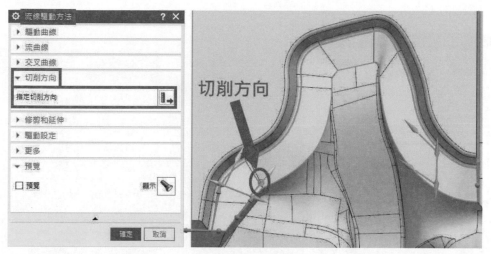

▲圖 8-6-9

❻ 「修剪和延伸」可以調整切削範圍，與 8-5 中的曲面 % 設定方式相同，需
參考「切削方向」的**位置**及**方向**，同時也可點擊最下方的預覽 ⬛ 按鈕進
行查看。如圖 8-6-10。

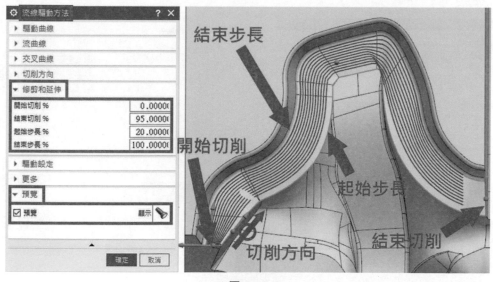

▲圖 8-6-10

❼ 在流線驅動方法的對話框中,設置「驅動設定」,指定「刀具位置」設為相切、「切削模式」設為往復、「步距」選擇數量、「步距數」設 20。如圖 8-6-11。

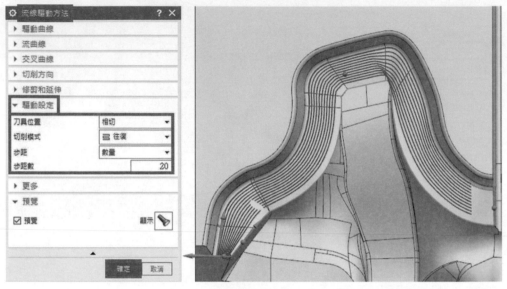

▲圖 8-6-11

❽ 確定後,透過 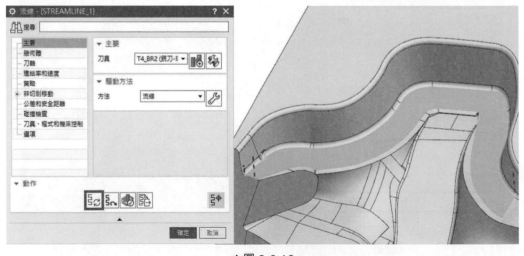 按鈕產生路徑,此刀路可以針對複雜外型生成流線加工。如圖 8-6-12。

▲圖 8-6-12

❾ 如路徑有多餘提退刀,可以從「非切削移動」→「平順」→「取代為平順連線」勾選,刀軌將會進行優化。如圖 8-6-13。

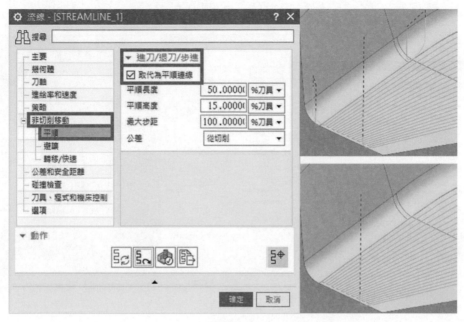

▲圖 8-6-13

流線加工手動設定

❶ 如有進行平順設定後,還是有刀軌發生不順的情況,需要調整流線驅動方法。如圖 8-6-14。

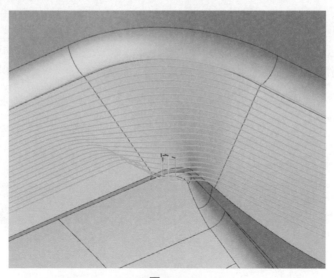

▲圖 8-6-14

❷ 回到流線驅動方法對話框,在「交叉曲線」選項點擊加入新集 ⊕ 按鈕,
繼續增加需要的交叉曲線,每要新增一條線段就必須點擊新增集 ⊕ 按
鈕,確保每一條線段都為獨立的。如圖 8-6-15。

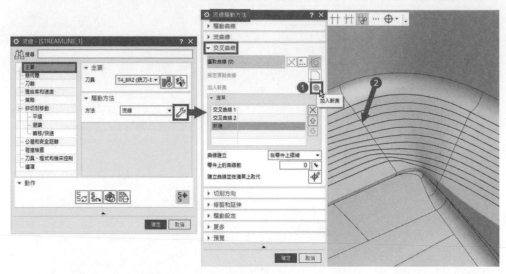

▲圖 8-6-15

❸ 利用「單條曲線」方式新增如下圖的兩條交叉曲線,選取時,**箭頭方向**須
特別注意是否與其他交叉曲線保持一致。如圖 8-6-16。

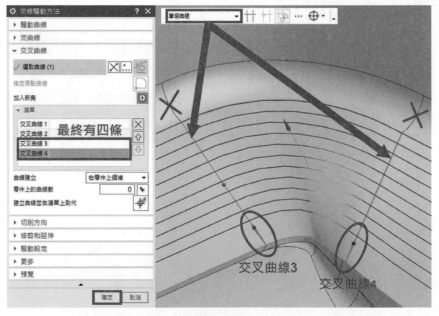

▲圖 8-6-16

④ 確定後,透過 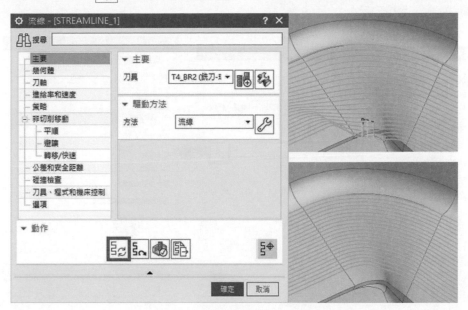 按鈕產生路徑後,可發現路徑明顯優化。如圖 8-6-17。

▲圖 8-6-17

流線加工 – 僅使用單一種曲線方式

① 對「PROGRAM」資料夾點擊滑鼠右鍵→「插入」→「工序」,選擇類型「mill_contour」,選取子工序「流線加工 STREAMLINE_2」。
如圖8-6-18。

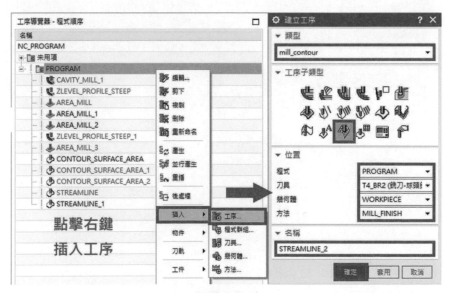

▲圖 8-6-18

❷ 在「主要」分頁,「選擇方法」為<u>流線</u>,並點擊 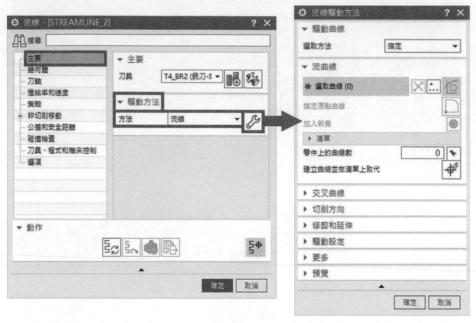 按鈕,進入「流線驅動方法」對話框。如圖 8-6-19。

▲圖 8-6-19

❸ 將圖中圓特徵邊線利用「流曲線」選取,每點擊新的曲線時須注意利用加入新集 ⊕ 圖示,且箭頭方向須一致。如圖 8-6-20。

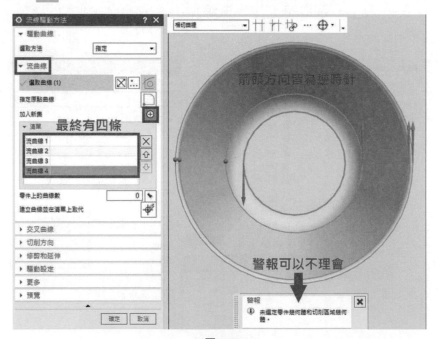

▲圖 8-6-20

❹ 下方「驅動設定」欄位,將「刀具位置」設定為接觸,「切削模式」設定為螺旋或平面螺旋,「步距」設定為殘餘高度,「最大殘餘高度」為0.02mm,點擊預覽 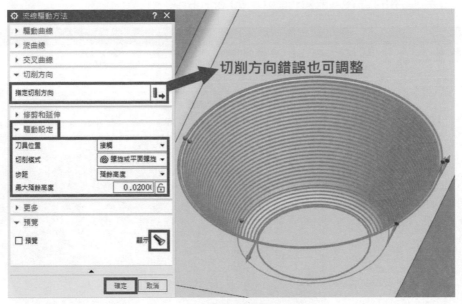 按鈕可以觀察對於驅動設定的刀軌密度。
如圖 8-6-21。

▲圖 8-6-21

❺ 確定後,透過 按鈕產生路徑,即可完成**僅利用流曲線**進行流線加工。
如圖 8-6-22。

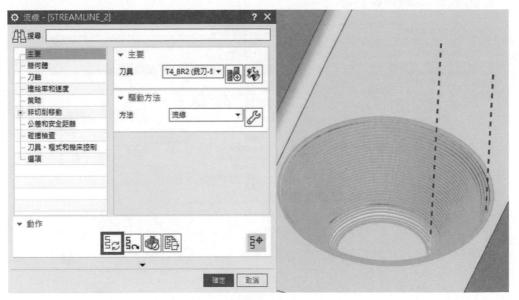

▲圖 8-6-22

流線加工 – 增加點加工

❶ 在功能區「幾何體」分頁→「Curve」欄位,選擇 ╋ 指令,使用「自動判斷點」方式→將滑鼠移到圓/圓弧線上,即會出現圓的「中心點」,點選「圓心」為使用的點後,按下確定。如圖 8-6-23。

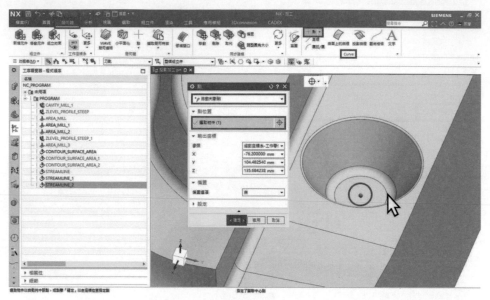

▲圖 8-6-23

❷ 回到「STREAMLINE_2」工法,點擊流線後方 🔧 按鈕進入流線曲動方法對話窗。如圖 8-6-24。

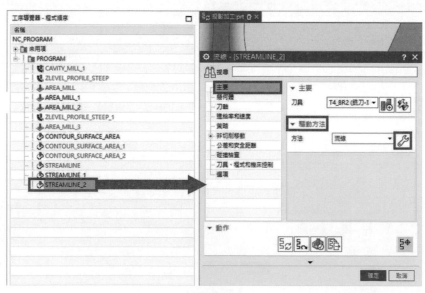

▲圖 8-6-24

❸ 在「流曲線」欄位點擊「加入新集」 ⊕ 圖示後,將剛所繪製的**點**選取,並按下確定。如圖 8-6-25。

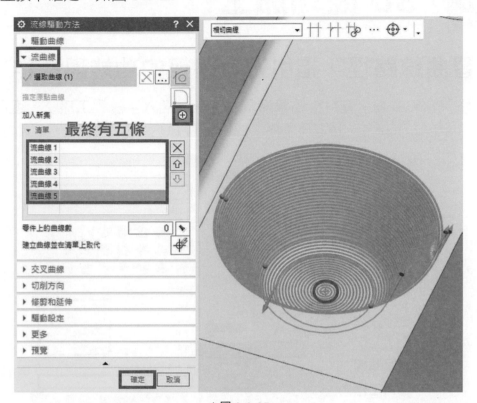

▲圖 8-6-25

❹ 點擊 按鈕確認計算,完成增加中心點螺旋切削刀軌。如圖 8-6-26。

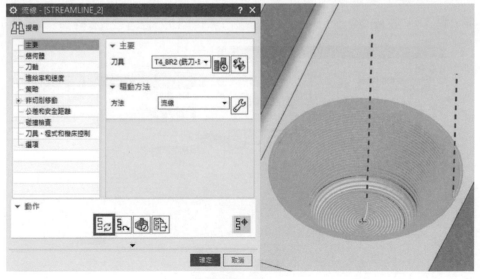

▲圖 8-6-26

8-7 3D 曲線加工

▌學習曲線路徑，指引刀軌路徑的功能與操作

❶ 對「PROGRAM」資料夾點擊滑鼠右鍵→「插入」→「工序」，選擇類型「mill_contour」，選取子工序「曲線驅動 CURVE_DRIVE」。如圖 8-7-1。

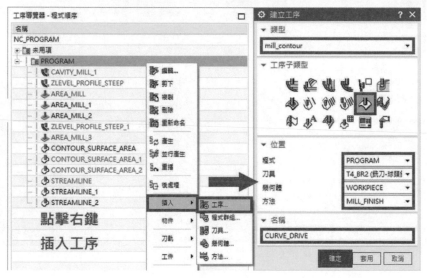

▲圖 8-7-1

❷ 進入「主要」功能區，首先需要在驅動方法的對話框中，選擇方法為「曲線/點」，並點擊 🔧 ，進入「曲線/點驅動方法」對話框。如圖 8-7-2。

▲圖 8-7-2

❸ 首先需要在曲線 / 點驅動方法的對話框中，選擇下圖線段。如圖 8-7-3。

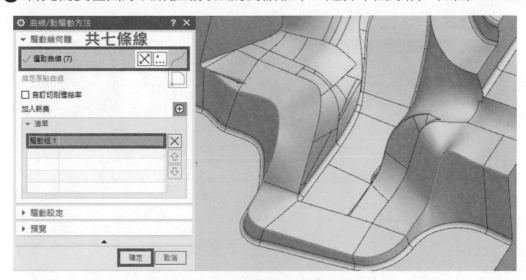

▲圖 8-7-3

❹ 確定後，點擊 🔄 按鈕產生路徑，可以發現路徑生成於曲線上。
如圖8-7-4。

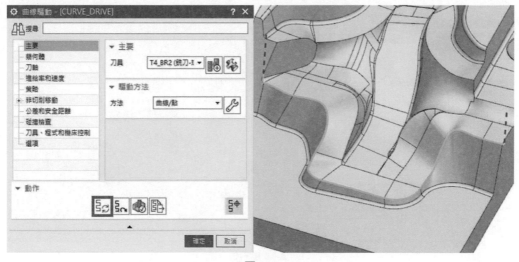

▲圖 8-7-4

❺ 若有需要調整進退刀方向,可以**左鍵快點箭頭兩下**或點擊選取曲線中的
　 🗵 按鈕進行方向切換。如圖 8-7-5。

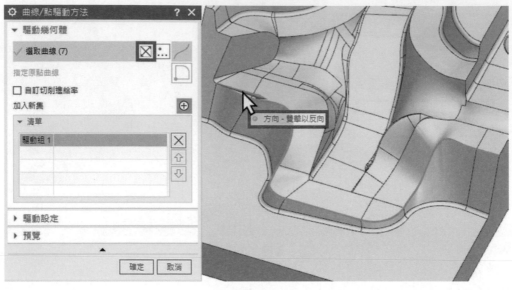

▲圖 8-7-5

❻ 透過 🔃 按鈕確認刀軌計算,完成切削曲線方向調整的刀軌。如圖 8-7-6。

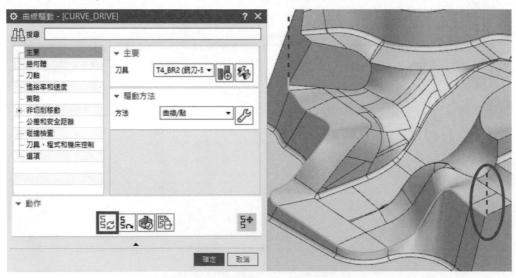

▲圖 8-7-6

8-8 3D 曲面文字加工

學習 3D 曲線文字加工的功能與操作

❶ 在功能區「幾何體」分頁→點擊「草圖」指令,利用「根據平面」點擊此模型最高平面。如圖 8-8-1。

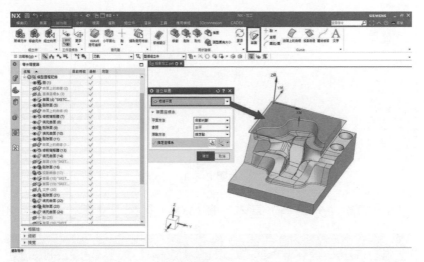

▲圖 8-8-1

❷ 進入草圖環境「首頁」→點擊「偏置」指令,選取圖中所需線段,並**向右偏移**距離 <u>10mm</u>。如圖 8-8-2。

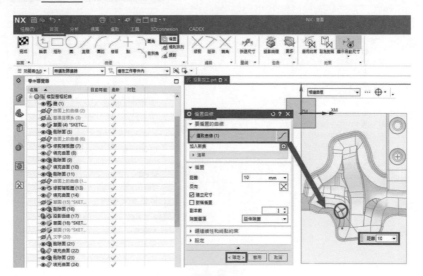

▲圖 8-8-2

❸ 確定後，點擊「完成」按鈕，離開草圖環境。如圖 8-8-3。

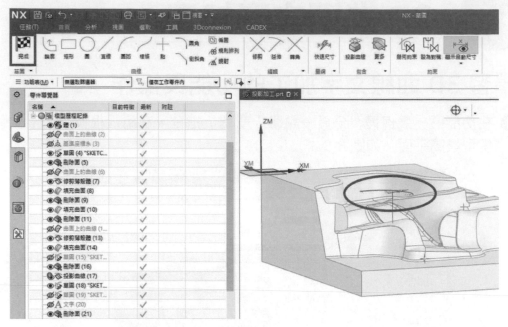

▲圖 8-8-3

❹ 在功能區「曲線」分頁→「基本」欄位中，點選「文字」指令。如圖 8-8-4。

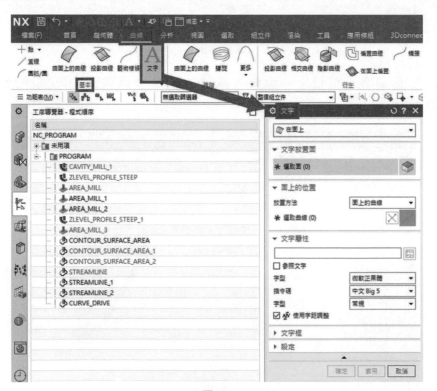

▲圖 8-8-4

❺ 將放置選項選擇曲線上,「文字屬性」欄位輸入 CAM PRO,並可輸入相關設定,文字類型、字型⋯等,文字大小可直接拖拉文字框的兩端箭頭,靠近偏置曲線位置,將會自動固定鎖曲線模式。如圖 8-8-5。

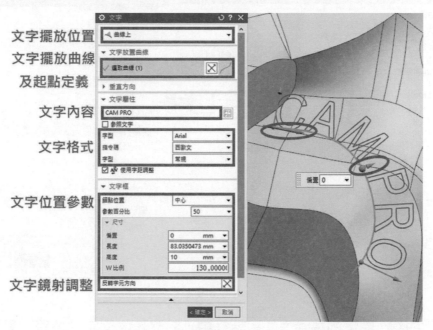

▲圖 8-8-5

❻ 對「PROGRAM」資料夾點擊滑鼠右鍵→「插入」→「工序」,選擇類型「mill_contour」,選取子工序「 曲線驅動 CURVE_DRIVE_1 」。如圖 8-8-6。

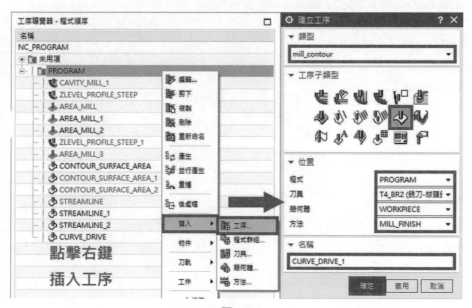

▲圖 8-8-6

❼ 在「主要」分頁,「方法」為曲線／點,並點擊 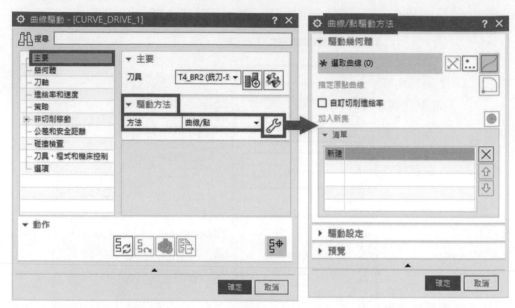 按鈕,進入「曲線／點驅動方法」對話框。如圖 8-8-7。

▲圖 8-8-7

❽ 在「曲線／點」的驅動方法對話框中,點擊輪廓文字的線段,點擊一條連續的輪廓線段就必須點擊新增集 ⊕ 按鈕,以此類推,例如 A 的文字為兩條連續輪廓線段組成,就必須分開點選。如圖 8-8-8。

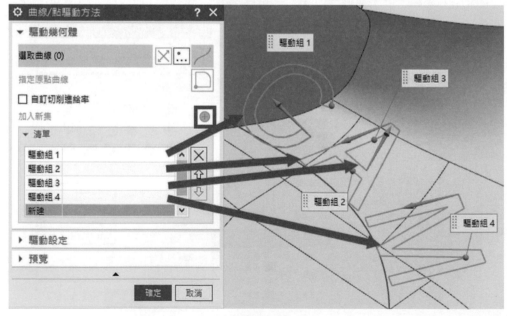

▲圖 8-8-8

❾ 選取完成後共會有 10 組驅動體。如圖 8-8-9。

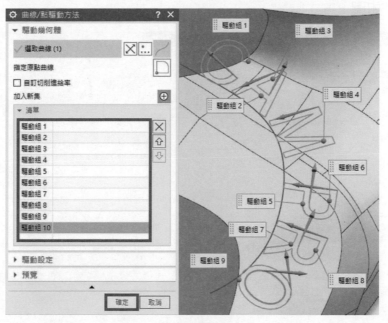

▲圖 8-8-9

❿ 在幾何體，設置餘量的「零件餘量」為 -0.2mm，進入非切削移動對話框，設置進刀的「進刀類型」為插削。如圖 8-8-10。

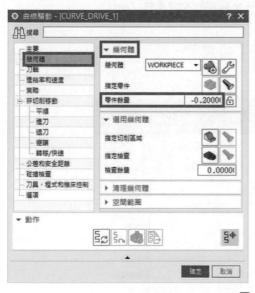 

▲圖 8-8-10

⑪ 確定後，透過  按鈕產生路徑，路徑會沿著 Z 軸向下投影至所接觸到的曲面。如圖 8-8-11。

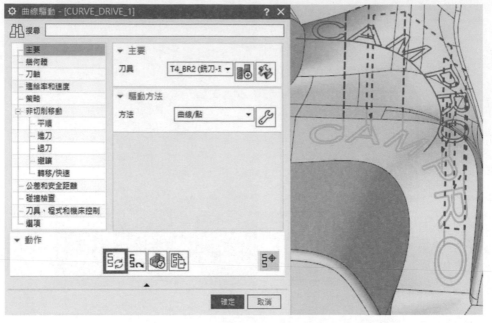

▲圖 8-8-11

學習 3D 註釋文字加工的功能與操作

❶ 在功能區「幾何體」分頁的 ⊥ 按鈕下拉選擇，點選註釋指令。如圖8-8-12。

▲圖 8-8-12

❷ 在「文字輸入」欄位輸入凱德科技，並於「設定」欄位點擊設定 🗛 按鈕，
將文字類型選擇微軟正黑體，「高度」設定為 14。如圖 8-8-13。

▲圖 8-8-13

❸ 關閉後，將文字放置於下圖紅色特徵面。如圖 8-8-14。

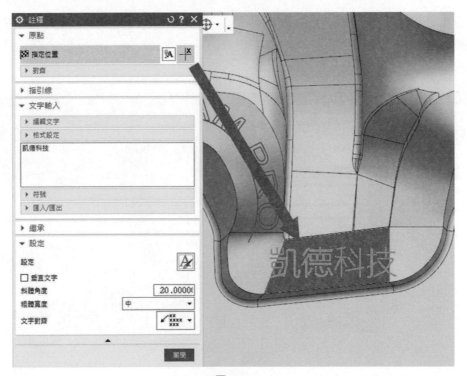

▲圖 8-8-14

411

❹ 對「PROGRAM」資料夾點擊滑鼠右鍵→「插入」→「工序」，選擇類型「mill_contour」，選取子工序「文字投影加工 CONTOUR_TEXT」。如圖 8-8-15。

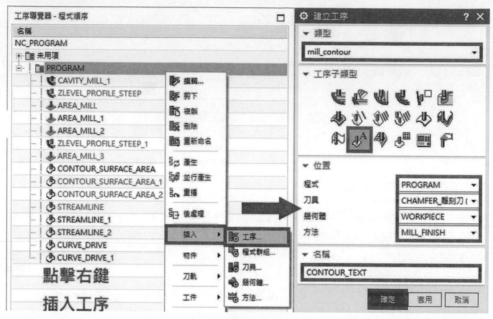

▲圖 8-8-15

❺ 在「主要」的分頁中，點擊「指定製圖文字」 A 按鈕，將「凱德科技」選定，下方「文字深度」輸入 0.25mm 後，點擊 按鈕產生路徑。如圖 8-8-16。

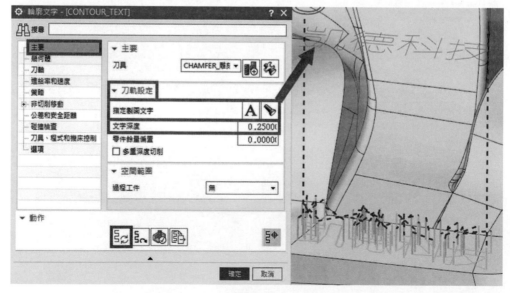

▲圖 8-8-16

8-9 單刀清角

學習單刀清角的功能與操作

❶ 針對「PROGRAM」資料夾點擊滑鼠右鍵→「插入」→「工序」，類型選
「mill_contour」，子工序選「單刀清角 FLOWCUT_SINGLE」。如圖 8-9-1。

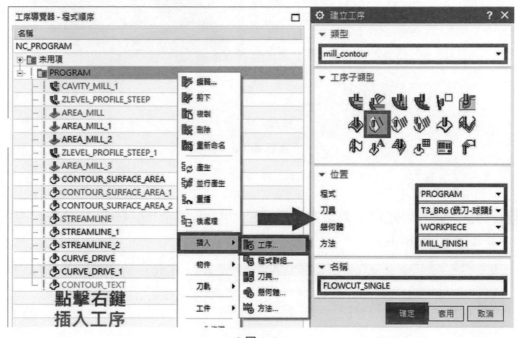

▲圖 8-9-1

❷ 在「幾何體」分頁中,點擊「指定切削區域」 🔲 按鈕,將圖中面選取。
如圖 8-9-2。

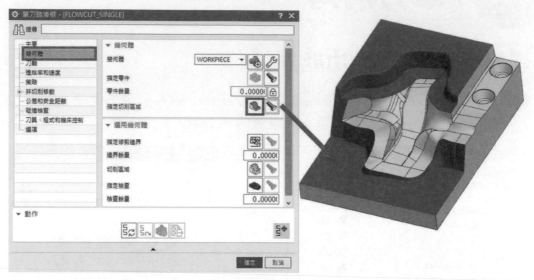

▲圖 8-9-2

❸ 再到「選用幾何體」欄位中,點選「切削區域」 🔲 按鈕,建立切削區域
清單。如圖 8-9-3。

▲圖 8-9-3

④ 點擊 [圖示] 後即會產生切削區域清單預覽，產生的刀路總共有5條清角刀路。如圖 8-9-4。

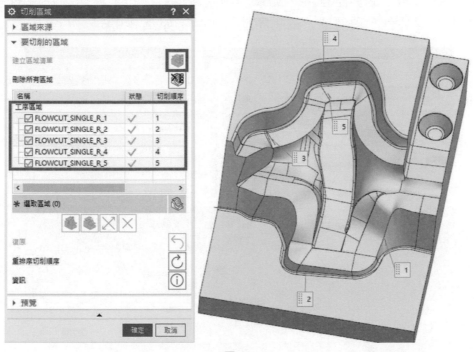

▲圖 8-9-4

⑤ 確定後，點擊 [圖示] 按鈕產生路徑，即能針對模型產生一刀式清角加工。如圖 8-9-5。

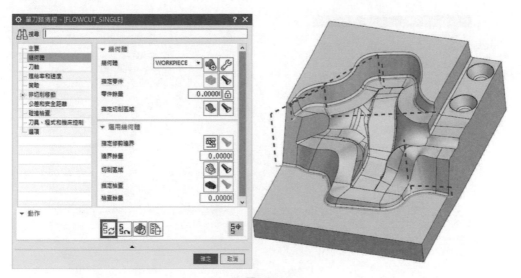

▲圖 8-9-5

單刀清角的使用者順序調整

❶ 在「幾何體」的對話框中，點擊切削區域 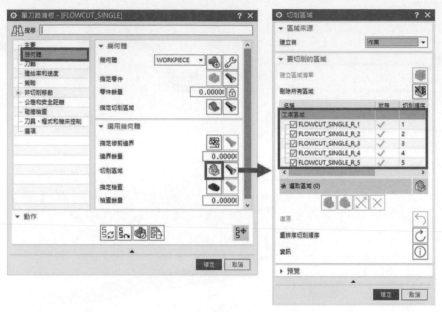 按鈕，在切削區域的區域列表中，總共有 5 項清單，依順序進行排列。如圖 8-9-6。

▲圖 8-9-6

❷ 在「切削區域」的對話框中，將區域列表的第1、3、5項刀路進行 ☒ 刪除，使切削順序進行調整。如圖8-9-7。

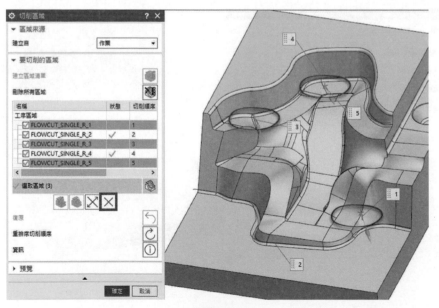

▲圖 8-9-7

❸ 調整完成後，刀路依照使用者設定，完成切削順序設定。如圖 8-9-8。

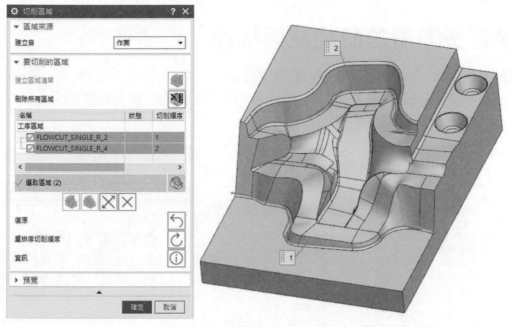

▲圖 8-9-8

❹ 透過 🔄 按鈕產生刀軌路徑，即為使用者定義單刀清角。如圖 8-9-9。

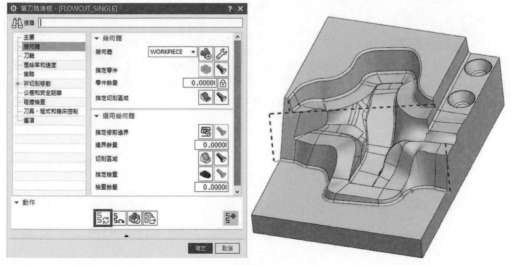

▲圖 8-9-9

417

8-10 多刀清角

學習多刀清角的功能與操作

❶ 對「PROGRAM」資料夾點擊滑鼠右鍵→「插入」→「工序」，選擇類型「mill_contour」，選取子工序「多刀清角 FLOWCUT_MULTIPLE」。如圖 8-10-1。

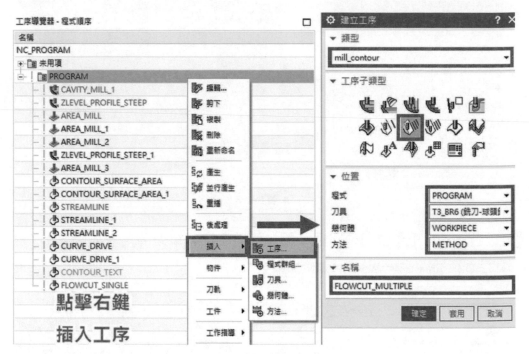

▲圖 8-10-1

❷ 在「幾何體」的分頁中,點擊「指定切削區域」 按鈕,將圖中面選取。如圖 8-10-2。

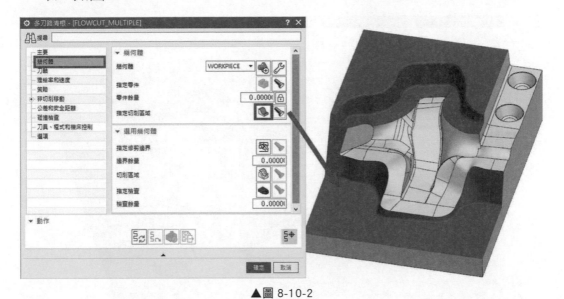

▲圖 8-10-2

❸ 在「幾何體」的分頁中,點擊「切削區域」 按鈕。如圖 8-10-3。

▲圖 8-10-3

❹ 點擊「建立區域清單」 🔲 按鈕後，即會產生切削區域清單預覽，產生的刀路總共有 5 條清角刀路。如圖 8-10-4。

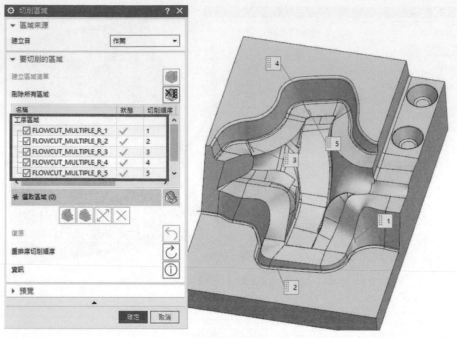

▲圖 8-10-4

❺ 在「切削區域」的對話框中，將區域列表的第 1、3、5 項刀路進行 ☒ 刪除，使切削順序進行調整。如圖 8-10-5。

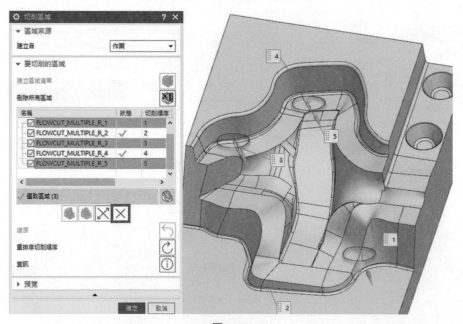

▲圖 8-10-5

❻ 確定後，在「順序」中可以設定多種不同的加工順序。如圖 8-10-6。

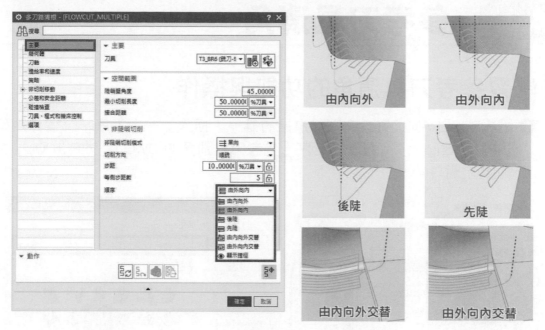

▲圖 8-10-6

❼ 透過 🔄 按鈕產生路徑，即為多刀路清角。如圖 8-10-7。

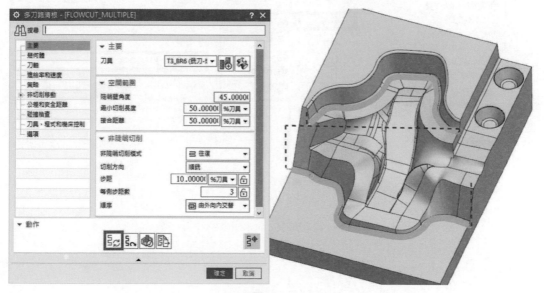

▲圖 8-10-7

8-11 參考刀具清角

學習參考刀具清角的功能與操作

❶ 對「PROGRAM」資料夾點擊滑鼠右鍵→「插入」→「工序」，選擇類型
「mill_contour」，選取子工序「參考刀具清角 FLOWCUT_REF_TOOL」。
如圖 8-11-1。

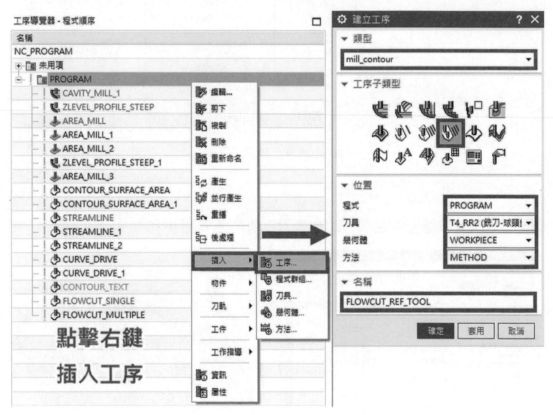

▲圖 8-11-1

❷ 在「主要」的對話框中，進入清角驅動方法的對話框中，將陡峭壁角度預設定為 60 度，參照刀具設定為「T6_BR3」的刀具。如圖 8-11-2。

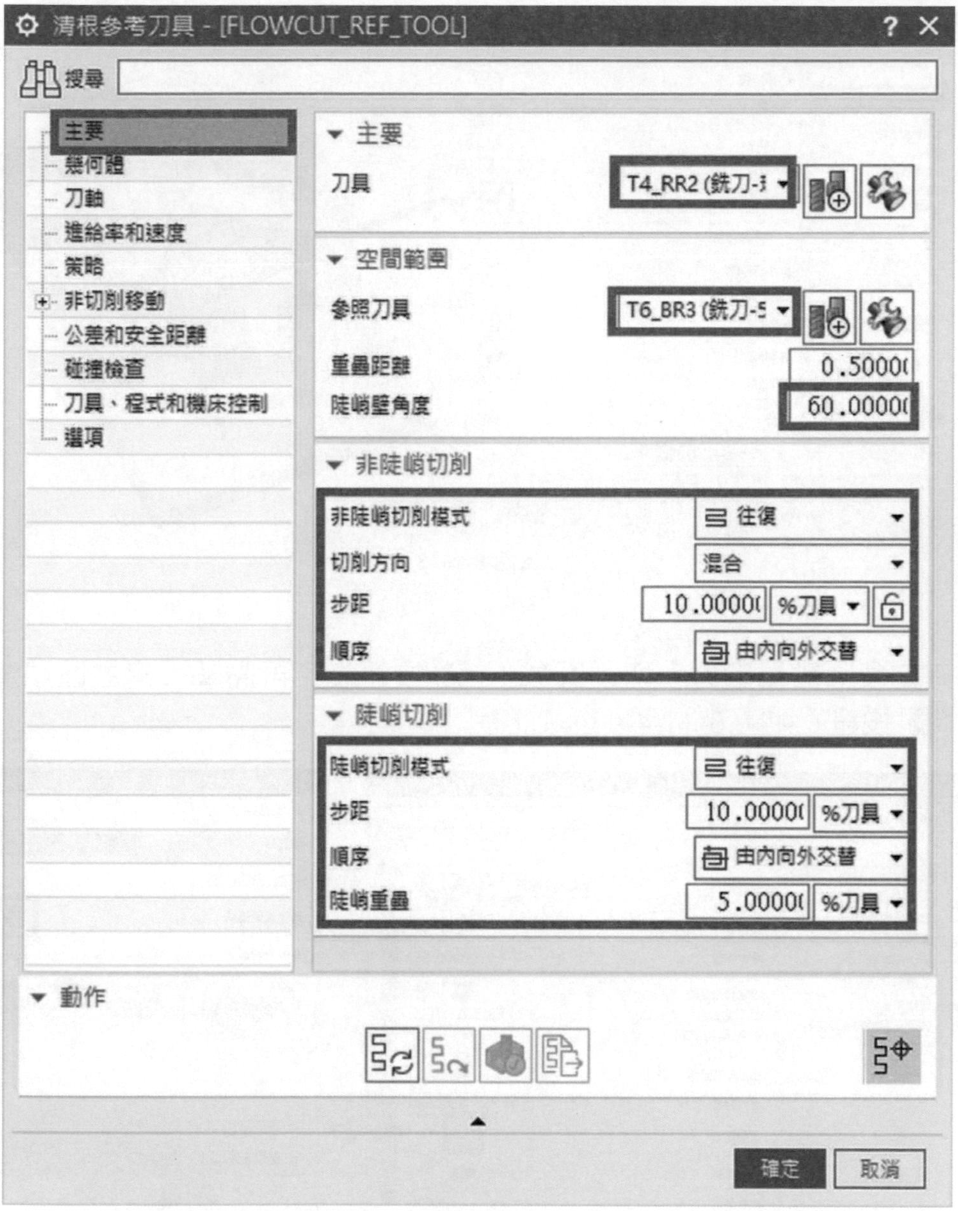

清根參考刀具 - [FLOWCUT_REF_TOOL]　? ×

搜尋

主要
幾何體
刀軸
進給率和速度
策略
非切削移動
公差和安全距離
碰撞檢查
刀具、程式和機床控制
選項

▼ 主要
刀具　　　　T4_RR2 (銑刀-3

▼ 空間範圍
參照刀具　　T6_BR3 (銑刀-5
重疊距離　　　　　　0.50000
陡峭壁角度　　　　　60.00000

▼ 非陡峭切削
非陡峭切削模式　　　往復
切削方向　　　　　　混合
步距　　　　10.00000 %刀具
順序　　　　由內向外交替

▼ 陡峭切削
陡峭切削模式　　　　往復
步距　　　　10.00000 %刀具
順序　　　　由內向外交替
陡峭重疊　　　5.00000 %刀具

▼ 動作

確定　取消

▲圖 8-11-2

423

❸ 在「幾何體」分頁中，點擊「指定切削區域」 🔲 按鈕，將圖中面選取。
如圖 8-11-3。

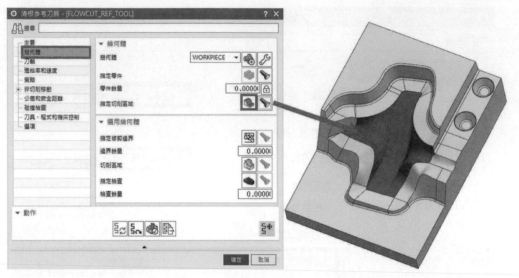

▲圖 8-11-3

❹ 確定後，點擊下方「切削區域」 🔲 按鈕後，再點擊「建立區域清單」
🔲 按鈕。如圖 8-11-4。

▲圖 8-11-4

❺ 確定後即會產生切削區域預覽,產生的刀路總共有 8 條清角刀路。
如圖 8-11-5。

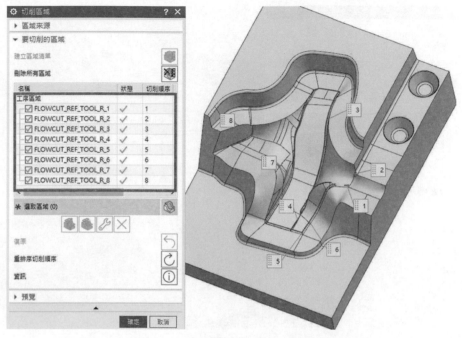

▲圖 8-11-5

❻ 在切削區域的對話框中,將不必要的區域列表第 1、2、5、8 刀路進行
☒ 刪除,使切削順序進行調整。如圖 8-11-6。

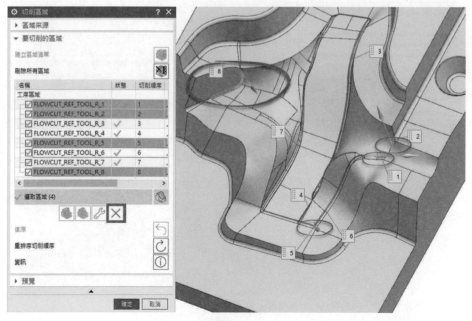

▲圖 8-11-6

❼ 在切削區域的對話框中，選擇到第 1 條清單，點擊接合 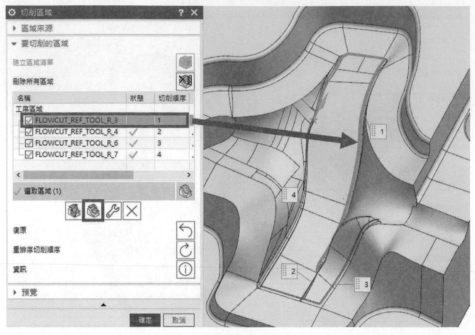 按鈕。如圖 8-11-7。

▲圖 8-11-7

❽ 在接合對話框中，選擇第 4 條清單為欲接合的對象。如圖 8-11-8。

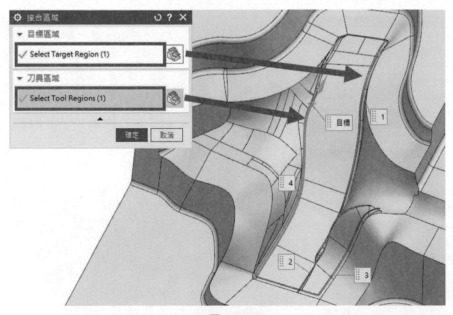

▲圖 8-11-8

❾ 確定接合後可以在切削區域對話框中,看到清單 1 為已接合後的結果。如圖 8-11-9。

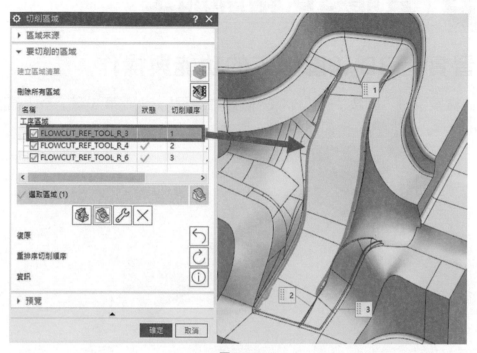

▲圖 8-11-9

❿ 透過 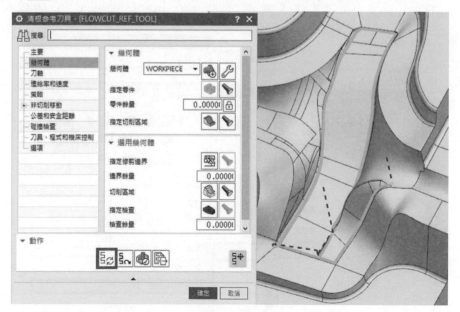 按鈕產生路徑,即為參考刀具清角。如圖 8-11-10。

▲圖 8-11-10

8-12 實體 3D 輪廓加工

▍學習實體 3D 輪廓加工的功能與操作

❶ 「檔案」→「開啟」→「NX CAM 三軸課程」→「第 8 章」→「輪廓 3D_par.prt」→「OK」。如圖 8-12-1。

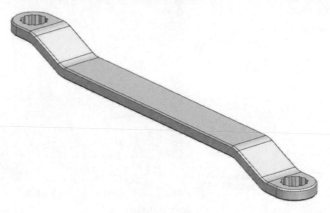

▲圖 8-12-1

❷ 對「PROGRAM」資料夾點擊滑鼠右鍵→「插入」→「工序」，選擇類型「mill_contour」，子工序「實體 3D SOLID_PROFILE_3D」。如圖 8-12-2。

▲圖 8-12-2。

❸ 在「幾何體」的對話框中,點擊指定壁 ⬡,選取加工壁的面。
如圖 8-12-3。

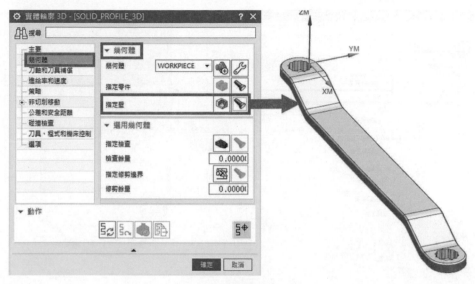

▲圖 8-12-3

❹ 在「主要」的對話框中,進入刀軌設定的對話框中,設定加工路徑跟隨可以設置「壁的底部」與「壁的頂部」二種策略。如圖 8-12-4。

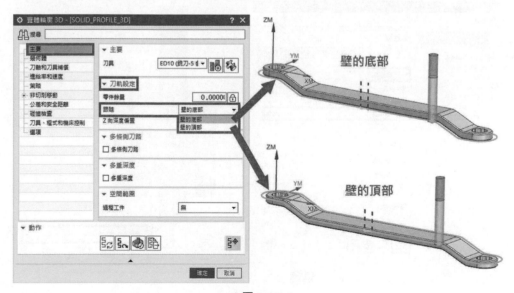

▲圖 8-12-4

429

❺ 在「刀軌設定」欄位中,將「零件餘量」設為 3mm,確定後,點擊 🔄 按鈕產生路徑,此路徑會向加工壁偏離 3mm。如圖 8-12-5。

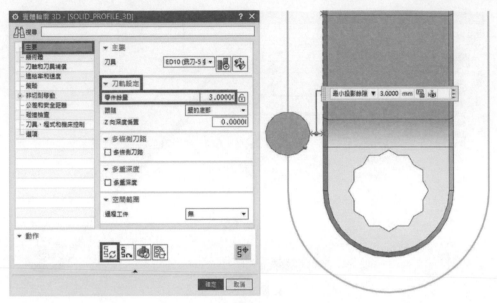

▲圖 8-12-5

❻ 在「刀軌設定」的欄位中,「Z 向深度偏置」設為 10mm,並點擊 🔄 按鈕產生路徑,此路徑會向下偏置 10mm。如圖 8-12-6。

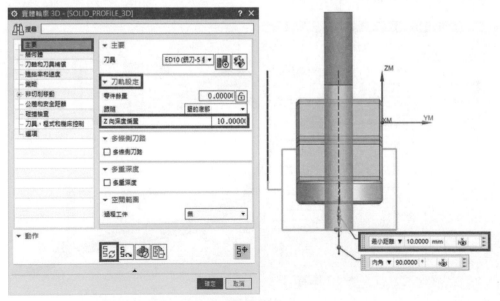

▲圖 8-12-6

❼ 在「刀軌設定」的欄位中,將「多條側刀路」 與「多重深度」打勾,即可
進行「側向」與「Z向」的分層設定。如圖 8-12-7。

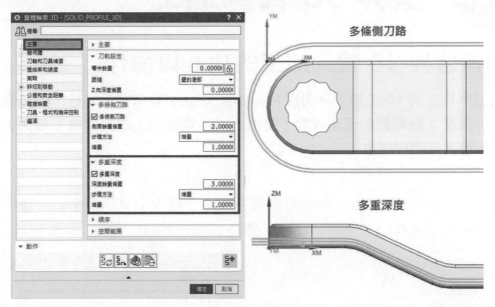

▲圖 8-12-7

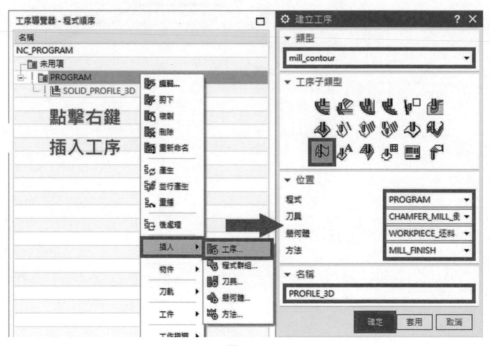

8-13 邊界 3D 輪廓加工

學習邊界 3D 輪廓加工的功能與操作

※ 此工序設定與 2D 工序「平面銑 PLANAR_MILL」非常接近，最大的差異就是能夠設定 3 軸同動的切削運動，使用上須注意模型上的角度值不可太大，有可能會造成過切現象。

❶ 對「PROGRAM」資料夾點擊滑鼠右鍵→「插入」→「工序」，選擇類型「mill_contour」，選取子工序「邊界 3D PROFILE_3D」。如圖 8-13-1。

▲圖 8-13-1

❷ 在「幾何體」分頁中,點擊「指定零件邊界」  按鈕,將邊界「選取方法」設為曲線。如圖 8-13-2。

▲圖 8-13-2

❸ 將選取方式調整為相切曲線,並將板手邊線進行選取。如圖 8-13-3。

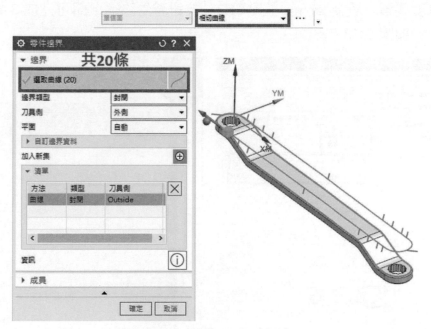

▲圖 8-13-3

❹ 「邊界類型」選擇封閉，「刀具側」選擇外側，並將「平面」調整為指定後，將圖中面選取。如圖8-13-4。

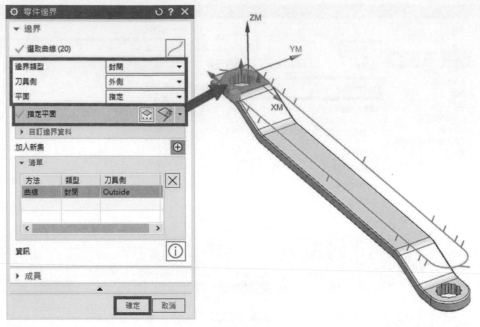

▲圖 8-13-4

❺ 將分頁切到「主要」，「刀軌設定」欄位中將「零件餘量」設為 -1mm，「Z向深度偏置」設為 2mm，並點擊 按鈕產生路徑，即可完成 3 軸同動倒斜角。如圖 8-13-5。

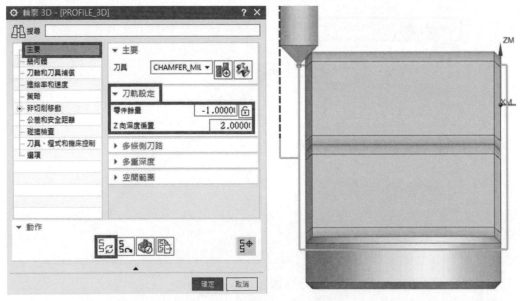

▲圖 8-13-5

程式輸出規劃

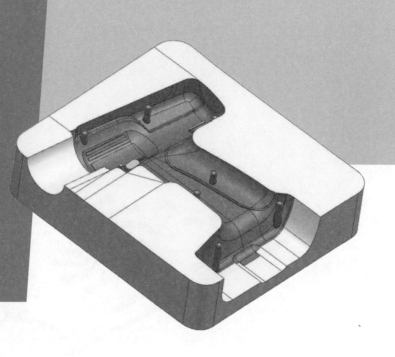

章節介紹

藉由此課程，您將會學到：

9-1 路徑變換

▌學習刀具路徑的「繞點陣列」- 移動

在刀軌路徑的規劃中，若工件包含規則性的加工特徵，亦或是由其中一項加工特徵所一樣但位置有變更的刀具路徑，稱之為路徑變換。

※ 使用刀軌變換時，陣列物件方向需參照 WCS 基準軸方向

❶ 由「檔案」→「開啟」→「NX CAM 三軸課程」→「第 9 章」→「刀軌變換 .prt」。如圖 9-1-1。

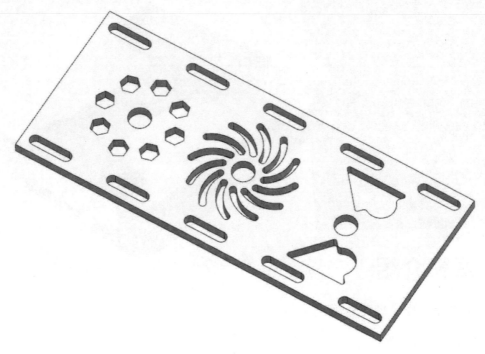

▲圖 9-1-1

❷ 在程式順序視圖中對已經編輯完成的工序「平面銑_移動」按滑鼠點擊右鍵 →「物件」→「變換」。如圖 9-1-2。

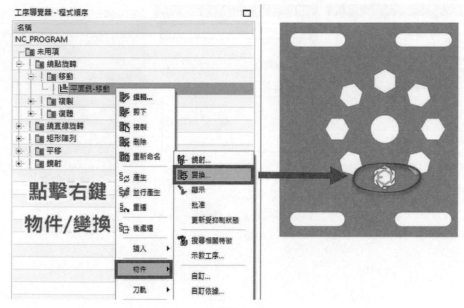

▲圖 9-1-2

❸ 在變換的對話框中，轉移類型包含縮放、平移、旋轉、矩形、鏡射等方式。如圖9-1-3。

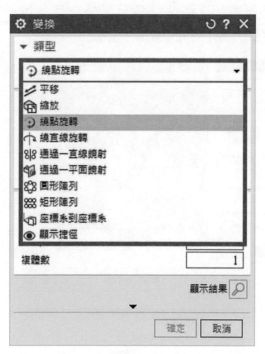

▲圖 9-1-3

❹ 在變換的對話框中，選擇類型為「繞點旋轉」，點選擇為「自動判斷點」，選擇我們需要的「中心點」，並顯示結果。如圖9-1-4。

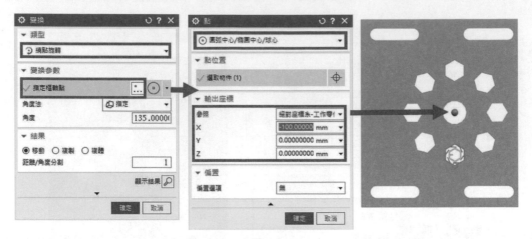

▲圖 9-1-4

❺ 在變換的變換參數中，設定角度為「360（整圓角度）/ 8（特徵數）=45度，「角度」正值為逆時鐘， 反之負值為順時鐘，結果的設定值第一種「移動」，為將原本加工路徑移轉至另外一個角度 135 度，設定完成後點擊 🔍 可以預覽到刀軌移動的結果。如圖 9-1-5。

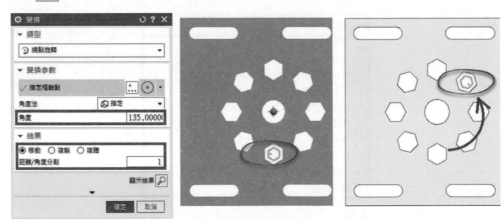

▲圖 9-1-5

❻ 在變換刀軌後，可以在刀軌區的 ✓ 的符號變成 ↳ 已變換的符號，但工
序還是維持在只有一條，只是加工的刀軌變換角度。如圖 9-1-6。

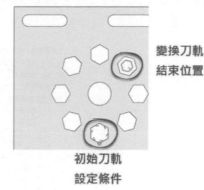

▲圖 9-1-6

❼ 在變換刀軌後，若發現或需要刪除已經變換的刀軌，針對已經變換後的工
序「平面銑_移動」按滑鼠點擊右鍵 →「物件」→「刪除變換」，將會復
原為原本的刀軌設定。如圖 9-1-7。

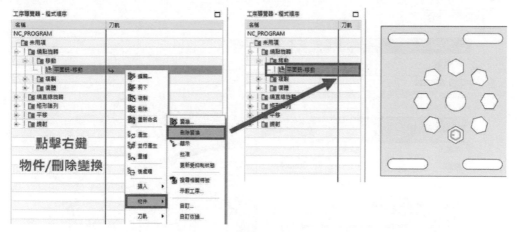

▲圖 9-1-7

學習刀具路徑的「繞點陣列」- 複製

❶ 在程式順序視圖中對已經編輯完成的工序「平面銑 _ 複製」按滑鼠點擊右鍵 →「物件」→「變換」。如圖 9-1-8。

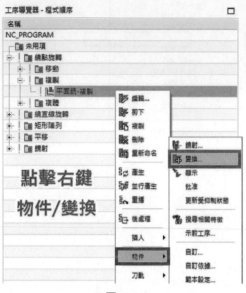

▲圖 9-1-8

❷ 結果的設定值第二種「複製」，為將原本加工路徑複製，但是**與原本加工路徑無關連**，設定完成後點擊 🔍 可以預覽到刀軌變換後的結果。如圖 9-1-9。

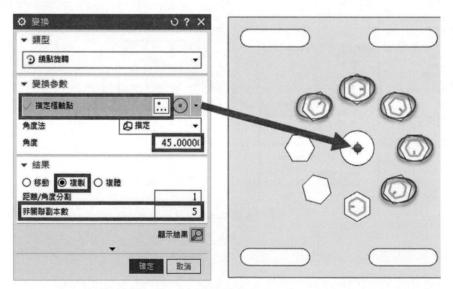

▲圖 9-1-9

❸ 在變換刀軌後，可以在刀軌區的 ✓ 的符號變成 ↳ 已變換的符號，但工序已經多增加 5 條，而每一條的參數都可以是獨立編輯，並且無關聯。如圖 9-1-10。

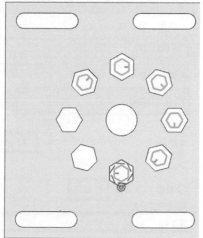

▲圖 9-1-10

▍學習刀具路徑的「繞點陣列」- 複體

❶ 程式順序視圖中對已經編輯完成的工序「平面銑_複體」按滑鼠點擊右鍵 →「物件」→「變換」。如圖 9-1-11。

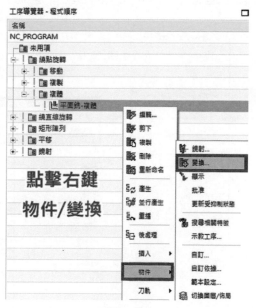

▲圖 9-1-11

❷ 結果的設定值第三種「複體」，為將原本加工路徑複製，**會與原本加工路徑有關聯性**，設定完成後點擊 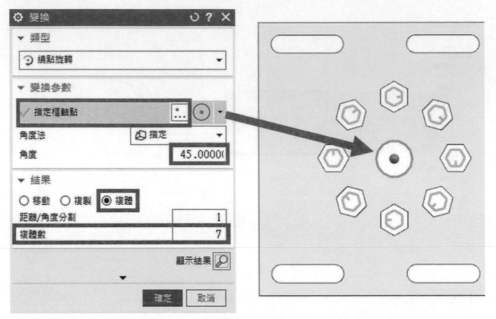 可以預覽到刀軌變換後的結果。如圖 9-1-12。

▲圖 9-1-12

❸ 在變換刀軌後，可以在刀軌區的 ✔ 的符號變成 ↳ 已變換的符號，但工序已經多增加 7 條，而每一條的參數都是有關聯性的，只要編輯其中一條都會有提醒，點擊「確定」後其他的工序也會連動。如圖 9-1-13。

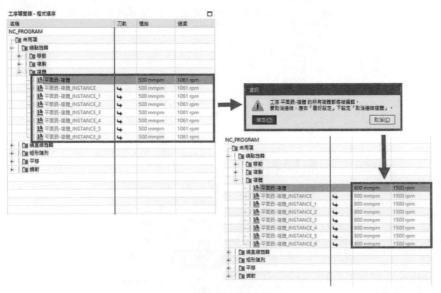

▲圖 9-1-13

學習刀具路徑的「繞直線旋轉」

❶ 在「幾何體」功能區→「直線」指令→在所需的圓心頂層與底層，選擇開始點跟結束點。如圖 9-1-14。

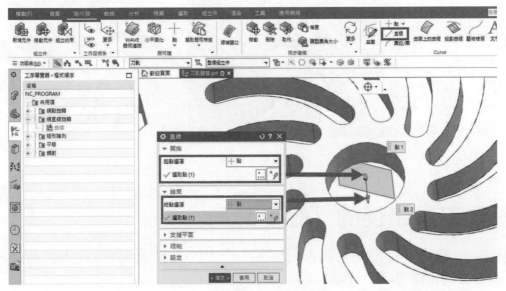

▲圖 9-1-14

❷ 在程式順序視圖中對已經編輯完成的工序「曲線」按滑鼠點擊右鍵 →「物件」→「變換」。在變換的對話框中，選擇類型為「繞直線旋轉」。如圖 9-1-15。

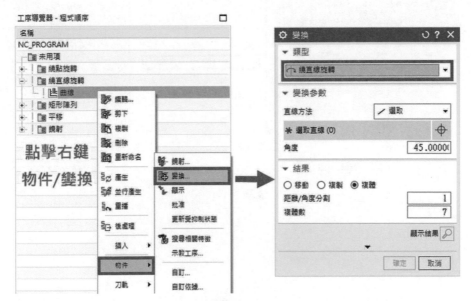

▲圖 9-1-15

❸ 選取需要的直線方法，設置角度 <u>30</u> 度，複體數 <u>11</u>，設定完成後點擊 ⬚ 可以預覽到刀軌變換後的結果。如圖 9-1-16。

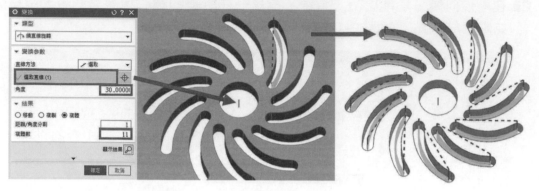

▲圖 9-1-16

▌學習刀具路徑的「矩形陣列」

❶ 在「分析」功能區 → 使用「測量」 ✐ 指令，測量出特徵之間的距離，得 知 X 的距離是 <u>75</u>，Y 是 <u>126</u>。如圖 9-1-17。

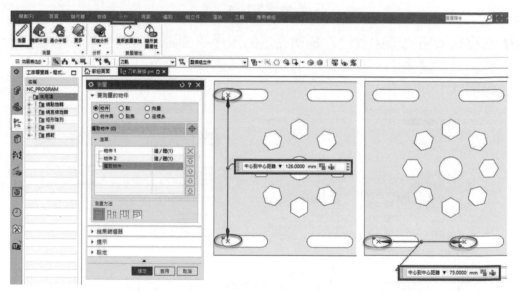

▲圖 9-1-17

❷ 在程式順序視圖中對已經編輯完成的工序「矩形陣列_1」按滑鼠點擊右鍵
→「物件」→「變換」。在變換的對話框中,選擇類型為「矩形陣列」。
如圖 9-1-18。

▲圖 9-1-18

❸ 在變換參數的對話框中,「指定參照點」與「指定陣列原點」為同一點,
點選擇為「自動判斷點」,選擇我們需要的「計算起點」。如圖 9-1-19。

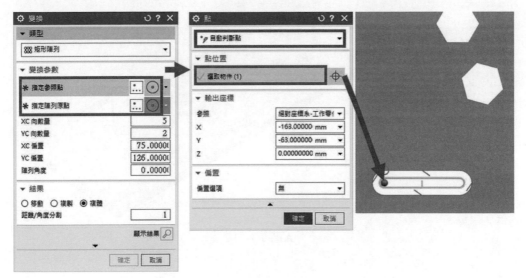

▲圖 9-1-19

❹ 在變換參數的對話框中，設定 XC 向數量為 5，YC 向數量為 2，XC 偏置為量測距離 75，YC 偏置為 126，並顯示結果。如圖 9-1-20。

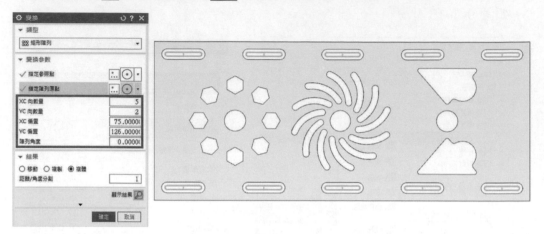

▲圖 9-1-20

❺ 完成的刀軌，即完成規則性的陣列特徵加工路徑，減少撰寫加工的時間與效能。如圖 9-1-21。

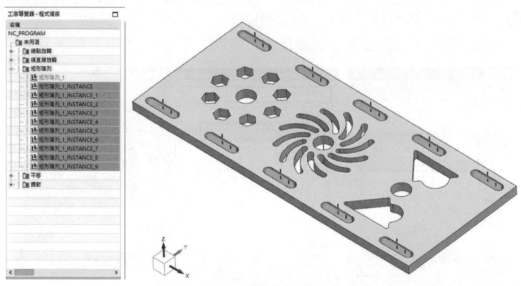

▲圖 9-1-21

學習刀具路徑的「平移」

※ 平移使用上是指向單一軸向

❶ 在程式順序視圖中對已經編輯完成的工序「平移_1」按滑鼠點擊右鍵 →「物件」→「變換」。在變換的對話框中，選擇類型為「平移」。如圖 9-1-22。

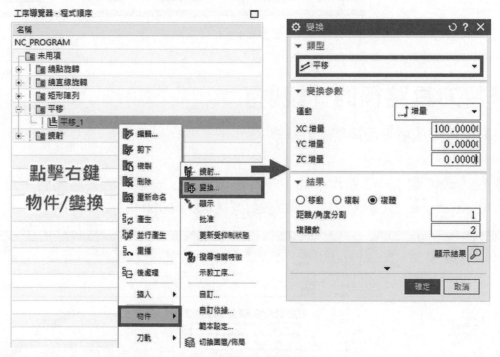

▲圖 9-1-22

❷ 在變換參數的對話框中，設定 XC 增量 <u>100</u>，複體數 <u>2</u>。如圖 9-1-23。

 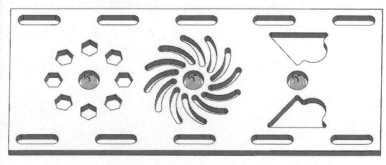

▲圖 9-1-23

❸ 完成的刀軌,即可完成平移單一軸向的特徵加工路徑。如圖 9-1-24。

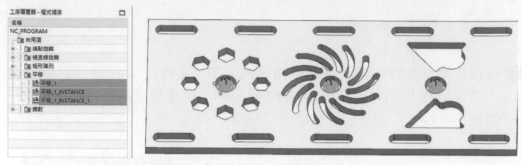

▲圖 9-1-24

學習刀具路徑的「鏡射」

※ 鏡射使用需使用平面來當鏡射基準

❶ 在「幾何體」→「基準平面」→「自動判斷」→選擇需要移動的平面,給定值 75mm,如需「反向」請點選 ☒ 按鈕。如圖 9-1-25。

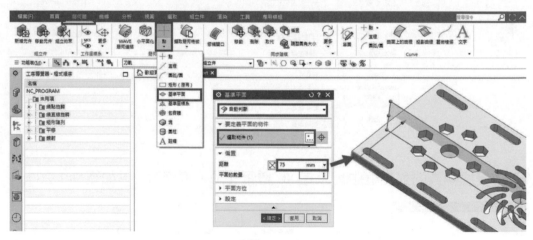

▲圖 9-1-25

❷ 在程式順序視圖中對已經編輯完成的工序「鏡射 _1」按滑鼠點擊右鍵→「物件」→「鏡射」。如圖 9-1-26。

▲圖 9-1-26

❸ 在「鏡射平面」選擇到剛建立的平面為基準。如圖 9-1-27。

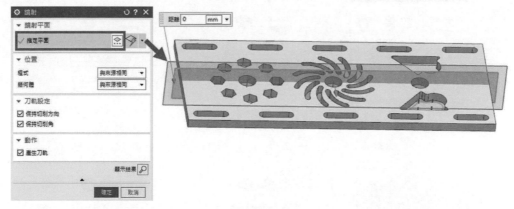

▲圖 9-1-27

❹ 在「位置」區係指刀軌鏡射，在「程式」與「幾何體」都使用「與來源相同」，鏡射的刀軌將會和原本刀軌做一樣的位置與設定。如圖 9-1-28。

▲圖 9-1-28

❺ 在「刀軌設定」區的設定條件如下。如圖 9-1-29。

①不參考任何條件：刀軌直接左右鏡射。

②保持切削方向：是否參考順／逆銑方向。

③保持切削角：將刀具方向反轉 180 度，而不考慮切削方向設定。

④保持切削條件：刀軌完全相同。

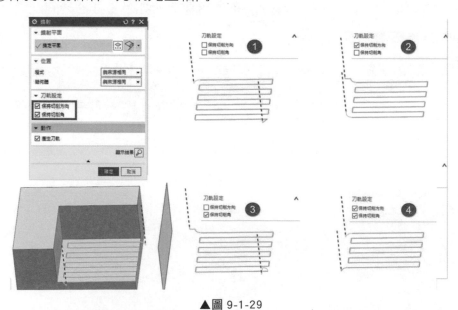

▲圖 9-1-29

❻ 在「動作」→ 有使用「產生刀軌」將直接計算完成刀軌，如無使用需重新產生刀軌。如圖 9-1-30。

▲圖 9-1-30

❼ 鏡射刀軌完成。如圖 9-1-31。

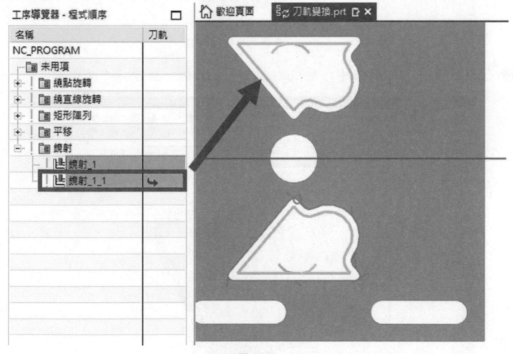

▲圖 9-1-31

9-2 路徑顯示工具

學習路徑顯示工具應用

❶ 由「檔案」→「開啟」→「NX CAM 三軸課程」→「第 9 章」→「刀軌狀態範例一 .prt」。如圖 9-2-1。

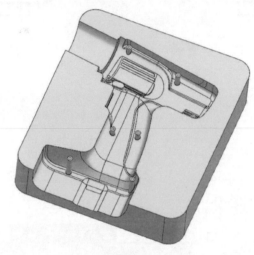

▲圖 9-2-1

❷ 在「首頁」的功能表中，尋找「顯示」工具列。如圖 9-2-2。

▲圖 9-2-2

452

❸ 選擇加工工序，「顯示刀軌」 按鈕可以保持常開啟，若有選擇到的工序將會顯示工序路徑。如圖 9-2-3。

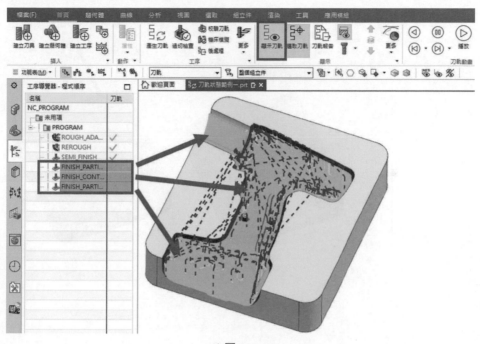

▲圖 9-2-3

❹ 「顯示」區→「更多」中的「顯示切削移動」路徑 按鈕，與「顯示非切削移動」路徑 按鈕，可以觀察到工序中的切削與非切削移動。如圖 9-2-4。

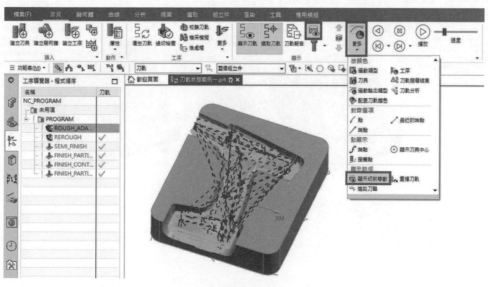

▲圖 9-2-4

❺ 關閉「顯示非切削移動」路徑 按鈕，非切削移動刀路就會隱藏。如圖 9-2-5。

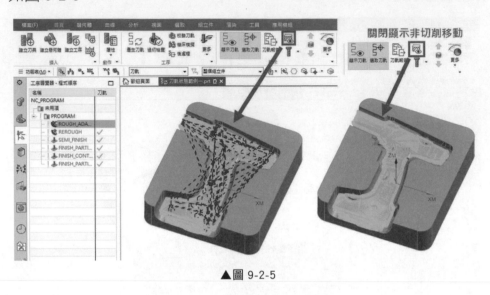

▲圖 9-2-5

❻ 關閉「顯示切削移動」路徑 按鈕，切削移動刀路就會隱藏，此應用在觀察刀具移動上非常實用。如圖 9-2-6。

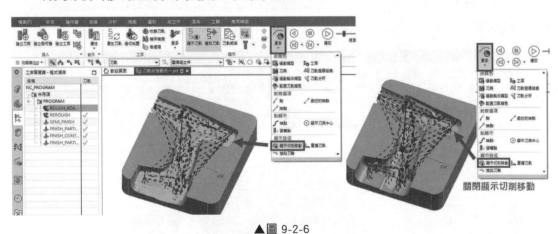

▲圖 9-2-6

454

❼ 若選擇顯示中的「運動類型」，刀軌則是針對進 / 退刀 / 切削 / 步進運動類型上色。如圖 9-2-7。

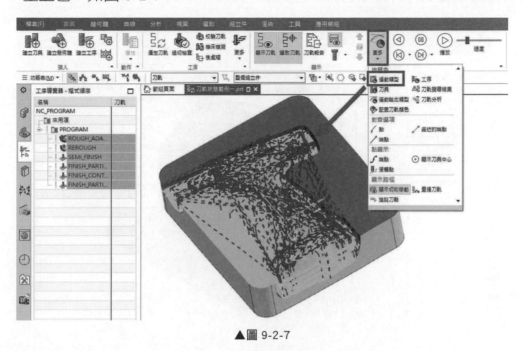

▲圖 9-2-7

❽ 若選擇顯示中的「工序」，刀軌則是針對不同工序上色。如圖 9-2-8。

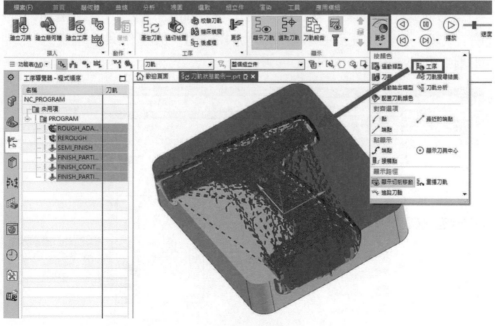

▲圖 9-2-8

❾ 若選擇顯示中的「刀具」，刀軌則是針對不同刀具上色，如有同一把刀具連續加工工序，那顏色將不會更改。如圖 9-2-9。

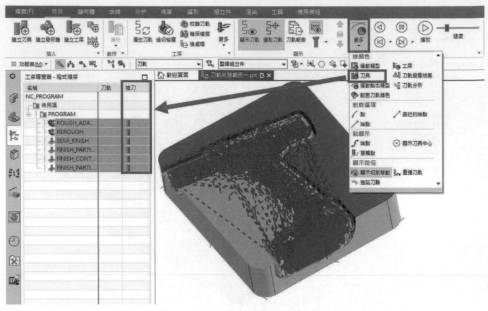

▲圖 9-2-9

❿ 若選擇顯示中的「刀具」與「工序」，顏色如要調整請點擊「檔案」→「公用程式」→「使用者預設設定」→「加工」區→「刀軌顯示」→「顏色1～10」，設定完成必須重新啟動NX軟體，設置作業才會生效。如圖9-2-10。

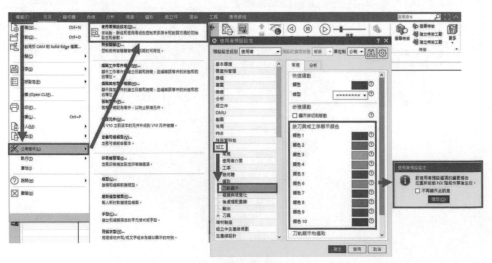

▲圖 9-2-10

9-3 程式刀軌狀態提示

視覺化的程式提示以及刀軌提示，確認加工程式狀態以及管理程式

❶ 由「檔案」→「開啟」→「NX CAM 三軸課程」→「第 9 章」→「刀軌狀態範例二 .prt」。如圖 9-3-1。

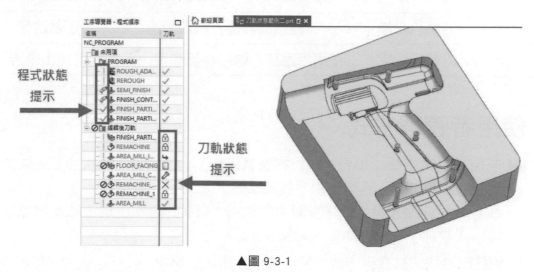

▲圖 9-3-1

程式狀態提示介紹：

程式狀態提示		
狀態圖示	狀態名稱	狀態敘述
✓	完整狀態	程式路徑已經完成並輸出後處理
⊘	刀軌過時	程式路徑已經過時，需重新產生路徑
!	刀軌生成	程式路徑已經完成，尚未輸出後處理
🔧	批准狀態	使用者定義程式路徑已批准，無須檢查

刀軌狀態提示		
狀態圖示	狀態名稱	狀態敘述
✓	刀軌已生成	刀軌路徑已生成，包含刀具運動路徑
✕	刀軌未生成	刀軌路徑未生成，無任何刀具路徑
▢	空刀軌狀態	刀軌路徑生成時，路徑無有效的刀具運動路徑
🔧	刀軌已編輯	刀軌路徑生成後，透過使用者定義編輯刀具運動路徑
？	刀軌有疑問	刀軌路徑生成後，產生疑問路徑，此代表模型有問題
↰	刀軌已變換	刀軌路徑為其他工法陣列產生的刀具運動路徑
🔒	刀軌已鎖定	使用者定義刀軌路徑已鎖定，若修改則提出警告

使用者管理方式：

❷ 若加工程式於 CNC 機台上，已完整執行加工。為了讓下一次加工人員能夠確認程式無問題，可以使用「批准狀態」。

執行方式於進入程式順序視圖中對有 ▮ 圖案的刀軌生成工法滑鼠點擊右鍵→「物件」→「批准」。如圖 9-3-2。

備註 欲取消批准則方式一樣，執行「否決」指令

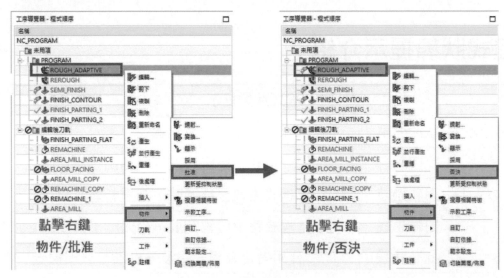

▲圖 9-3-2

❸ 若加工程式於 NX 編輯上，可能完成到一個階段，為了避免他人直接調整
工法，可以使用刀軌的「鎖定狀態」，執行方式於進入程式順序視圖中對
工法滑鼠點擊右鍵 →「刀軌」→「鎖定」，這時刀軌就會有 🔒 符號。

備註 鎖定後的刀軌如有變更到參數，並且重新生成 🔁 就會出現警告，
點擊「覆寫刀軌」將會重新計算。如圖 9-3-3。

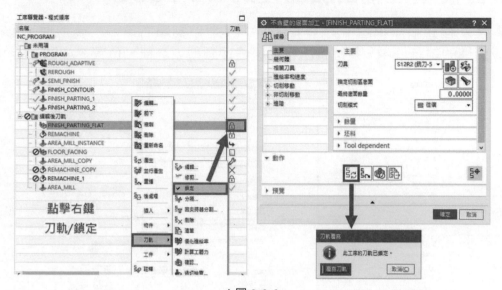

▲圖 9-3-3

459

9-4 產生加工程式

學習後處理輸出加工程式 NC CODE

❶ 進入程式順序視圖中對「PROGRAM」滑鼠點擊右鍵→「後處理」,在後處理的對話框中,可以輸出各種後處理類型、名稱、位置。如圖 9-4-1。

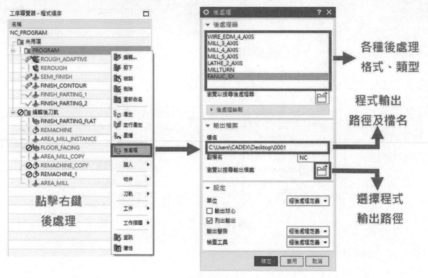

▲圖 9-4-1

❷ 確定後,即可產生加工後處理 NC CODE,依據加工機台控制器的不同,產生機台可執行加工運動的程式碼。如圖 9-4-2。

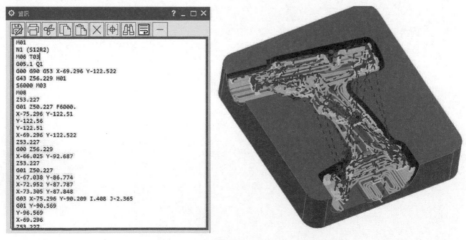

▲圖 9-4-2

460

❸ 在程式輸出時，如果只需要特定幾條工序，那麼也可以複選只需要的工序，進行輸出後處理。

所指定的檔案名稱將會再建立一個同名稱的資料夾，管理所複選的工序。如圖 9-4-3。

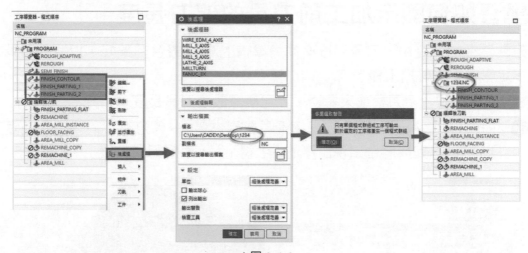

▲圖 9-4-3

❹ 另外在程式輸出時，所選的工序若不是連續順序，而是有跳開的程式將不能進行後處理。如圖 9-4-4。

備註 NX 在計算工序時會有 IPW 殘料計算，跳開工序將會讓刀軌產生不安全因素。

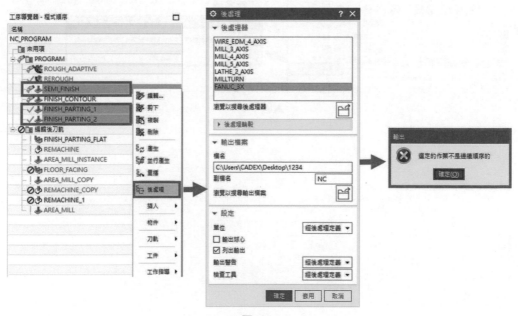

▲圖 9-4-4

9-5 報告最短刀具

▍學習如何顯示加工前刀具的架刀長度

在刀軌路徑的規劃中，刀具長度必須於準備上 CNC 機台前架好，以避免刀具長度不足影響刀把碰撞工件。

備註 刀具必須設定刀柄或夾持器，才可辨識最短刀具長度。

❶ 在程式順序視圖中對所需工序滑鼠點擊右鍵 →「刀軌」→「報告最短刀具」，計算完成將會出現工序的「名稱」與「最短刀具長度」。如圖 9-5-1。

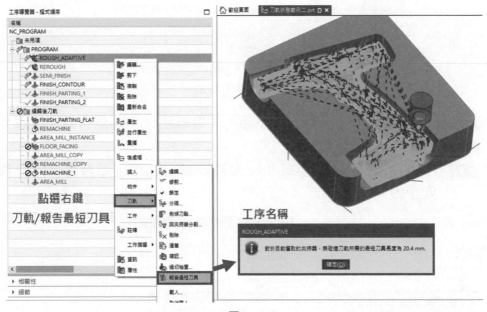

▲圖 9-5-1

❷ 在程式順序視圖中，空白的地方點擊右鍵→「欄」→使用「報告最短刀具」
欄位即會顯示最短刀具長度，以便利於架刀。如圖 9-5-2。

備註 需先計算最短刀具，欄位才會顯示資訊。

▲圖 9-5-2

❸ 在「安全設定」內可以看到預設的安全距離為 3mm，對應的「刀具夾持
器」、「刀柄」、「刀頸」都可以在刀具參數內設定。如圖 9-5-3。

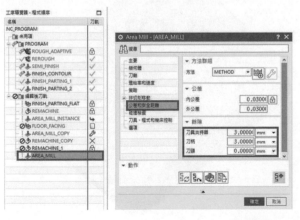

▲圖 9-5-3

9-6 路徑分割

▌學習路徑分割的方式設定

在刀軌路徑的規劃中，可以依序加工的時間設置刀軌分割，亦可由刀把的夾持器設置刀軌分割。

切削時間刀軌分割：主要是可以使加工程式於 CNC 機台上，可能因為無預警停止加工或是刀具斷裂導致工法路徑無法延續，所設置的分割方式。

夾持器刀軌分割：主要是可以利用在 NX 環境中所設定的刀具夾持器與刀具長度關係，避免刀把撞到加工件所設置的分割方式。

▌切削時間刀軌分割：

❶ 在程式順序視圖中對粗加工工法「ROUGH_ADAPTIVE」滑鼠點擊右鍵 →「刀軌」→「分隔」。如圖 9-6-1。

▲圖 9-6-1

❷ 在刀軌分割的對話框中,首先需設定切削時間的分鐘,設置時間為程式停
止的大約時間即可,這裡設定為 8 分鐘。

若刀軌結束後的要進行下一條刀軌進刀位置,可以設定較高的平面,這裡
設定最高平面再加上 30mm 會比較好判斷進刀位置。如圖 9-6-2。

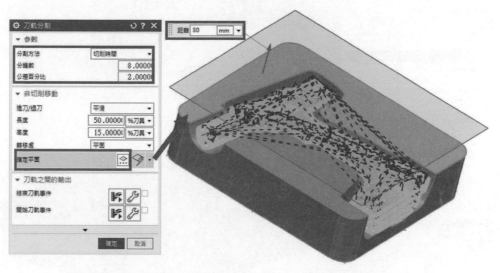

▲ 圖 9-6-2

❸ 先前的粗加工刀軌,就會依照加工時間,分割為三個加工路徑,而原本 21
分鐘的路徑,將會從 8 分鐘一直分割,直到最後一條刀軌不足 8 分鐘做收
尾。如圖 9-6-3。

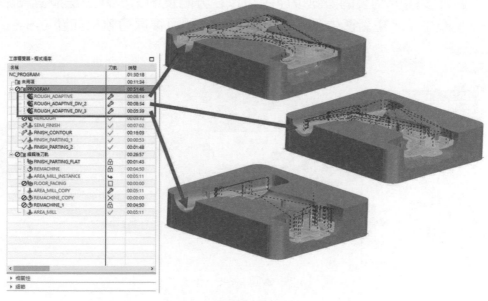

▲ 圖 9-6-3

❹ 分割之後的刀軌，需要特別注意之後的工序在切削上的「第一刀」下刀位置及退刀位置。如圖 9-6-4。

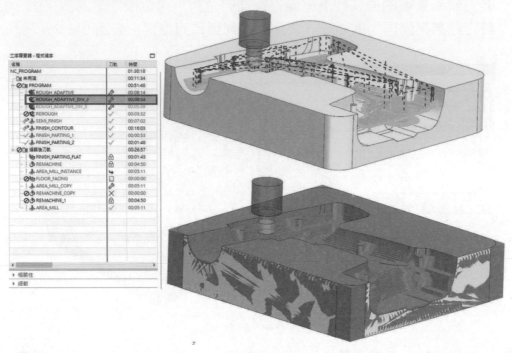

▲圖 9-6-4

❺ 如有需要將分割後的刀軌復原，可以在分隔後的第一條工法滑鼠點擊右鍵→「產生」，重新產生工序「覆寫刀軌」即可復原刀軌。如圖 9-6-5。

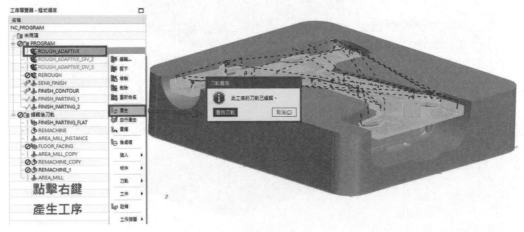

▲圖 9-6-5

夾持器刀軌分割：

❶ 在程式順序視圖中對粗加工工法「ROUGH_ADAPTIVE」滑鼠點擊右鍵 → 「刀軌」→「因夾持器分割」。如圖 9-6-6。

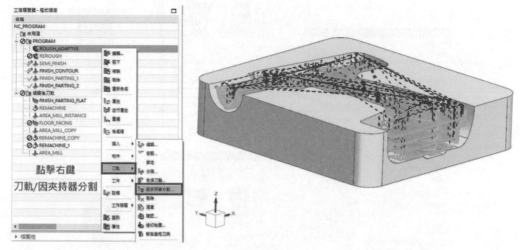

▲圖 9-6-6

❷ 在因夾持器分割的對話框中，可以選擇加工刀具長短，將需要的長刀與短刀規格添加到清單列內，如需增加第二把刀可以點擊 ⊕ 按鈕。
如圖 9-6-7。

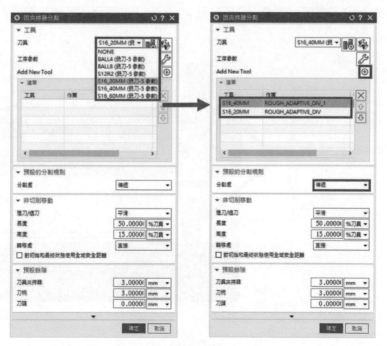

▲圖 9-6-7

❸ 在工具的對話框中，點擊 🔧 按鈕，可以編輯或觀察到所使用的刀具是否
為需要的刀具。如圖 9-6-8。

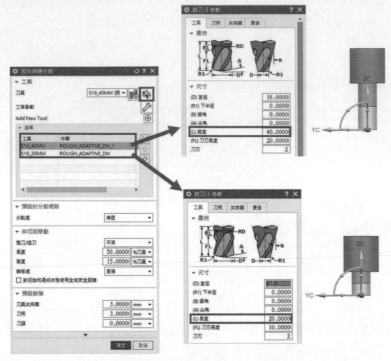

▲圖 9-6-8

❹ 先前的粗加工刀軌，就會依照刀具長度，分割為兩個加工路徑。
如圖 9-6-9。

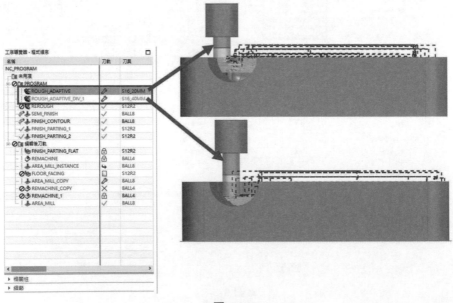

▲圖 9-6-9

❺ 若需要添加「新刀具」，應用在已「因夾持器分割」的工序上，這時看到
已分割的刀具篩選上，只能選到同「直徑」的刀具，這裡需多注意。
如圖 9-6-10。

▲圖 9-6-10

❻ 更換到需要的刀具後，刀軌不需重新計算可以直接應用。如圖 9-6-11。

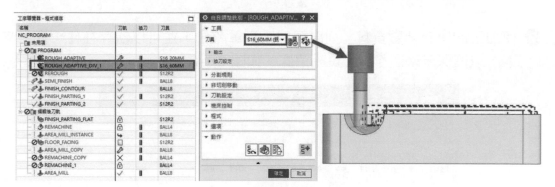

▲圖 9-6-11

9-7 加工清單報告

學習如何展現加工清單報告

※ 將工序資訊匯出至 Excel 表，以利後續流程使用

❶ 在程式順序視圖的環境中，在「名稱」滑鼠點擊右鍵 →「匯出至試算表」。如圖9-7-1。

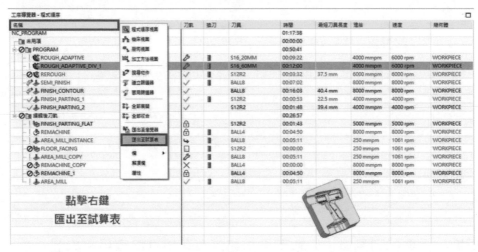

▲圖 9-7-1

❷ 使加工的所有參數資料，列出至加工清單報告，並可以儲存在任一資料夾下，以確保未來製作加工資訊留底。如圖 9-7-2。

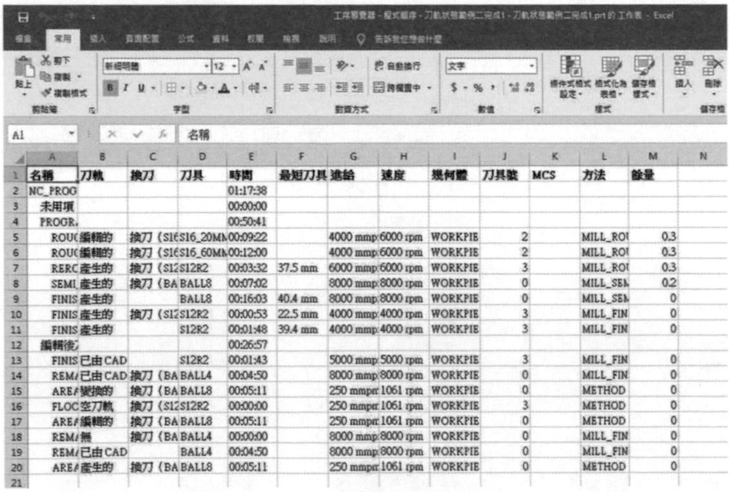

名稱	刀軌	換刀	刀具	時間	最短刀具	進給	速度	幾何體	刀具號	MCS	方法	餘量
NC_PROG				01:17:38								
未用項				00:00:00								
PROGR.				00:50:41								
ROUC	編輯的	換刀（S16	S16_20MM	00:09:22		4000 mmp	6000 rpm	WORKPIE	2		MILL_ROI	0.3
ROUC	編輯的	換刀（S16	S16_60MM	00:12:00		4000 mmp	6000 rpm	WORKPIE	2		MILL_ROI	0.3
RERC	產生的	換刀（S12	S12R2	00:03:32	37.5 mm	6000 mmp	6000 rpm	WORKPIE	3		MILL_ROI	0.3
SEMI	產生的	換刀（BA	BALL8	00:07:02		8000 mmp	8000 rpm	WORKPIE	0		MILL_SEN	0.2
FINIS	產生的		BALL8	00:16:03	40.4 mm	8000 mmp	8000 rpm	WORKPIE	0		MILL_SEN	0
FINIS	產生的	換刀（S12	S12R2	00:00:53	22.5 mm	4000 mmp	4000 rpm	WORKPIE	3		MILL_FIN	0
FINIS	產生的		S12R2	00:01:48	39.4 mm	4000 mmp	4000 rpm	WORKPIE	3		MILL_FIN	0
編輯後				00:26:57								
FINIS	已由 CAD		S12R2	00:01:43		5000 mmp	5000 rpm	WORKPIE	3		MILL_FIN	0
REMA	已由 CAD	換刀（BA	BALL4	00:04:50		8000 mmp	8000 rpm	WORKPIE	0		MILL_FIN	0
AREA	變換的	換刀（BA	BALL8	00:05:11		250 mmpm	1061 rpm	WORKPIE	0		METHOD	0
FLOC	空刀軌	換刀（S12	S12R2	00:00:00		250 mmpm	1061 rpm	WORKPIE	3		METHOD	0
AREA	編輯的	換刀（BA	BALL8	00:05:11		250 mmpm	1061 rpm	WORKPIE	0		METHOD	0
REMA	無	換刀（BA	BALL4	00:00:00		8000 mmp	8000 rpm	WORKPIE	0		MILL_FIN	0
REMA	已由 CAD		BALL4	00:04:50		8000 mmp	8000 rpm	WORKPIE	0		MILL_FIN	0
AREA	產生的	換刀（BA	BALL8	00:05:11		250 mmpm	1061 rpm	WORKPIE	0		METHOD	0

▲圖 9-7-2

工廠現場文件

❶ 開啟 SIEMENS 格式為人工勾選提出的，若需求此類型格式，可以開啟路徑：C:\Program Files\Siemens\NX X.X\MACH\resource\shop_doc 資料夾中的 Shop_doc.dat 文字檔，請用記事本開啟，並將 Chinese Excel A4 前面的#號刪除。如圖 9-7-3。

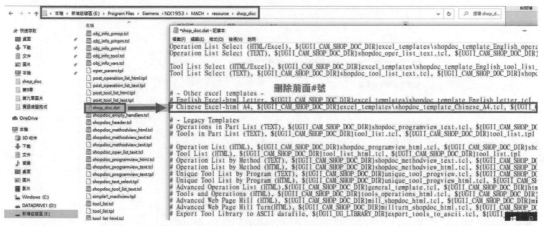

▲圖 9-7-3

❷ 先選取程式順序視圖中的 PROGRAM 資料夾，在「首頁」→「更多」→「工廠現場文件」指令。如圖 9-7-4。

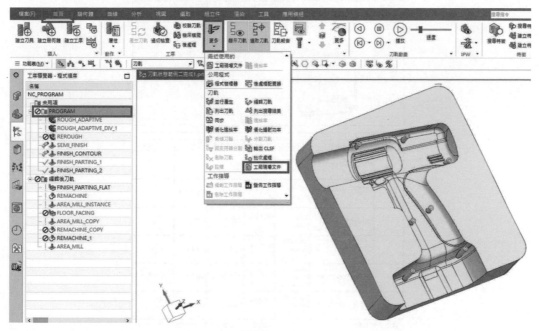

▲圖 9-7-4

❸ 在工廠現場文件的對話框中，設定 Chinese Excel-html A4 的格式，並點擊輸出的資料夾位置。如圖 9-7-5。

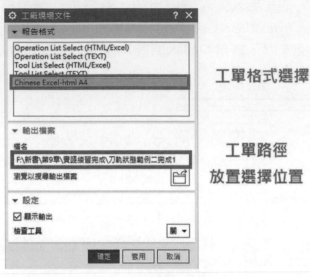

工單格式選擇

工單路徑
放置選擇位置

▲圖 9-7-5

❹ 開啟預設工單後即顯示網頁版的工廠現場文件報告。如圖 9-7-6。

▲圖 9-7-6

❺ 當然對於工單的格式設定也能自定義。如圖 9-7-7。

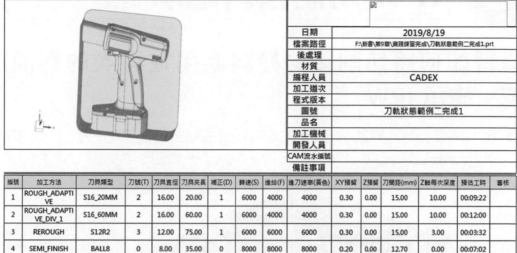

	日期	2019/8/19
	檔案路徑	F:\新書\第9章\實踐練習完成\刀軌狀態範例二完成1.prt
	後處理	
	材質	
	編程人員	CADEX
	加工道次	
	程式版本	
	圖號	刀軌狀態範例二完成1
	品名	
	加工機械	
	開發人員	
	CAM流水編號	
	備註事項	

編號	加工方法	刀具類型	刀號(T)	刀具直徑	刀具夾長	補正(D)	轉速(S)	進給(F)	進刀速率(黃色)	XY預留	Z預留	刀間距(mm)	Z軸每次深度	預估工時	審核
1	ROUGH_ADAPTIVE	S16_20MM	2	16.00	20.00	1	6000	4000	4000	0.30	0.00	15.00	10.00	00:09:22	
2	ROUGH_ADAPTIVE_DIV_1	S16_60MM	2	16.00	60.00	1	6000	4000	4000	0.30	0.00	15.00	10.00	00:12:00	
3	REROUGH	S12R2	3	12.00	75.00	1	6000	6000	6000	0.30	0.00	15.00	3.00	00:03:32	
4	SEMI_FINISH	BALL8	0	8.00	35.00	0	8000	8000	8000	0.20	0.00	12.70	0.00	00:07:02	
5	FINISH_CONTOUR	BALL8	0	8.00	--	0	8000	8000	8000	0.00	0.00	12.70	0.00	00:16:03	
6	FINISH_PARTING_1	S12R2	3	12.00	75.00	1	4000	4000	4000	0.00	0.00	12.70	0.00	00:00:53	
7	FINISH_PARTING_2	S12R2	3	12.00	--	1	4000	4000	4000	0.00	0.00	12.70	0.00	00:01:48	

出圖員： CADEX 加工總時：

▲圖 9-7-7

9-8 IPW 切削殘料繼承

學習如何將切削後的殘料應用在再次的翻面加工 – 繼承 IPW

❶ 於「檔案」→「開啟」→「NX CAM 三軸課程」→「第 9 章」→「IPW」→「transmission-IPP-1_CAM.prt」→「OK」。如圖 9-8-1。

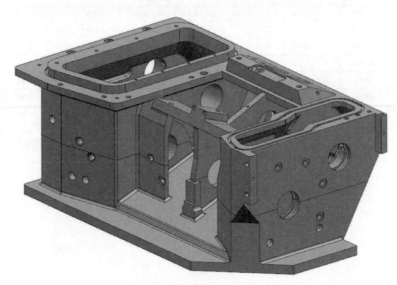

▲圖 9-8-1

❷ 在程式順序工序區,可以看到已經編輯好的上蓋工序與底座工序。
如圖 9-8-2。

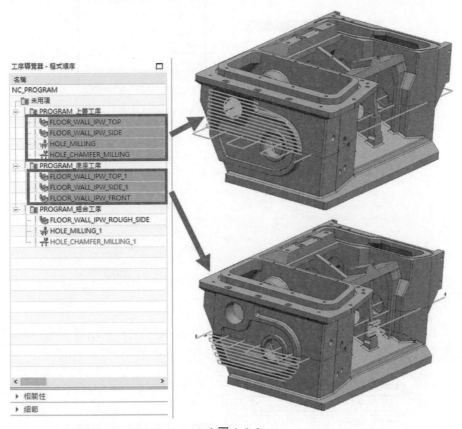

▲圖 9-8-2

❸ 在工序導覽器 - 幾何體區,新建的「WORKPIECE_ 組合工作」,指定零件
為「上蓋」與「底座」兩個零件。如圖 9-8-3。

▲圖 9-8-3

❹ 在幾何體內，指定坯料為「IPW - 過程工件」。如圖 9-8-4。

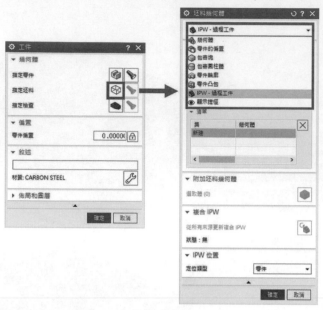

▲圖 9-8-4

❺ 在「IPW的來源」選擇需要計算殘料的 WORKPIECE，如有多個 WORKPIECE 選擇後可以點擊 ⊕ 按鈕，繼續添加下個 WORKPIECE。如圖 9-8-5。

▲圖 9-8-5

❻ 選擇完「IPW 的來源」後，請點擊從來源更新局部 IPW [圖] 按鈕，底座與上蓋都須更新，再複合 IPW 也更新 [圖] 按鈕，請保持狀態維持在「最新」。如圖 9-8-6。

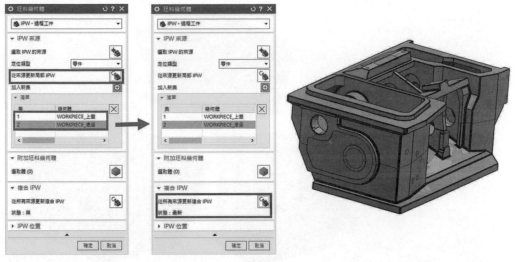

▲圖 9-8-6

❼ 設置完畢後可以看到指定坯料，已建立所需要的 IPW 殘料。如圖 9-8-7。

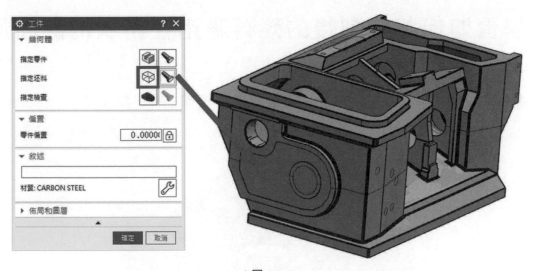

▲圖 9-8-7

❽ 在「工序導覽器」→「組合工序」編寫的程式，使用幾何體「WORKPIECE_組合工件」的話，已經可以應用之前 IPW 殘料計算，在多個翻面加工或者多零件上，此功能非常實用。如圖 9-8-8。

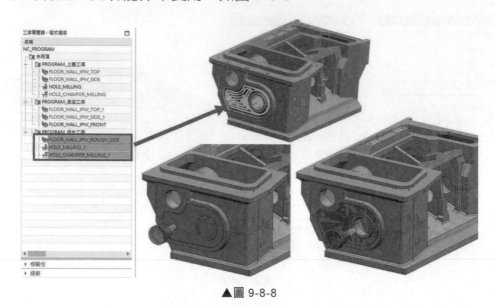

▲圖 9-8-8

學習如何將切削後的殘料應用在再次的翻面加工 – 建立 IPW

❶ 於「檔案」→「開啟」→「NX CAM 三軸課程」→「第 9 章」→「IPW 建立 _par」→「OK」。如圖 9-8-9。

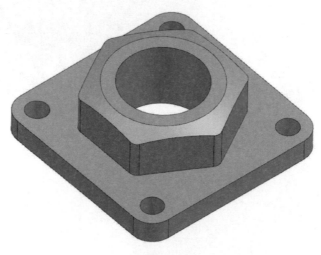

▲圖 9-8-9

❷ 在工序導覽器 - 幾何體區，GEOMETRY 資料夾點擊滑鼠右鍵 →「插入」→
「幾何體」。選擇類型「mill_planar」選取子類型「MCS-G55」。
如圖 9-8-10。

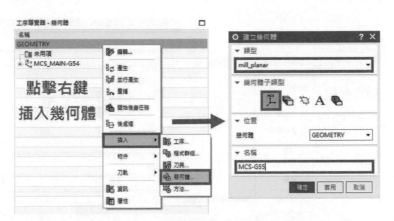

▲圖 9-8-10

❸ 將座標原點指向圓心，Z 點位置為平面高度，「夾具偏置」請輸入 2，
（凱德科技所製作的後處理輸出 NC CODE 將會自動轉換為 G55，輸入 3 為
G56…. 以此類推）。如圖 9-8-11。

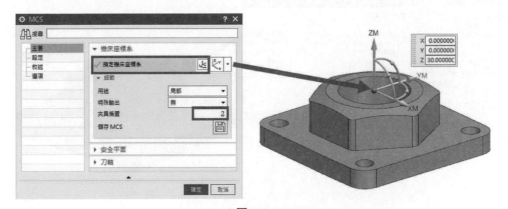

▲圖 9-8-11

❹ 在 MCS-G55 點擊滑鼠右鍵→「插入」→「幾何體」。選擇類型「mill_planar」選取子類型「WORKPIECE-G55」。如圖 9-8-12。

▲圖 9-8-12

❺ 將 WORKPIECE-G55 指定零件 按鈕，指定需要的零件。如圖 9-8-13。

▲圖 9-8-13

❻ 接著回到程式順序視窗，將最後一條程式「HOLE_MILLING_1」點擊滑鼠
右鍵 →「刀軌」→「確認」，使用 3D 動態 ▶ 按鈕進行刀軌模擬。
如圖 9-8-14。

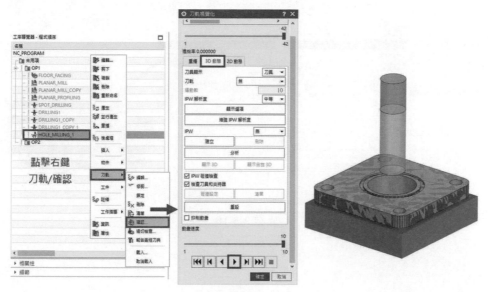

▲圖 9-8-14

❼ 模擬切削完畢後，將 IPW 建立，之後將要對 IPW 殘料的進行應用。
如圖 9-8-15。

▲圖 9-8-15

481

❽ 回到幾何體視窗「WORKPIECE-G55」，指定坯料 ⊞ 按鈕，篩選器選擇「小平面體」，「幾何體」選擇剛剛建立的IPW殘料。如圖9-8-16。

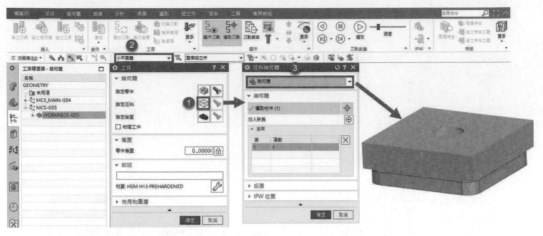

▲圖 9-8-16

❾ 設置完成後，可以看到 🔩 按鈕指定零件與指定坯料。如圖 9-8-17。

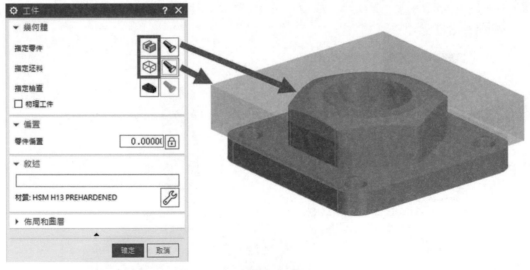

▲圖 9-8-17

❿ 指定完坯料幾何體後，可以在→「視圖」區 →「立即隱藏」→「選取物件」，點擊IPW小平面體，即可隱藏IPW。如圖9-8-18。

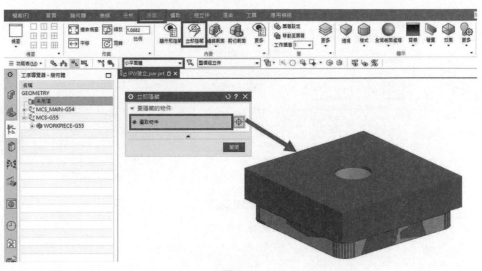

▲圖 9-8-18

⓫ 進入程式順序視圖中對「OP2」資料夾滑鼠點擊右鍵→「插入」→「工序」，選擇類型「mill_contour」，選取子工序「型腔銑 CAVITY_MILL」。如圖 9-8-19。

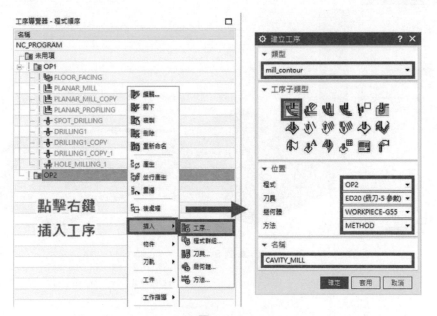

▲圖 9-8-19

⑫ 確定後透過 🔄 按鈕產生刀軌路徑，可以透過指定的幾何體 WORKPIECE-G55，產生路徑。如圖 9-8-20。

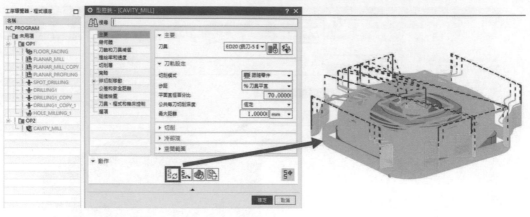

▲圖 9-8-20

⑬ 點擊確認 🔘 按鈕，使用 3D 動態 ▶ 按鈕進行刀軌模擬，便可以對翻面殘料進行模擬加工。如圖 9-8-21。

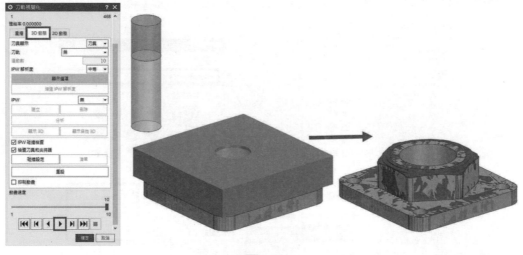

▲圖 9-8-21

⓮ 補充說明：如有使用 IPW 殘料加工，在選取工序上也會跟著顯示 IPW，視覺上將會擋住刀軌。如圖 9-8-22。

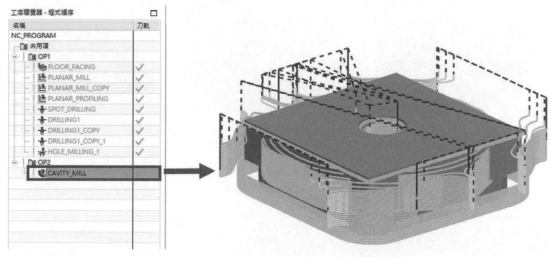

▲圖 9-8-22

⓯ 點擊「檔案」→「公用程式」→「使用者預設設定」→「使用者介面」→「顯示選定的物件」與「顯示工序幾何體」，可以調整 IPW 顯示方式，調整完須將軟體重新啟動設定才會生效。如圖 9-8-23。

▲圖 9-8-23

485

⓰ 調整過後的效果如下。如圖 9-8-24。

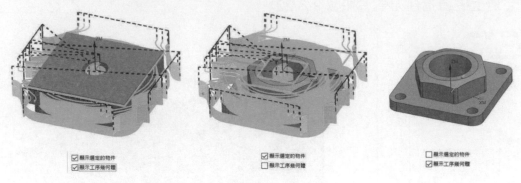

▲圖 9-8-24

CHAPTER

10 加工範本

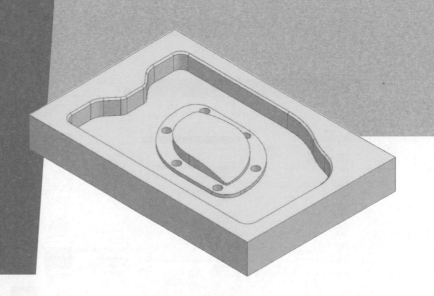

章節介紹

藉由此課程,您將會學到:

建立加工預設範本

學習如何設置 NX 加工範本

NX 加工環境包含 mill_planar、mill_contour、hole_making…等工法模組，假設需要建構屬於使用者自定義的範本，可以透過系統範本設置完成設定。

❶ 首先，請瀏覽加工範本資料夾，並確認需要修改的範本為哪一種工法模組。如圖10-1-1。

C:\Program Files\Siemens\NX X.X\MACH\resource\template_part\metric

① hole_making- 孔辨識加工

② mill_contour-3D 輪廓工序

③ mill_planar-2D 工序

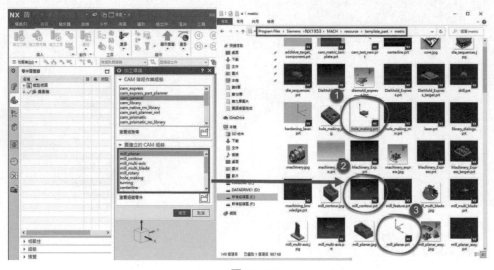

▲圖 10-1-1

❷ 注意；作業系統 Windows10 版本，如要執行本章節在安裝目錄資料夾要進行檔案的儲存，啟動 NX 必須「以系統管理員身分執行」，否則無權限對於安裝目錄資料中的檔案進行檔案儲存與編輯。如圖 10-1-2。

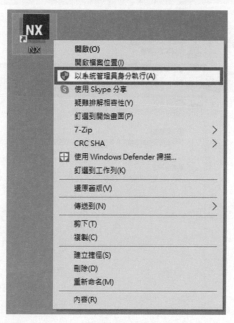

▲圖 10-1-2

❸ 對工法模組點擊滑鼠左鍵兩次，開啟「mill_contour.prt」檔案。如圖 10-1-3。

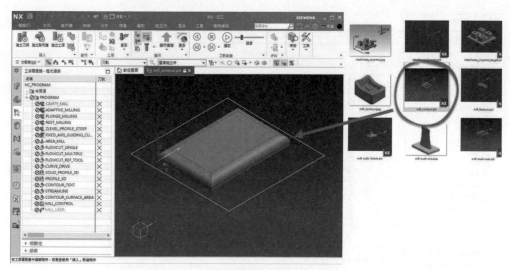

▲圖 10-1-3

489

❹ 在功能表左上點擊「檔案」→「儲存」→「另存新檔 (A)…」。
如圖 10-1-4。

▲圖 10-1-4

❺ 儲存於範本資料夾，並命名為「三軸銑削加工樣板」。如圖 10-1-5。

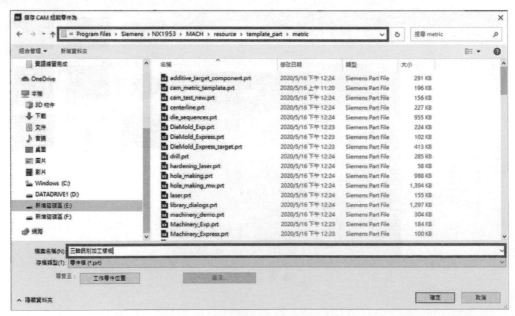

▲圖 10-1-5

❻ 接下來瀏覽範本加工設置的資料夾，編輯「cam_general.opt」文字檔，添加「三軸銑削加工樣板 .prt」的名稱資料，並將文字檔儲存。
如圖 10-1-6。

C:\Program Files\Siemens\NX X.X\MACH\resource\template_set

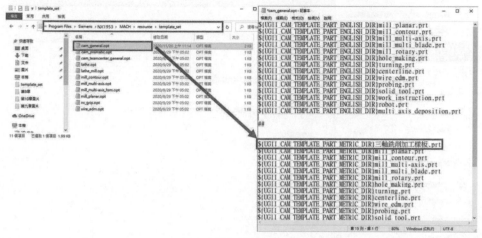

▲圖 10-1-6

❼ 編輯「CAVITY_MILL」工法，並修改工法參數，修改完成請點擊「確定」鍵。
如圖 10-1-7。

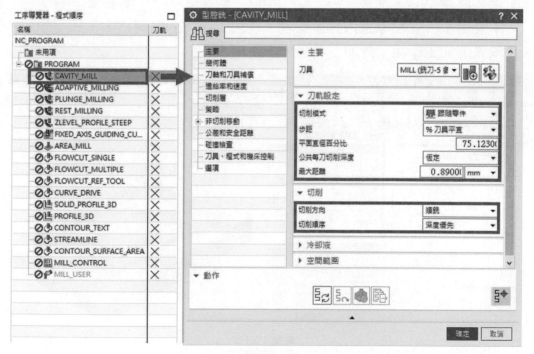

▲圖 10-1-7

❽ 在功能表左上點擊「檔案」→「儲存」→「儲存(S)」，並重新啟動 NX。
如圖 10-1-8。

▲圖 10-1-8

❾ 由「檔案」→「開啟」→「NX CAM三軸課程」→「第10章」→「加工範本套用」，並點擊進入加工環境。在加工環境的對話框中，即可顯示「三軸銑削加工樣板」的加工模組。如圖10-1-9。

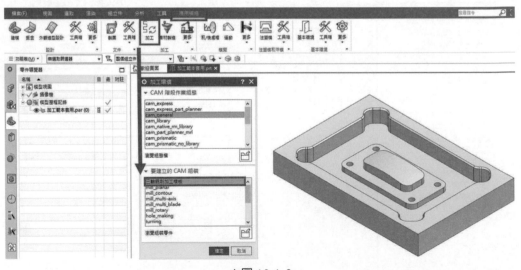

▲圖 10-1-9

⓾ 對「PROGRAM」資料夾點擊滑鼠右鍵→「插入」→「工序」，選擇類型「三軸銑削加工樣板」，選取子工序「型腔銑 CAVITY_MILL」。如圖 10-1-10。

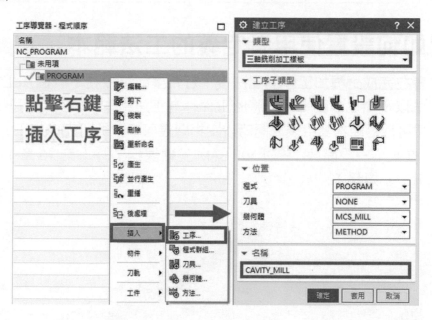

▲圖 10-1-10

⓫ 確定後，對話框的參數即依照先前設定的工法參數套用至加工件上，大幅縮短參數的設置時間。如圖 10-1-11。

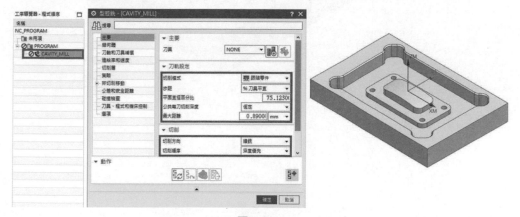

▲圖 10-1-11

493

10-2 建立工序範本

▌學習如何設置使用者定義的工法範本

　　使用者在完成一種加工件的工法後，若希望能直接在下一個加工件顯現所有加工工法以及加工參數，可以將此工件存為工法範本，假設遇到型態相同的加工件，即可透過範本套用後，簡略設定相關幾何參數即可完成加工。

❶ 由「檔案」→「開啟」→「NX CAM 三軸課程」→「第 10 章」→「範例一 .prt」。如圖 10-2-1。

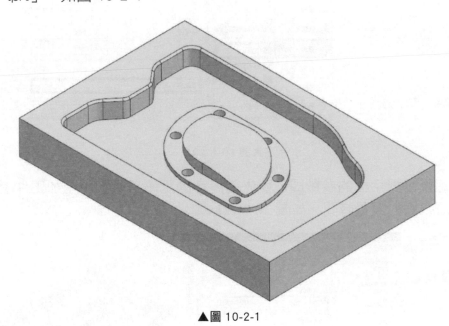

▲圖 10-2-1

❷ 由「檔案」→「儲存」→「另存新檔 (A)...」。如圖 10-2-2。

▲圖 10-2-2

❸ 設定資料夾位置為「第 10 章」，儲存名稱為「工法範本」。
如圖 10-2-3。

▲圖 10-2-3

❹ 對「PROGRAM」資料夾點擊滑鼠右鍵→「物件」→「範本設定…」。在範本設定的對話框中，勾選「可將物件用作範本」與「如果建立了父項則建立」。如圖 10-2-4。

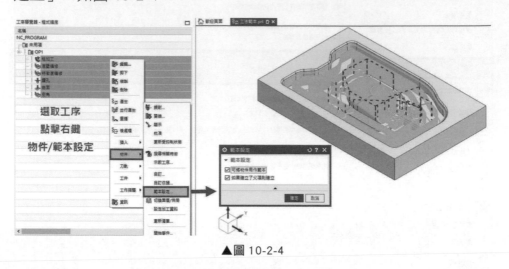

▲圖 10-2-4

❺ 由「檔案」→「儲存」→「儲存 (S)」。如圖 10-2-5。

▲圖 10-2-5

10-3 建立刀具庫範本

▌學習如何設置使用者定義的刀具庫範本

　　使用者在完成一種加工件的工法後，若希望能直接在下一個加工件顯現所有刀具庫以及刀盤，可以將此工件存為刀具庫範本，假設公司機台刀具都是固定的，即可透過範本套用後，產生所有此機台刀具。

❶ 由「檔案」→「開啟」→「NX CAM 三軸課程」→「第 10 章」→「範例一.prt」。如圖 10-3-1。

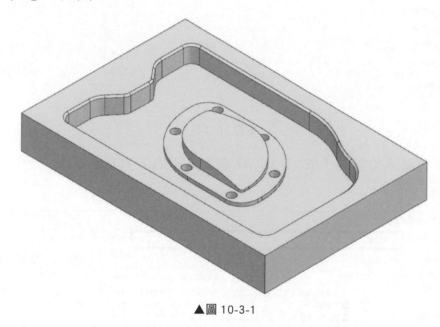

▲圖 10-3-1

❷ 由「檔案」→「儲存」→「另存新檔 (A)...」。如圖 10-3-2。

▲圖 10-3-2

❸ 設定資料夾位置為「第 10 章」，儲存名稱為「刀具庫範本」。
如圖 10-3-3。

▲圖 10-3-3

❹ 對「PROGRAM」資料夾中，選取所有工法滑鼠點擊右鍵→「物件」→「範本設定…」。在範本設定的對話框中，取消所有勾選。如圖 10-3-4。

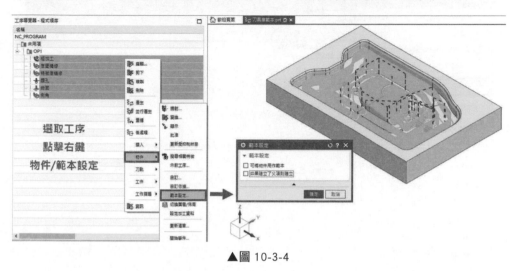

▲圖 10-3-4

❺ 在機床視圖中對所有刀具，滑鼠點擊右鍵→「物件」→「範本設定…」。在範本設定的對話框中，勾選「可將物件用作範本」與「如果建立了父項則建立」。如圖 10-3-5。

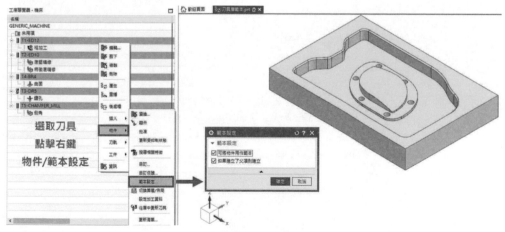

▲圖 10-3-5

❻ 由「檔案」→「儲存」→「儲存(S)」。如圖 10-3-6。

▲圖 10-3-6

建立幾何體範本

▌學習如何設置使用者定義的工法範本

　　使用者在完成一種加工件的工法後，若希望能直接在下一個加工件顯現所有加工座標及 WORKPIECE，可以將此工件存為工法範本，假設遇到型態相同的加工件，即可透過範本套用後，簡略設定相關幾何體參數即可完成加工。

❶ 由「檔案」→「開啟」→「NX CAM 三軸課程」→「第 10 章」→「範例一.prt」。如圖 10-4-1。

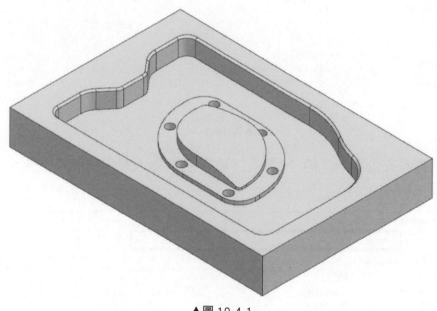

▲圖 10-4-1

❷ 由「檔案」→「儲存」→「另存新檔 (A)...」。如圖 10-4-2。

▲圖 10-4-2

❸ 設定資料夾位置為「第 10 章」，儲存名稱為「幾何體範本」。
如圖 10-4-3。

▲圖 10-4-3

❹ 在機床視圖中對所有刀具，滑鼠點擊右鍵→「物件」→「範本設定⋯」。
在範本設定的對話框中，取消所有勾選。如圖 10-4-4。

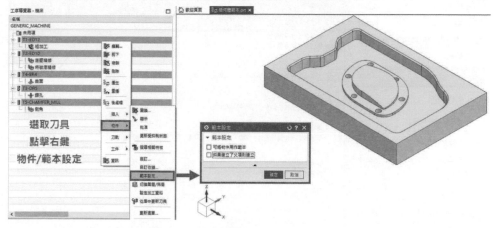

▲圖 10-4-4

❺ 在幾何體視圖中對所有幾何體，滑鼠點擊右鍵→「物件」→「範本設
定⋯」。在範本設定的對話框中，勾選「可將物件用作範本」與「如果建
立了父項則建立」。如圖 10-4-5。

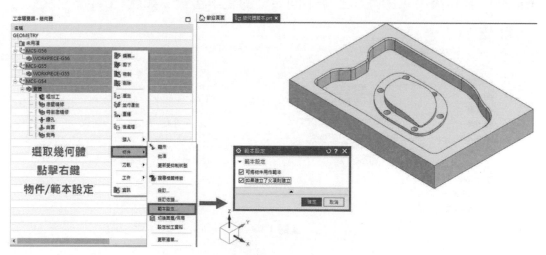

▲圖 10-4-5

❻ 由「檔案」→「儲存」→「儲存 (S)」。如圖 10-4-6。

▲圖 10-4-6

❼ 在此資料夾中，即完成三種不同類型的範本格式。如圖 10-4-7。

▲圖 10-4-7

❽ 「可將物件用作範本」與「如果建立了父項則建立」，使用者可以針對需求做調整。如圖 10-4-8。

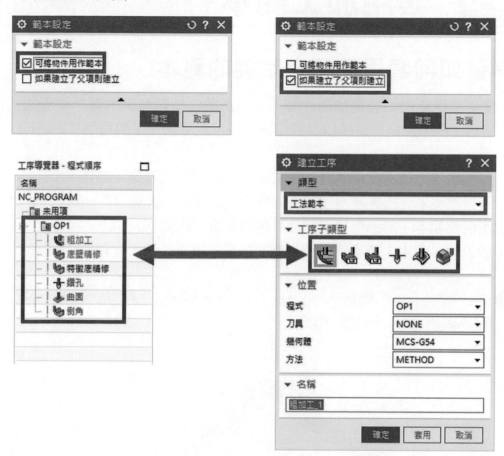

▲圖 10-4-8

10-5 套用加工範本

▌學習如何套用使用者定義的範本

　　使用者重新開始撰寫加工件時,可以選擇各種類型範本開始編程加工,無論是透過工序,還是刀具庫以及幾何體。都可以降低加工編程製作的時間。

※ 工序範本:透過使用者定義工法參數,減少繁瑣設定。如圖 10-5-2。

※ 刀具庫範本:透過使用者定義建立刀具庫資料。如圖 10-5-3。

※ 幾何體範本:透過使用者定義幾何體參數。如圖 10-5-4。

※ 加工預設範本:透過使用者定義的加工模組完成加工。如圖 10-5-5。

❶ 由「檔案」→「開啟」→「NX CAM 三軸課程」→「第 10 章」→「加工範本套用 .prt」。如圖 10-5-1。

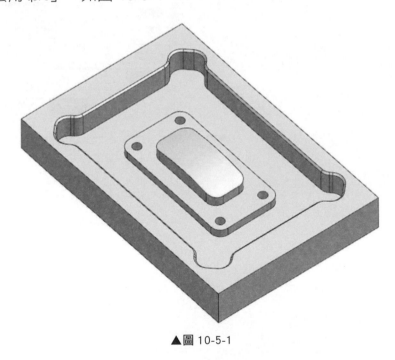

▲圖 10-5-1

※ 工序範本設定如下

❷ 點擊進入加工環境。在加工環境的對話框中，從「瀏覽」 按鈕→「工法範本」→「工法範本」→即可瀏覽「程式順序」的加工工序。

如圖 10-5-2。

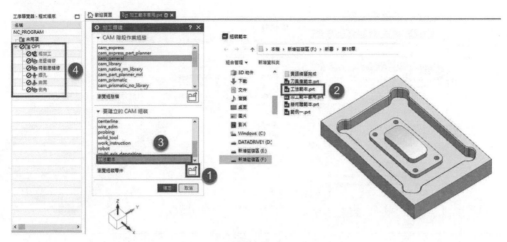

▲圖 10-5-2

※ 刀具庫範本設定如下

❸ 點擊進入加工環境。在加工環境的對話框中，從「瀏覽」 按鈕→「刀具庫範本」→「刀具庫範本」→即可瀏覽「機床」的加工刀具。

如圖 10-5-3。

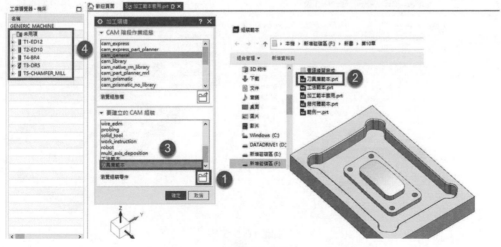

▲圖 10-5-3

※ 幾何體範本設定如下

❹ 點擊進入加工環境。在加工環境的對話框中,從「瀏覽」 按鈕→「幾何體範本」→「幾何體範本」→即可瀏覽「幾何體」的加工座標與 WORKPIECE。如圖 10-5-4。

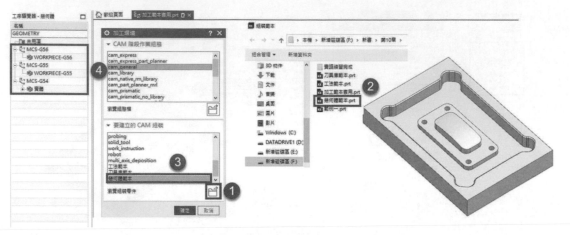

▲圖 10-5-4

※ 加工預設範本設定如下

❺ 點擊進入加工環境。在加工環境的對話框中,從「瀏覽」 按鈕→「範例一」→「範例一」→即可瀏覽「範例一」的加工工序、刀具、幾何體。如圖 10-5-5。

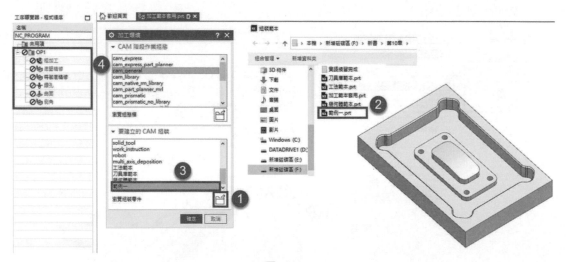

▲圖 10-5-5

❻ 在「加工範本套用」中要套用工法範本計算所有工法路徑，在幾何視圖中重新指定「G54」(MCS 座標) 設定加工原點。如圖 10-5-6

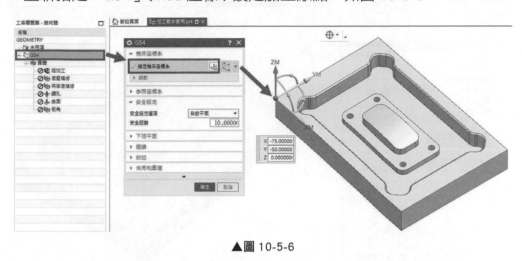

▲圖 10-5-6

❼ 幾何視圖中重新指定「實體」(WORKPIECE)。如圖 10-5-7

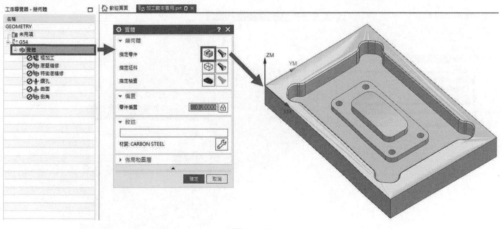

▲圖 10-5-7

⑧ 對「OP1」資料夾點擊滑鼠右鍵→「產生」刀軌。如圖 10-5-8。

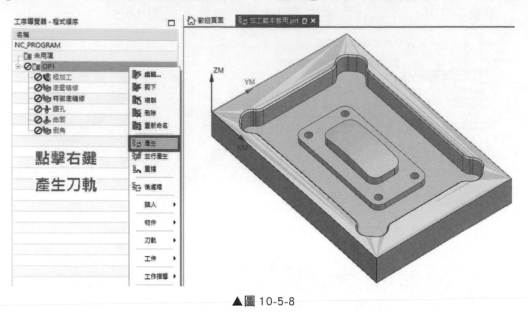

▲圖 10-5-8

⑨ 套用範本並產生刀軌，工序計算完成將會提示計算完成，但缺少驅動體的工序則須修改或增加工序所需條件，加工參數則完整保留。如圖 10-5-9。

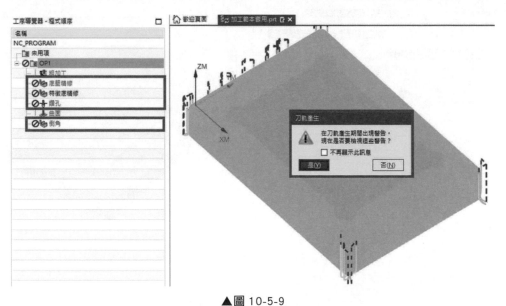

▲圖 10-5-9

❿ 針對缺少的工序驅動體，進行相關特徵點選，設置完成後，套用範本則能迅速完成第二工件加工時間。如圖 10-5-10。

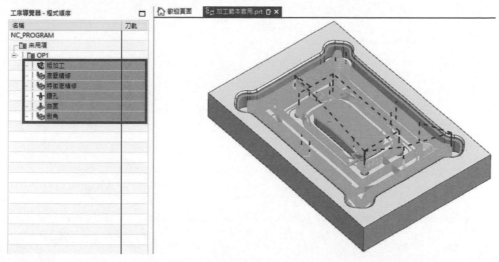

▲圖 10-5-10

※ 刪除所有加工設定如下

⓫ 若需要將工件的範本重新選擇或調整，可以透過「功能表」→「工具」→「工序導覽器」→「刪除組裝」，此方式即是將工法的所有設定歸零，重新設定加工程式。如圖 10-5-11。

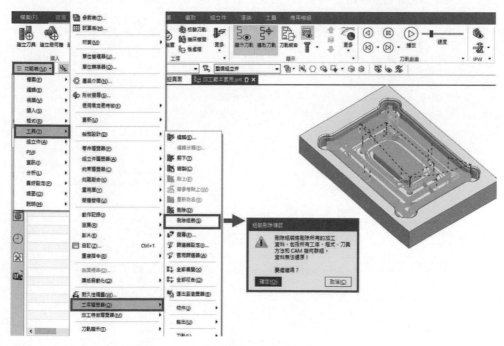

▲圖 10-5-11

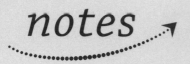

附錄

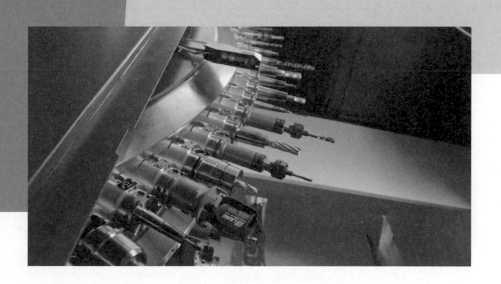

附錄一 刀具庫設置、調用與修改

以下做法適用於 NX 各個版本，但刀具種類會因版本不同而有所不同。
銑刀、鑽刀、車刀等…皆可套用下列建構方式。

刀具庫建立

1 將 C:\Program Files\Siemens\NX1953\MACH\resource 對「library」資料夾「點擊滑鼠右鍵」→「內容」將唯讀關閉。如圖附錄 1-1。

▲圖附錄 1-1

❷ 將軟體以「系統管理員」身分執行。如圖附錄 1-2。

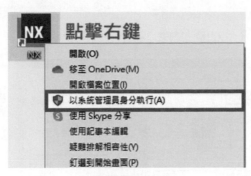

▲圖附錄 1-2

❸ 開啟軟體後，開啟任意檔案進入加工環境，並且建立刀具，類型選用
mill_planar，子類型選擇 MILL，名稱部分可不修改，放入刀具庫名稱不會
使用此刀具名稱。如圖附錄 1-3。
●不同的刀具子類型，可放入的刀具庫類別不一樣。

▲圖附錄 1-3

❹ 確定後，除了可以設定刀具直徑等參數，也可以將「刀具號」、「補正號
H、D」、「刀柄」、「夾持器」一併進行設置，屆時呼叫刀具時這些設定
也能一起附加進來。如圖附錄 1-4。

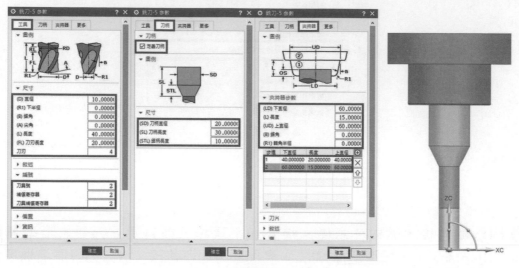

▲圖附錄 1-4

❺ 設定好後，切回「工具」分頁，在下方「庫」的欄位給找到「庫號」，並
給予一個名稱，以後可用於呼叫刀具的一種依據，同時呼叫出來的刀具其
刀具名稱也會與庫號相同。如圖附錄 1-5。

▲圖附錄 1-5

❻ 設定好庫號後，點擊下方 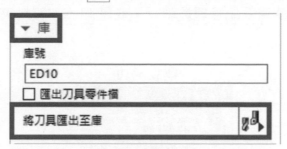 圖示將刀具匯出至庫。如圖附錄 1-6。

▲圖附錄 1-6

❼ 點擊 圖示後，若此「刀具子類型」可以放置多種刀具庫類型中，則會跳出刀具庫目標類子目錄供使用者選擇，而不同的目標類，在呼叫刀具庫的欄位也會有所不同。如圖附錄 1-7。

●詳細目標類對照表可於附錄二中查看。

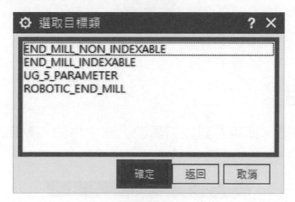

▲圖附錄 1-7

❽ 目標類選擇「UG_5_PARAMETER」子目錄，並按下確定後隨即會跳出「範本屬性」，此欄位是搭配機台模擬使用，若不使用機台模擬則選擇 <none> 即可。如圖附錄 1-8。

▲圖附錄 1-8

⑨ 確定後，若建立成功，即會跳出通知，若失敗也會跳出警報。而失敗原因往往是軟體未使用系統管理員執行，或是 library 資料夾唯讀未關閉。如圖附錄 1-9。

建立成功

將刀具匯出至庫

ⓘ ED10 已在公制刀具庫中建立
　 HLD001_01001 已在公制夾持器庫中建立
　 未儲存刀具零件檔

Check the syslog for more details

☐ 不再顯示此訊息

確定(O)

建立失敗

匯出至庫

✖ 對庫沒有寫存取權。

確定(O)

▲圖附錄 1-9

刀具庫調用

❶ 刀具建立成功後，即可在建立刀具的「庫」中的 🔧 圖示去調用刀具。如圖附錄 1-10。

▲圖附錄 1-10

❷ 點擊  圖示後，即會進入庫類選取的頁面，使用者須選擇到對應的子目錄才能呼叫出剛剛所儲存的刀具，或是直接選擇「銑」的主目錄搜尋。如圖附錄 1-11。

▲圖附錄 1-11

❸ 因上方我們將刀具存在「UG_5_PARAMETER」，故所對應的子目錄必須選擇「5 參數銑刀」或是父類型「銑」。確定後可在下方「搜尋參數」欄位輸入相關刀具參數，如：庫參考、直徑、刀刃長度等…資訊查詢。
如圖附錄 1-12。

▲圖附錄 1-12

❹ 輸入完刀具性質，可以利用下方「動作」→「計算符合數」 ? 圖示查看搜尋的結果數，得到結果數後也可以利用「列出結果」 ⓘ 圖示查看詳細資訊。如圖附錄 1-13。

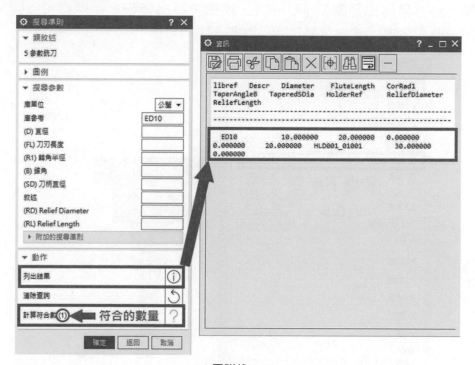

▲圖附錄 1-13

❺ 確認有符合數後，點擊確定即會跳出「搜尋結果」，點擊「符合項」中的刀具後按「確定」即可完成取出庫中刀具。若符合項有多個時，亦可利用下方預覽 🔦 圖示，查看刀具形狀。如圖附錄 1-14。

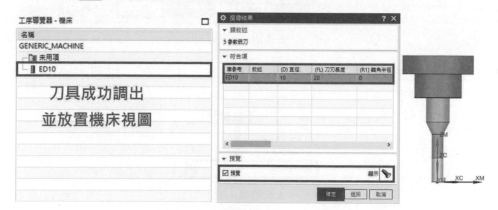

▲圖附錄 1-14

刀具庫修改

❶ 若此刀具有參數想做調整，可直接進入刀具去修改數值，修改完畢後再點擊「將刀具匯出至庫」  一次，隨即會跳出警報，使用者可以選擇「取代」此刀具或「建立」新刀具。如圖附錄 1-15。

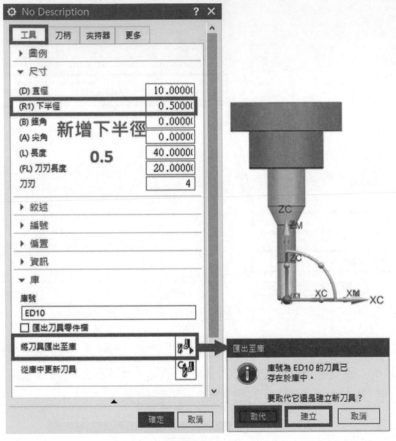

▲圖附錄 1-15

❷ 「從庫中更新刀具」 則是恢復刀具在庫中設定。如圖附錄 1-16。

▲圖附錄 1-16

❸ 若此想修改此刀具的「庫號」，**不能在 NX CAM 軟體中修改**，須至 C:\ Program Files\Siemens\NX1953\MACH\resource\library\tool\metric 路徑中的「tool_database.dat」檔案中修改，利用「記事本」方式將文件打開，並利用文件「尋找」的功能，打上**庫號**搜尋，即可快速找到此刀具，**將所有搜尋到的庫號名稱修正後儲存檔案**。如圖附錄 1-17。

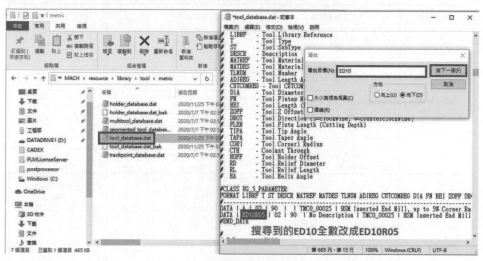

▲圖附錄 1-17

✓ 庫號名稱在「tool_database.dat」文件檔案中並非只有一個，**須全部修改**，方可確保修改成功。

✓ 第一次修改「tool_database.dat」檔案時是**無法直接存檔，須另存新檔後進行覆蓋**，且須注意副檔名要為「.dat」才能覆蓋成功。

✓ 「tool_database.dat」**內容都是與軟體有對應**，所以修改時僅針對「庫號」進行修改，其餘的參數、符號等…切勿修改及刪除。

✓ 修改過後須**重新啟動軟體**才能利用**新庫號搜尋該刀具**。

✓ 若要刪除此刀具，則要將文件中所有此庫號所存在的欄位**整行刪除**，並存檔即可，刪除時也要格外注意，切勿刪除其他文字或符號。

各類刀具對應刀庫目標類對照表

銑刀刀具庫				
刀具父類型	刀具子類型	存入刀具庫類型	調出刀具庫父類型	調出刀具庫子類型
mill_planar	MILL (銑刀 - 5參數)	END_MILL_NON_INDEXABLE END_MILL_INDEXABLE UG_5_PARAMETER ROBOTIC_END_MILL	銑 銑 銑 ROBOTIC	端銑刀 (不可轉位) 端銑刀 (可轉位) 5參數銑刀 End Effector (End Mill based)
	CHAMFER_MILL (傾斜銑刀)	CHAMFER_MILL_NON_INDEXABLE FACE_MILL_INDEXABLE	銑	傾斜銑刀 (不可轉位) 面銑刀 (可轉位)
	BALL_MILL (銑刀 - 球頭銑)	BALL_MILL_NON_INDEXABLE ROBOTIC_BALL_MILL	銑 ROBOTIC	球頭銑刀 (不可轉位) End Effector (Ball Mill based)
	SPHERICAL_MILL (球面銑刀)	不可選擇	銑	球面銑刀 (不可轉位)
	T_CUTTER (T型刀)	不可選擇	銑	T型槽銑刀 (不可轉位)
	鼓型刀 (BARREL)	不可選擇	銑	鼓型銑
	THREAD_MILL (螺紋銑刀)	不可選擇	銑	螺紋銑刀
	MILL_USER_DEFINED (使用者定義的銑刀)	不可選擇	銑	銑削成形刀具
mill_contour	MILL (銑刀)	END_MILL_NON_INDEXABLE END_MILL_INDEXABLE UG_5_PARAMETER ROBOTIC_END_MILL	銑 銑 銑 ROBOTIC	端銑刀 (不可轉位) 端銑刀 (可轉位) 5 參數銑刀 End Effector (End Mill based)
	CHAMFER_MILL (傾斜銑刀)	CHAMFER_MILL_NON_INDEXABLE FACE_MILL_INDEXABLE	銑	傾斜銑刀 (不可轉位) 面銑刀 (可轉位)
	BALL_MILL (銑刀 - 球頭銑)	BALL_MILL_NON_INDEXABLE ROBOTIC_BALL_MILL	銑 ROBOTIC	球頭銑刀 (不可轉位) End Effector (Ball Mill based)
	SPHERICAL_MILL (球面銑刀)	不可選擇	銑	球面銑刀 (不可轉位)
	鼓型刀 (BARREL)	不可選擇	銑	鼓型銑
	T_CUTTER (T型刀)	不可選擇	銑	T型槽銑刀 (不可轉位)
	THREAD_MILL (螺紋銑刀)	不可選擇	銑	螺紋銑刀
	MILL_USER_DEFINED (使用者定義的銑刀)	不可選擇	銑	銑削成形刀具
mill_multi-axis	MILL (銑刀)	END_MILL_NON_INDEXABLE END_MILL_INDEXABLE UG_5_PARAMETER ROBOTIC_END_MILL	銑 銑 銑 ROBOTIC	端銑刀 (不可轉位) 端銑刀 (可轉位) 5參數銑刀 End Effector (End Mill based)
	CHAMFER_MILL (傾斜銑刀)	CHAMFER_MILL_NON_INDEXABLE FACE_MILL_INDEXABLE	銑	傾斜銑刀 (不可轉位) 面銑刀 (可轉位)
	BALL_MILL (銑刀 - 球頭銑)	BALL_MILL_NON_INDEXABLE ROBOTIC_BALL_MILL	銑 ROBOTIC	球頭銑刀 (不可轉位) End Effector (Ball Mill based)
	SPHERICAL_MILL (球面銑刀)	不可選擇	銑	球面銑刀 (不可轉位)
	MILL_7_PARANETER (銑刀 - 7參數)	不可選擇	銑	7 參數銑刀
	MILL_10_PARANETER (銑刀 - 10參數)	不可選擇	銑	10 參數銑刀
	鼓型刀 (BARREL)	不可選擇	銑	鼓型銑
	TANGENT_BARREL (相切桶狀銑刀)	不可選擇	銑	Tangent Barrel Mill
	TAPER_BARREL (拔錐桶狀銑刀)	不可選擇	銑	Taper Barrel Mill
	T_CUTTER (T型刀)	不可選擇	銑	T型槽銑刀 (不可轉位)
mill_multi_blase	MILL (銑刀)	END_MILL_NON_INDEXABLE END_MILL_INDEXABLE UG_5_PARAMETER ROBOTIC_END_MILL	銑 銑 銑 ROBOTIC	端銑刀 (不可轉位) 端銑刀 (可轉位) 5參數銑刀 End Effector (End Mill based)
	CHAMFER_MILL (傾斜銑刀)	CHAMFER_MILL_NON_INDEXABLE FACE_MILL_INDEXABLE	銑	傾斜銑刀 (不可轉位) 面銑刀 (可轉位)
	BALL_MILL (銑刀 - 球頭銑)	BALL_MILL_NON_INDEXABLE ROBOTIC_BALL_MILL	銑 ROBOTIC	球頭銑刀 (不可轉位) End Effector (Ball Mill based)
	SPHERICAL_MILL (球面銑刀)	不可選擇	銑	球面銑刀 (不可轉位)
	MILL_7_PARANETER (銑刀 - 7參數)	不可選擇	銑	7 參數銑刀
	MILL_10_PARANETER (銑刀 - 10參數)	不可選擇	銑	10 參數銑刀
	鼓型刀 (BARREL)	不可選擇	銑	鼓型銑
	TANGENT_BARREL (相切桶狀銑刀)	不可選擇	銑	Tangent Barrel Mill
	TAPER_BARREL (拔錐桶狀銑刀)	不可選擇	銑	Taper Barrel Mill
	T_CUTTER (T型刀)	不可選擇	銑	T型槽銑刀 (不可轉位)
mill_rotary	BALL_MILL (銑刀 - 球頭銑)	BALL_MILL_NON_INDEXABLE ROBOTIC_BALL_MILL	銑 ROBOTIC	球頭銑刀 (不可轉位) End Effector (Ball Mill based)
	SPHERICAL_MILL (球面銑刀)	不可選擇	銑	球面銑刀 (不可轉位)

鑽刀刀具庫

刀具父類型	刀具子類型	存入刀具庫類型	調出刀具庫父類型	調出刀具庫子類型
hole_making	STD_DRILL (鑽刀)	GUN_DRILL INDEX_INSERT_DRILL INSERT_DRILL SPOT_DRILL TWIST_DRILL UG_DRILL	鑽	槍鑽 可轉位鑲嵌鑽頭 鑽頭 定心鑽 麻花鑽 鑽
	CENTERDRILL (中心鑽刀)	不可選擇	鑽	中心鑽刀
	COUNTER_SINK (埋頭孔)	不可選擇	鑽	埋頭加工刀具 (不可轉位)
	SPOT_DRILL (定心鑽刀)	不可選擇	鑽	定心鑽刀
	REAMER (絞刀)	CHUCKING_REAMER TAPER_REAMER	鑽	機用絞刀 錐絞刀
	STEP_DRILL (階梯鑽刀)	不可選擇	鑽	階梯鑽刀
	CORE_DRILL (空心鑽刀)	CORE_DRILL_NON_INDEXABLE CORE_DRILL_INDEXABLE	鑽	空心鑽 (不可轉位) 空心鑽 (可轉位)
	COUNTER_BORE (沉頭孔)	不可選擇	鑽	沉頭孔
	TAP (絲錐)	不可選擇	鑽	絲錐
	THREAD_MILL (螺旋銑刀)	不可選擇	銑	螺紋銑刀
	SPOT_FACING (鏜刀)	不可選擇	鑽	埋頭鑽
	CHAMFER_MILL (傾斜銑刀)	CHAMFER_MILL_NON_INDEXABLE FACE_MILL_INDEXABLE	銑	傾斜銑刀 (不可轉位) 面銑刀 (可轉位)
	MILL (銑刀 - 5 參數)	END_MILL_NON_INDEXABLE END_MILL_INDEXABLE UG_5_PARAMETER ROBOTIC_END_MILL	銑 銑 銑 ROBOTIC	端銑刀 (不可轉位) 端銑刀 (可轉位) 5參數銑刀 End Effector (End Mill based)
	BACK_COUNTERSINK (背面埋頭鑽刀)	不可選擇	鑽	Back Countersinking
	T_CUTTER (T型刀)	不可選擇	銑	T型槽銑刀 (不可轉位)
	BORING_BAR_STD (鏜桿)	不可選擇	鑽	鏜桿
	BORING_BAR_CHAMFER (傾斜鏜桿)	不可選擇	鑽	Chamfer Boring Bar

車床中心鑽刀刀具庫

刀具父類型	刀具子類型	存入刀具庫類型	調出刀具庫父類型	調出刀具庫子類型
centerline	SPOT_DRILL (定心鑽刀)	不可選擇	鑽	定心鑽刀
	STD_DRILL (鑽刀)	GUN_DRILL INDEX_INSERT_DRILL INSERT_DRILL SPOT_DRILL TWIST_DRILL UG_DRILL	鑽	槍鑽 可轉位鑲嵌鑽頭 鑽頭 定心鑽 麻花鑽 鑽
	CENTERDRILL (中心鑽刀)	不可選擇	鑽	中心鑽刀
	COUNTER_SINK (埋頭孔)	不可選擇	鑽	埋頭加工刀具 (不可轉位)
	BORE (鏜刀)	不可選擇	鑽	鏜
	REAMER (絞刀)	CHUCKING_REAMER TAPER_REAMER	鑽	機用絞刀 錐絞刀
	STEP_DRILL (階梯鑽刀)	不可選擇	鑽	階梯鑽刀
	CORE_DRILL (空心鑽刀)	CORE_DRILL_NON_INDEXABLE CORE_DRILL_INDEXABLE	鑽	空心鑽 (不可轉位) 空心鑽 (可轉位)
	COUNTER_BORE (沉頭孔)	不可選擇	鑽	沉頭孔
	TAP (絲錐)	不可選擇	鑽	絲錐

車刀刀具庫				
刀具父類型	刀具子類型	存入刀具庫類型	調出刀具庫父類型	調出刀具庫子類型
turning	OD_80_L（車刀 - 標準）	OD_TURNING ID_TURNING UG_TURNING_STD	車	外徑車削 內徑車削 車加工（標準）
	OD_80_R（車刀 - 標準）	OD_TURNING ID_TURNING UG_TURNING_STD	車	外徑車削 內徑車削 車加工（標準）
	OD_55_L（車刀 - 標準）	OD_TURNING ID_TURNING UG_TURNING_STD	車	外徑車削 內徑車削 車加工（標準）
	OD_55_R（車刀 - 標準）	OD_TURNING ID_TURNING UG_TURNING_STD	車	外徑車削 內徑車削 車加工（標準）
	ID_80_L（車刀 - 標準）	OD_TURNING ID_TURNING UG_TURNING_STD	車	外徑車削 內徑車削 車加工（標準）
	ID_55_L（車刀 - 標準）	OD_TURNING ID_TURNING UG_TURNING_STD	車	外徑車削 內徑車削 車加工（標準）
	BACKBORE_55_L（車刀 - 標準）	OD_TURNING ID_TURNING UG_TURNING_STD	車	外徑車削 內徑車削 車加工（標準）
	OD_GROOVE_L（槽刀 - 標準）	OD_GROOVING ID_GROOVING FACE_GROOVING UG_GROOVING_STD PARTING	車	外徑開槽 內徑開槽 面開槽 開槽（標準） 分模
	FACE_GROOVE_L（槽刀 - 標準）	OD_GROOVING ID_GROOVING FACE_GROOVING UG_GROOVING_STD PARTING	車	外徑開槽 內徑開槽 面開槽 開槽（標準） 分模
	ID_GROOVE_L（槽刀 - 標準）	OD_GROOVING ID_GROOVING FACE_GROOVING UG_GROOVING_STD PARTING	車	外徑開槽 內徑開槽 面開槽 開槽（標準） 分模
	OD_THREAD_L（螺紋刀 - 標準）	OD_THREADING ID_THREADING UG_THREADING_STD UG_THREADING_TRAPEZ	車	外徑螺紋加工 內徑螺紋加工 螺紋加工（標準） 螺紋加工（梯形）
	ID_THREAD_L（螺紋刀 - 標準）	OD_THREADING ID_THREADING UG_THREADING_STD UG_THREADING_TRAPEZ	車	外徑螺紋加工 內徑螺紋加工 螺紋加工（標準） 螺紋加工（梯形）
	FORM_TOOL（成型刀具）	不可選擇	車	車成形刀具
	MULTI_TOOL（多刀具）	MULTITOOL_TURN MULTITOOL_DRILL_TURN	Multi Tool	Multi Tool Turn Multi Tool Drill Turn

附錄三 夾持器與刀把庫設定與修改

以下做法適用於 NX 各個版本，但車刀把或夾持器種類會因版本不同而有所不同。

銑刀夾持器、鑽刀夾持器、車刀刀把等…皆可套用下列建構方式。

● 前置作業與附錄一的前兩步驟相同，須將「library」資料夾唯讀關閉。

 軟體須由「系統管理員」身分執行。

▌建立夾持器庫

● 刀具類型無論是銑削還是鑽孔，或是刀具子類型不同，夾持器的建構、存放
 位置皆一致。

 ❶ 開啟軟體後，開啟任意檔案進入加工環境，並且建立任意刀具，刀具參數
 無須理會，將分頁切至「夾持器」，並進行設定。如圖附錄 3-1。

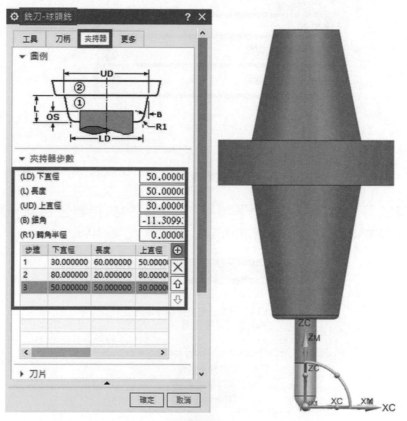

▲圖附錄 3-1

❷ 設定完成後，在「庫」中給予一個「庫號」後，點擊「匯出夾持器到庫中」
　 圖示，即會跳出完成夾持器建立通知。如圖附錄 3-2。

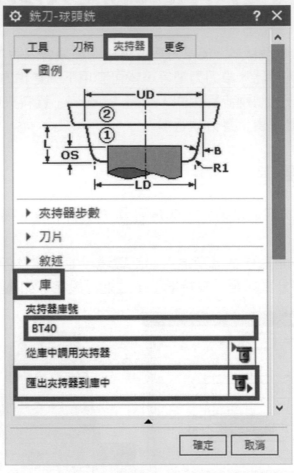

▲圖附錄 3-2

❸ 因不論銑刀、鑽刀中的各個子類型，所使用的**夾持器皆為同一種類型**，故
無須選擇夾持器存放的位置即可完成建立。如圖附錄 3-3。

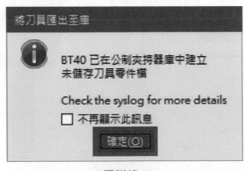

▲圖附錄 3-3

調用夾持器庫

❶ 建立任意刀具，並切換至「夾持器」分頁，點擊「從庫中調用夾持器」
圖示。如圖附錄 3-4。

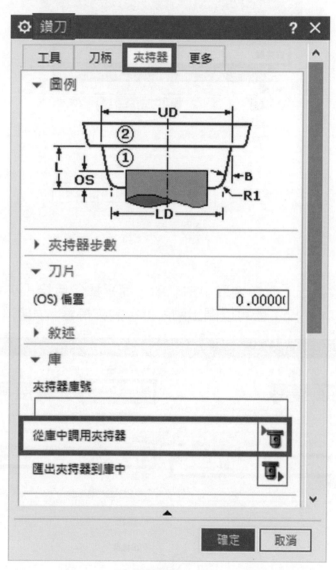

▲圖附錄 3-4

❷ 點擊 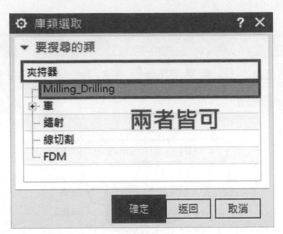 圖示後,會跳出「庫類選取」對話窗,而選擇父目錄「夾持器」或子目錄「Milling_Drilling」皆可以調出剛所儲存的夾持器。
如圖附錄 3-5。

▲圖附錄 3-5

❸ 確定後,會跳出「庫類選取」對話窗,而選擇父目錄「夾持器」或子目錄「Milling_Drilling」皆可以調出剛所儲存的夾持器。如圖附錄 3-6。

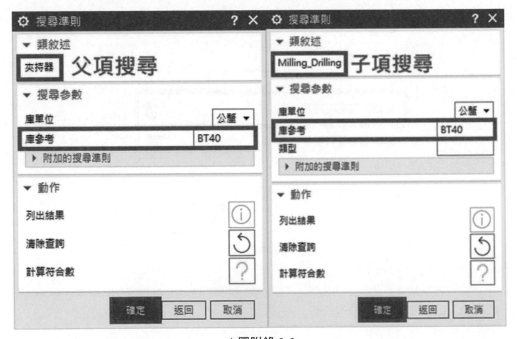

▲圖附錄 3-6

❹ 確定後，在「搜尋結果」即可查看到 BT40，亦可利用下方預覽 ◗ 圖示做確認。如圖附錄 3-7。

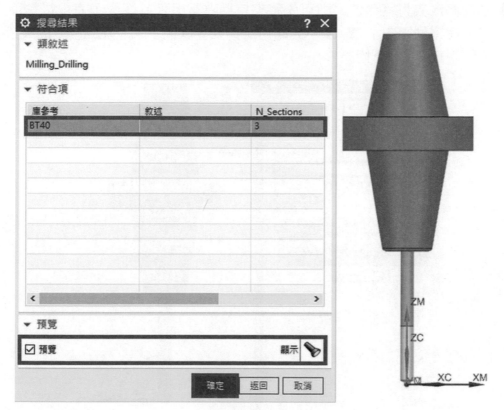

▲圖附錄 3-7

修改夾持器庫

❶ 若要修改夾持器參數，則可先將夾持器呼叫出來並修改，完畢後點擊「匯出夾持器到庫中」 🔲 圖示，即可選擇要「取代」或「建立」新的夾持器。如圖附錄 3-8、圖附錄 3-9。

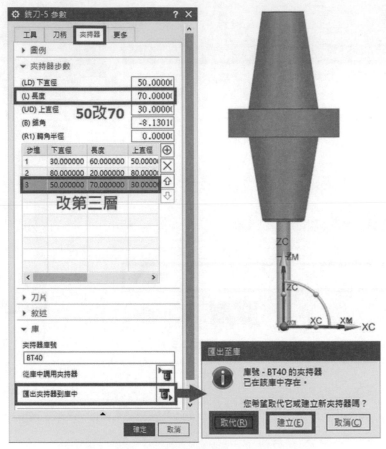

▲圖附錄 3-8

▲圖附錄 3-9

❷ 若要修改夾持器「庫號」，一樣**不能在 NX CAM 軟體中修改**，須至 C:\Program Files\Siemens\NX1953\MACH\resource\library\tool\metric 中的「holder_database.dat」進行修改，利用「記事本」方式將文件打開，並利用文件「尋找」的功能，打上**庫號**搜尋，即可快速找到此夾持器，**將所有搜尋到的庫號名稱皆修正**後儲存檔案。如圖附錄 3-10。

▲圖附錄 3-10

✓ 庫號名稱在「holder_database.dat」文件檔案中<u>並非只有一個</u>，**須全部修改**，方可確保修改成功。

✓ 第一次修改「holder_database.dat」檔案時是**無法直接存檔，須另存新檔後進行覆蓋**，且須注意<u>副檔名要為「.dat」</u>才能覆蓋成功。

✓ 「holder_database.dat」**內容都是與軟體有對應**，所以修改時針對「庫號」進行修改，其餘的參數、符號等…切勿修改及刪除。

✓ 修改過後須**重新啟動軟體**才能利用**新庫號搜尋該夾持器**。

✓ 若要刪除此夾持器，則要將文件中所有此庫號所存在的欄位**整行刪除**，並存檔即可，刪除時也要格外注意，切勿刪除其他文字或符號。

車刀把庫

❶ 建立方式與夾持器一樣，只差在車刀把與槽刀把的刀把庫類不同。
如圖附錄 3-11。

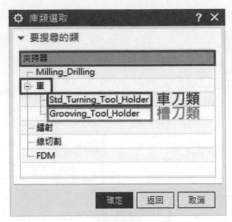

▲圖附錄 3-11

❷ 修改「庫號」或刪除刀把的文件同樣為「holder_database.dat」。
如圖附錄 3-12。

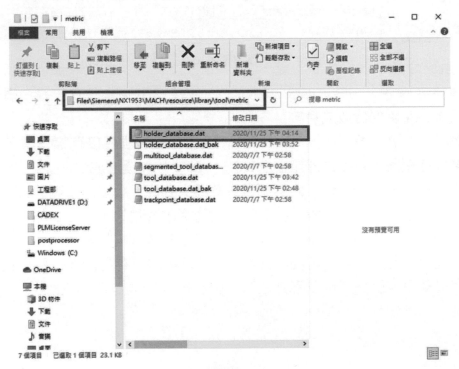

▲圖附錄 3-12

534

附錄四 加工資料庫設定

以下做法適用於 NX 各個版本。可利用加工資料庫去定義零件材質、切削方法、刀具材質並給予轉速進給，亦可各個刀具個別設定轉速進給。

● 前置作業與附錄一的前兩步驟相同，須將「library」資料夾唯讀關閉。軟體須由「系統管理員」身分執行。

建立切削方法

● 可自定義切削方法，爾後建立「加工方法」時可以進行選用。

❶ 開啟軟體後，開啟任意檔案進入加工環境，在「首頁」→「工具」欄位 →「後處理配置器」下拉→「編輯加工資料庫」。如圖附錄 4-1。

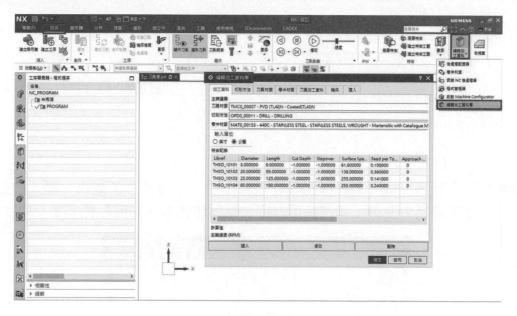

▲圖附錄 4-1

❷ 將分頁切換至「切削方法」，分頁當中會出現五個預設切削方法，使用者可以點擊下方「修改」或是「插入」一個新的切削方法。如圖附錄 4-2。

▲圖附錄 4-2

❸ 點擊「插入」後，即會跳出編輯視窗，除了「模式」僅能**車、鑽、銑三擇一且不能為中文外**，其餘皆可自訂，無固定格式。如圖附錄 4-3。

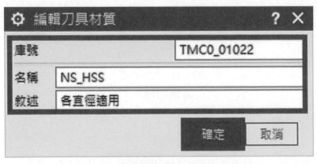

▲圖附錄 4-3

建立刀具材質

● 建立刀具時可以套用材質。

❶ 將分頁切換至「刀具材質」,下方也有數種內建材質,可以利用「修改」重新定義,或是「插入」來新增。如圖附錄 4-4。

▲圖附錄 4-4

❷ 點擊「插入」後,即會跳出編輯視窗,三個欄位皆可自訂,無固定格式。如圖附錄 4-5。

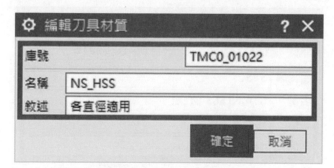

▲圖附錄 4-5

建立零件材質

● 可以在幾何視圖中的「WORKPIECE」給予零件材質。

① 將分頁切換至「零件材質」，下方也有數種內建材質，可以利用「修改」 重新定義，或是「插入」來新增。如圖附錄 4-6。

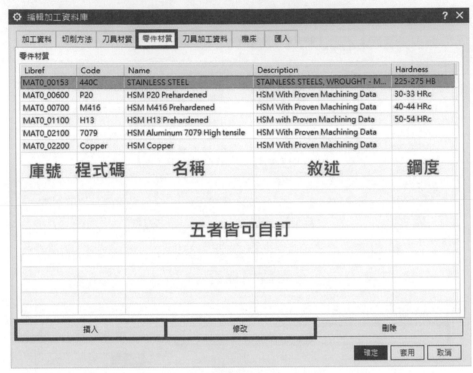

▲圖附錄 4-6

② 點擊「插入」後，即會跳出編輯視窗，五個欄位皆可自訂，無固定格式。 如圖附錄4-7。

▲圖附錄 4-7

建立加工資料庫

❶ 將分頁切換至「加工資料」，在主篩選器欄位中選取各別對應的<u>刀具材質</u>、<u>切削方法</u>、<u>零件材質</u>，並點擊「插入」即可針對〈**此配對**〉進行配速。如圖附錄 4-8。

▲圖附錄 4-8

❷ 點擊「插入」後，會跳出編輯視窗，「直徑」、「長度」即為刀具尺寸，下方的「切削深度」、「步距」若不想設定，可將勾選取消。如圖附錄 4-9。

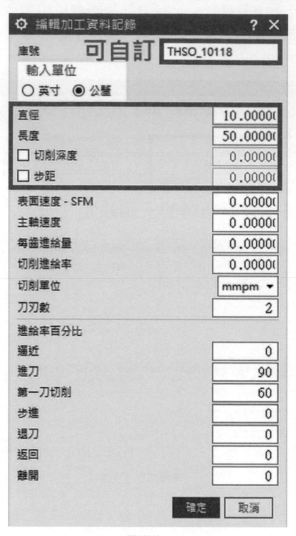

▲圖附錄 4-9

❸ 下方可設置轉速、進給，轉速部分可以在「主軸轉速」給予切確值，亦可以利用「表面速度」進行換算，「切削進給率」與「每齒進給量」同樣也有公式相互對應。如圖附錄 4-10。

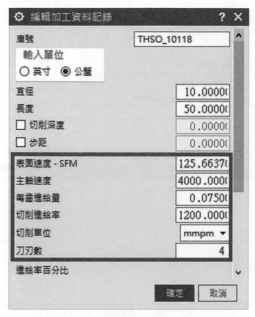

▲圖附錄 4-10

❹ 下方進給率百分比則是可以針對進刀、退刀等…進行「百分比」的加減速。(進刀 70：F1200×進刀70%＝840mmpm)。如圖附錄 4-11。

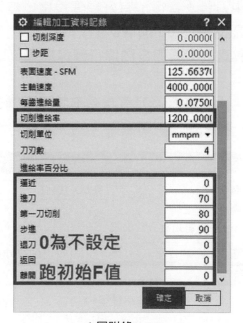

▲圖附錄 4-11

❺ 確定後，設定就完成了，同一組「配對」**可以插入無限多種配速**，亦可以修改及刪除，列表中也會列出轉速、進給、進退刀等加減速，供使用者查看。如圖附錄 4-12。

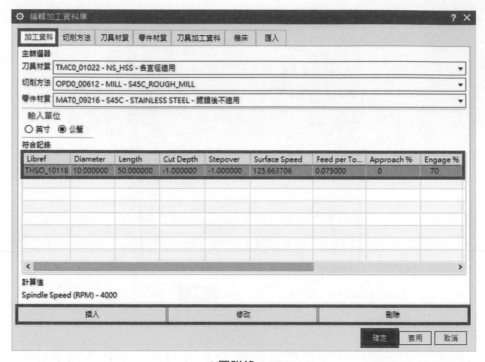

▲圖附錄 4-12

● 若「同配對」中刀具「直徑」有好幾種規格，**無須每種規格都設置**，因「表面速度」公式為n=1000v/πD，裡頭有「D直徑」，故系統會因使用者所使用的**刀具直徑不同而自動進行轉速換算**。

● 若「同配對」、「同直徑」刀具想有**不同轉速變化**，但因系統認定「同直徑」**僅可有一種配速**，則可利用「長度」不同進行新增。

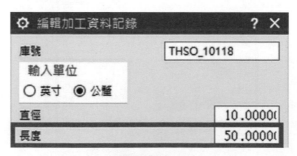

▲圖附錄 4-13

調用加工資料轉速進給

❶ 在「加工方法」、「刀具」、「WORKPIECE」中,各別帶入剛所設定的「切削方法」、「刀具材質」、「零件材質」,系統才有辦法抓取到剛剛所設定的「加工資料」資訊。如圖附錄 4-14、圖附錄 4-15、圖附錄 4-16。

▲圖附錄 4-14

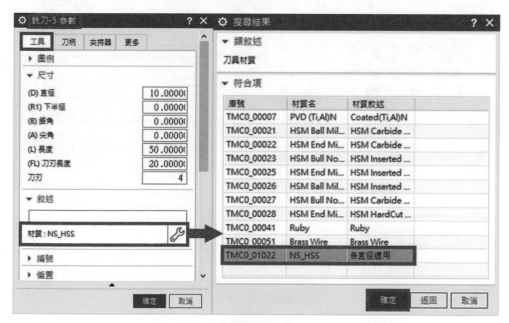

▲圖附錄 4-15

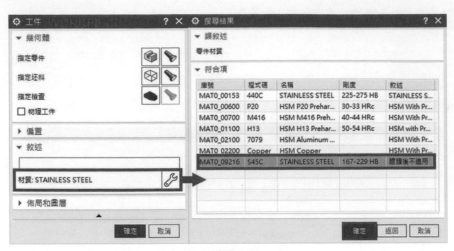

▲圖附錄 4-16

❷ 選取完畢，在新增<u>任意工法</u>時，挑選已抓取**設定的刀具**、**WORKPIECE** 及
加工方法後，至「進給率與轉速」分頁中點擊 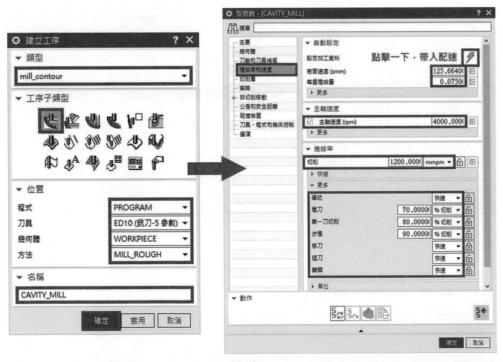 圖示，即可調用剛所設
定的「加工資料」。如圖附錄 4-17。

▲圖附錄 4-17

建立刀具加工資料

● 「刀具加工資料」是針對「刀具庫」中的刀具單獨去設定轉速進給及加減速。

　❶ 點擊「編輯加工資料庫」，將分頁切換至「刀具加工資料」，並點擊下方「插入」。如圖附錄 4-18。

▲圖附錄 4-18

　❷ 在「庫類搜尋」中調出要配速的刀具。如圖附錄 4-19。

▲圖附錄 4-19

❸ 確定後即會跳出「編輯加工資料紀錄」，使用者可以自定義轉速、進給、進退刀加減速…等，確定即完成設定。如圖附錄 4-20、圖附錄 4-21。

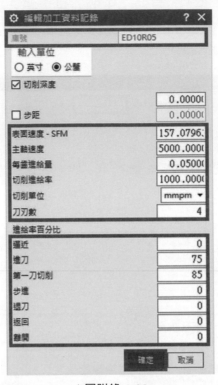

▲圖附錄 4-20

▲圖附錄 4-21

調用刀具加工資料

❶ 新增一個<u>任意工法</u>，刀具選擇剛有設定刀具加工資料的「ED10R05」，進入工法後切到「進給率與轉速」的分頁，點擊 圖示，即可調用剛所設置的「刀具加工資料」。如圖附錄 4-22。

▲圖附錄 4-22

● 刀具加工資料**僅能設定刀具庫內的刀具。**

● **同一把刀具僅能設置一個刀具加工資料**，若重複設定，則預設會抓取最後新增的刀具加工資料，**舊的刀具加工資料則會被覆蓋。**

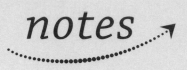

國家圖書館出版品預行編目 (CIP) 資料

NX CAM 數位化加工三軸應用

方駿憲,吳元超 編著 . -- 初版 . --

臺北市:凱德科技股份有限公司, 2021.03

　面；　公分

ISBN 978-986-89210-7-8 （平裝）

1. 數控工具機　2. 電腦程式　3. 電腦輔助製造

446.841029　　　　　　　　　110003102

NX CAM
數位化加工三軸應用

總校閱 / 林耀贊

作者 / 方駿憲、吳元超

發行者 / 凱德科技股份有限公司

出版者 / 凱德科技股份有限公司

地址：11494 台北市內湖區新湖二路 168 號 2 樓

電話：(02) 7716-1899

傳真：(02) 7716-1799

總經銷 / 全華圖書股份有限公司

地址：23671 新北市土城區忠義路 21 號

電話：(02) 2262-5666

傳真：(02) 6637-3695、6637-3696

郵政帳號 / 0100836-1 號

設計印刷者 / 爵色有限公司

圖書編號 / 10507

初版一刷 / 2021 年 3 月

定價 / 新臺幣 600 元

ISBN / 978-986-89210-7-8 （平裝）

全華圖書 / www.chwa.com.tw

全華網路書店 / www.opentech.com.tw

若您對書籍內容、排版印刷有任何問題，歡迎來信指導 service@cadex.com.tw

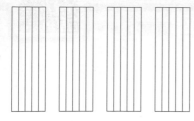

行銷企劃部 收

全華圖書股份有限公司

23671

新北市土城區忠義路21號

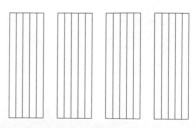

掃 QRcode 線上填寫 ▶ ▶ ▶

姓名：＿＿＿＿＿＿＿＿＿＿　生日：西元＿＿＿＿年＿＿＿月＿＿＿日　性別：□男 □女

電話：（　）＿＿＿＿＿＿＿＿　手機：＿＿＿＿＿＿＿＿＿＿＿

e-mail：（必填）＿＿＿＿＿＿＿＿＿＿＿＿＿＿＿＿＿＿＿＿＿＿＿

註：數字零，請用 Φ 表示，數字 1 與英文 L 請另註明並書寫端正，謝謝。

通訊處：□□□□□＿＿＿＿＿＿＿＿＿＿＿＿＿＿＿＿＿＿＿＿＿

學歷：□高中‧職　□專科　□大學　□碩士　□博士

職業：□工程師　□教師　□學生　□軍‧公　□其他

　　學校／公司：＿＿＿＿＿＿＿＿＿＿＿　科系／部門：＿＿＿＿＿＿＿＿＿＿＿

‧需求書類：

　□A. 電子 □B. 電機 □C. 資訊 □D. 機械 □E. 汽車 □F. 工管 □G. 土木 □H. 化工 □I. 設計

　□J. 商管 □K. 日文 □L. 美容 □M. 休閒 □N. 餐飲 □O. 其他

‧本次購買圖書為：＿＿＿＿＿＿＿＿＿＿＿＿＿＿＿　書號：＿＿＿＿＿＿＿＿＿＿＿

‧您對本書的評價：

封面設計：□非常滿意　□滿意　□尚可　□需改善，請說明＿＿＿＿＿＿＿＿＿＿＿

內容表達：□非常滿意　□滿意　□尚可　□需改善，請說明＿＿＿＿＿＿＿＿＿＿＿

版面編排：□非常滿意　□滿意　□尚可　□需改善，請說明＿＿＿＿＿＿＿＿＿＿＿

印刷品質：□非常滿意　□滿意　□尚可　□需改善，請說明＿＿＿＿＿＿＿＿＿＿＿

書籍定價：□非常滿意　□滿意　□尚可　□需改善，請說明＿＿＿＿＿＿＿＿＿＿＿

整體評價：請說明＿＿＿＿＿＿＿＿＿＿＿＿＿＿＿＿＿＿＿＿＿＿＿＿＿＿＿＿＿

‧您在何處購買本書？

　□書局　□網路書店　□書展　□團購　□其他＿＿＿＿＿＿＿＿＿＿＿＿＿＿

‧您購買本書的原因？（可複選）

　□個人需要　□公司採購　□親友推薦　□老師指定用書　□其他＿＿＿＿＿＿＿

‧您希望全華以何種方式提供出版訊息及特惠活動？

　□電子報　□DM　□廣告（媒體名稱＿＿＿＿＿＿＿＿＿＿＿＿＿＿＿＿＿）

‧您是否上過全華網路書店？（www.opentech.com.tw）

　□是　□否　您的建議＿＿＿＿＿＿＿＿＿＿＿＿＿＿＿＿＿＿＿＿＿＿＿

‧您希望全華出版哪方面書籍？＿＿＿＿＿＿＿＿＿＿＿＿＿＿＿＿＿＿＿＿＿

‧您希望全華加強哪些服務？＿＿＿＿＿＿＿＿＿＿＿＿＿＿＿＿＿＿＿＿＿＿

感謝您提供寶貴意見，全華將秉持服務的熱忱，出版更多好書，以饗讀者。

填寫日期：　　／　　／

2020.09 修訂